普通高等学校规划教材

C#面向对象程序设计

主　编　朱兴亮　庄　致

副主编　魏庆琦　王定军

胡　勇　冯运义

梁永宏

人民交通出版社股份有限公司

China Communications Press Co.,Ltd.

内 容 提 要

C#语言是微软公司开发的一种新的面向对象编程语言，它吸收了 C、C + + 和 Java 语言的优点，语法简洁、功能强大，开发效率极高。本书介绍了 C#语言的基础知识，深入剖析了面向对象的编程思想，阐述了 C#语言的常用开发技术。不同于一般介绍 C#语言的书籍，本书深入浅出地阐述了面向对象程序设计的基本概念和理论体系，精心设计了大量案例帮助读者理解面向对象的编程思想。同时，作者根据多年的教学经验和项目开发经验，针对每章内容精编了大量的编程练习题，读者可以通过这些练习题迅速提高编程能力。

全书叙述简洁、通谷易懂、实用性强，书中所有源程序均在 Visual Studio 2012 平台下调试通过。本书可作为高等院校计算机及相关专业的教材，也可作为初、中级程序员的参考用书。

图书在版编目(CIP)数据

C#面向对象程序设计 / 朱兴亮，庄致主编. —北京：人民交通出版社股份有限公司，2015. 8

ISBN 978-7-114-12425-9

Ⅰ. ①C… Ⅱ. ①朱…②庄… Ⅲ. ①C 语言—程序设计 Ⅳ. ①TP312

中国版本图书馆 CIP 数据核字(2015)第 179865 号

普通高等学校规化教材

书　　名：C#面向对象程序设计
著 作 者：朱兴亮　庄　致
责任编辑：刘永芬
出版发行：人民交通出版社股份有限公司
地　　址：(100011)北京市朝阳区安定门外外馆斜街 3 号
网　　址：http://www.ccpress.com.cn
销售电话：(010)59757973
总 经 销：人民交通出版社股份有限公司发行部
经　　销：各地新华书店
印　　刷：北京鑫正大印刷有限公司
开　　本：787 × 1092　1/16
印　　张：16.5
字　　数：380 千
版　　次：2015 年 8 月　第 1 版
印　　次：2015 年 8 月　第 1 次印刷
书　　号：ISBN 978-7-114-12425-9
定　　价：32.00 元

目　　录

第1章　C#语言概述

1.1　计算机和程序

计算机是一种能执行计算和做出逻辑判断的设备,它的计算速度要比人快上几百万倍甚至几十亿倍。例如,今天很多的个人计算机都能够在一秒内执行几十亿次的加法运算。尽管物理外观上不同,实际上每台计算机都可以认为由5个逻辑单元组成:

(1)输入单元:它是计算机从各种输入设备获得信息(数据和计算机程序)的“接收”部分,然后再把信息交由其他单元进行处理。现在,大部分用户通过键盘和鼠标设备输入信息。其他的输入设备包括麦克风(用来向计算机输入语音)、扫描仪(用来扫描图像)和数码相机(用来照相和制作视频)。

(2)输出单元:它是计算机的“运送部分”,即将计算机处理过的信息交给各种输出设备,以便在计算机之外利用信息。计算机可以通过各种方式输出信息,包括在屏幕上显示输出,在音频、视频设备上播放输出,在打印机上打印文字和图像等。

(3)存储单元:它是计算机中可以高速访问、容量相对较小的“仓库”,用于数据临时存储。存储单元存有输入单元输入的信息,使信息能够被迅速有效处理。除此之外,存储单元还存有处理过的信息,直到将这些信息传送到输出设备。

(4)中央处理器(CPU):它是由控制器和运算器(ALU)构成。运算器负责加、减、乘、除等计算的执行;控制器是计算机中的“管理者”部分,是计算机中的协调员,负责监督计算机其他部分的执行。当用户通过输入设备输入数据时,控制器会将数据传送到存储单元;当系统需要输出信息时,控制器也会将存储单元的数据传送到输出设备;当需要计算时,控制器会将存储单元的数据传送到运算器。

(5)二级存储单元:它是计算机中可长期保存数据且容量大的“仓库”。二级存储设备(例如硬盘和磁盘)通常保存其他单元不常用到的程序或者数据。在需要这些信息时,计算机能从二级存储单元获得这些信息。访问二级存储单元需要的时间比访问主存需要的时间长,但二级存储单元的每单位价格远远低于主存每单位的价格。二级存储单元是非易失性的,这意味着即使计算机关机,二级存储单元仍然存储着信息。

由上述描述可以看出,计算机中最核心的部件是控制器,而控制器依赖于存储单元中程序完成各项“管理”工作。所谓程序,是用来指挥计算机运行的各项指令的序列,是为了解决特定数据处理任务由程序设计者编写的“步骤”序列。运行在计算机上的程序也称为软件。近年来硬件的成本呈现出下降趋势,但是由于软件开发技术并没有明显的改善,因此软件开发的费用却是稳步上升的。目前普遍认为,本书将介绍的面向对象编程技术是一个重大的突破,能极大地提高程序员的开发效率。

1.2 机器语言、汇编语言和高级语言

程序员可以用各种编程语言(包含一套完整的语法和语义规则)编写指令,有的指令计算机可以直接理解,而另一些则需要中间的“翻译”步骤。尽管现在有数百种计算机语言在使用,但这些不同的语言可以分成机器语言、汇编语言、高级语言3大类。

计算机都只能直接理解自己的“机器语言”。作为每种特定的计算机的“天生的语言”,机器语言在计算机硬件设计时定义。机器语言通常由数字串(最终简化为0和1)组成,这些数字指示计算机去执行最基本的操作。机器语言是依赖于机器的,这意味着一种特定的机器语言只能用在这种类型的计算机上。下面这是一段机器语言代码,功能是将“加班工资”和“基本工资”相加,并将结果存入“工资总额”。在每行数字串中,加黑显示的数字串表示操作符,其后是操作数在存储单元的地址。由这个简单的例子可以看出机器语言对人来说是难以理解的。

1300042774

1400593419

1200274027

随着计算机的普及,机器语言编程愈发显得效率低下,并且枯燥和易于出错。程序员开始使用类似英语的缩写代表计算机的基本操作,而不是使用计算机可以直接理解的数字串。这些缩写构成了“汇编语言”的基础。一种“翻译程序”(称为汇编程序)将汇编语言程序转化为机器语言程序。下面是一段汇编语言代码,也是将“加班工资”和“基本工资”相加,并将结果存入“工资总额”,显然比机器语言更易于理解。

```
LOAD    BASEPAY
ADD     OVERPAY
STORE   GROSSPAY
```

这样的代码计算机不能理解,还要转化为机器语言才行。

尽管随着汇编语言的出现,计算机的使用迅速增加,但是即使要完成一件最简单的任务,汇编语言仍然需要很多条指令。为了加快编程的过程,又产生了高级语言,可以用简单的语句完成大量的任务。称为“编译器”的翻译程序将高级语言转化为机器语言。程序员使用高级语言写出的指令和日常英语非常相似,并且还包含常见的数学符号。上面的工资处理程序如果用高级语言书写,仅仅需要如下的一条语句:

```
grosspay = basepay + overpay;
```

显然,与机器语言或汇编语言相比,高级语言更受程序员欢迎。

1.3 C#语言概述

C#(读作C Sharp)语言是微软公司于2000年7月发布的一种新的面向对象的编程语言,它扎根于C、C++和Java,吸取了每种语言的优点并增加了自己的特点。由于C#建立在已经广泛使用和良好发展的语言基础之上,程序员会发现学习C#是件容易并且有趣的事情。C#语

言有如下特点：

(1)简洁的语法；

(2)精心的面向对象设计；

(3)与 Web 的紧密结合；

(4)较高的安全性与错误处理能力；

(5)完善的版本处理技术；

(6)灵活性和兼容性好。

C#语言是微软为.NET 平台专门设计的语言。.NET 平台是一个月来建立、开发、运行和发布基于因特网的服务和应用程序的平台,允许以不同的语言创建的应用程序相互通信。.NET 平台的构成如图 1-1 所示。

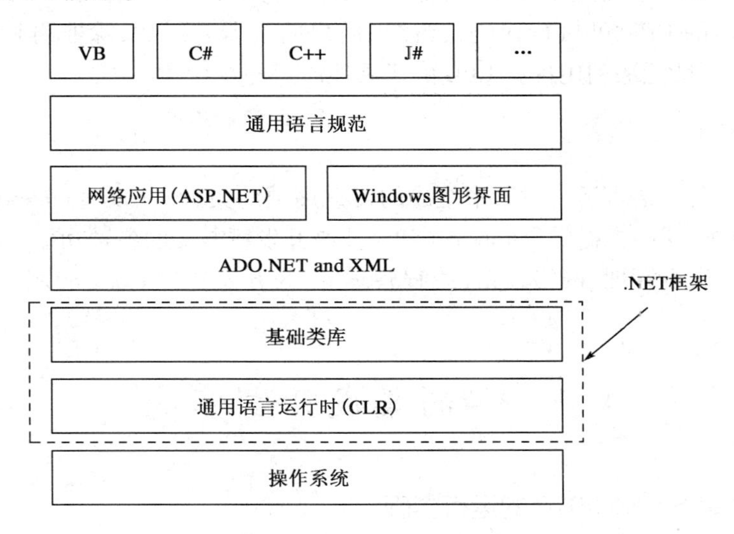

图 1-1 NET 平台的构成

.NET 平台的核心是.NET 框架,它是生成、运行.NET 应用程序和 Web Service 的组件库,包括两个主要组件,一个是公共语言运行时(Common Language Runtime,又称为运行库),另一个是类库。运行库提供.NET 应用程序所需要的核心服务,类库为开发和运行.NET 应用程序提供了各种支持。使用.NET 框架开发的应用程序,不论使用的是哪种高级语言,均必须在安装了.NET 框架上的计算机才能运行。这种架构与 Java 应用程序必须由 Java 虚拟机支持相似。

1.3.1 公共语言运行时

公共语言运行时(CLR)提供程序的执行环境,和 Jvav 的虚拟机相似,处理程序的装入、编译、连接和管理程序的执行,并且提供内存管理、线程管理、远程处理、跨语言集成、跨语言异常处理和良好的安全性服务。

使用.NET 框架提供的编译器可以直接将源程序编译为.EXE 或.DLL 文件。但是需要注意的是,此时编译出来的程序代码并不是 CPU 能直接执行的机器代码,而是一种中间语言 IL(Microsoft Defined Intermediate Language)代码。

使用中间语言代码的优点有两点:一是可以是实现平台无关性,即与特定的 CPU 无关;二是只要能将某种语言编译为 IL 代码,就可以实现这些语言之间的交互操作。

在代码被调用执行时,CLR 会将需要的 IL 代码调入内存,然后再通过 JIT 编译器(Just-In-Time)将其编译成所用平台的 CPU 可直接执行的机器代码。但是要注意,JIT 编译器进行即时编译时,并不是一次把整个应用程序全部编译完,而是只编译它调用的那部分代码所在的模块。一旦代码经过 JIT 编译,得到的 CPU 可直接执行的代码就保存在内存中,直到退出该应用程序为止。这样再次执行这部分代码时,就不需要重新编译了。

为什么要采用即时编译呢?这是因为 JIT 编译器可以有效地提高系统的性能。由于即时编译是在执行程序的过程中进行的,JIT 编译器自然知道程序运行在什么类型的 CPU 上,因此它可以根据现有的 CPU 性能生成更加优化的可执行代码。而.NET 之前的编译器一开始就将源程序编译为特定的 CPU 可执行代码,这样当用户的机器升级后,除非再针对该种类型的 CPU 重新编译,否则就无法利用现有 CPU 的优秀性能。

1.3.2 类库

类库是一个与公共语言运行时紧密集成的可重用类的集合。.NET Framework 4 版的类库由 4000 多个类组成,这些类提供了 Internet 和企业级开发所需要的各种功能,支持基本的输入输出、字符串操作、安全管理、网络通信、线程管理等,为开发各种.NET 应用程序提供了很大的方便。

1.4 C#的集成开发环境

1.4.1 Visual Studio 2010 的运行界面

C#语言的集成开发环境是 Visual Studio,目前最新的版本是 Visual Studio 2010, 用来创建、运行和调试由各种.NET 编程语言编写的程序。Visual Studio 2010 运行界面如图 1-2 所示。

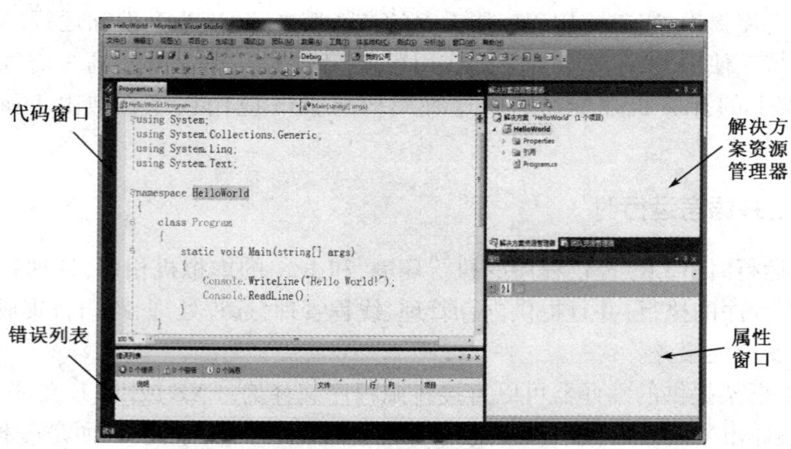

图 1-2　Visual Studio 2010 的运行界面

由图1-2可以看出,Visual Studio 2010运行界面主要由:代码窗口、解决方案资源管理器窗口、属性窗口、错误列表窗口四个子窗口构成。代码窗口用来显示程序的代码,一般显示一个文件的内容(当显示多个文件的内容时,需通过代码窗口上方的选项卡在不同文件之间切换)。错误列表窗口用来显示编译当前程序所产生的错误信息。属性窗口主要用于图形用户界面设计时显示对象的各个属性值。解决方案资源管理器窗口用来显示项目的文件结构。

需要说明的是,Visual Studio 2010是按照解决方案组织和管理各种程序和文件的。一个解决方案可以包含多个项目,不同的项目完成不同的功能,项目之间相对独立。大多数情况下,一个解决方案只包括一个项目。一个项目完成一个独立的功能,可以包含多个文件和子目录,子目录下面又可以包含多个文件。

C#源程序文件扩展名为 . CS,如Program. CS,一个文件可以包含一个类,也可以包含多个类。

值得注意的是,上述窗口布局是在默认配置情况下的显示界面。有些初学者由于不熟悉Visual Studio 2010的开发环境而操作错误,导致显示界面和默认配置下的窗口布局不一样,如属性窗口被关闭、错误列表窗口被关闭等,造成操作上的不便。此时,可以使用【窗口】菜单→【重置窗口布局】命令恢复默认情况下的窗口布局。

1.4.2　Visual Studio 2010应用程序的创建

Visual Studio 2010开发平台提供了很多应用程序模板,常用的有以下几种。

(1)控制台应用程序

控制台应用程序在命令行方式运行,用于交互性操作不多、主要偏重于内部功能的应用程序。控制台应用程序十分适合C#的初学者学习基本C#语句和语法。

(2)Windows应用程序

Windows应用程序实现Windows窗体形式的操作界面,主要用于交互性操作较多的场合,如大型网络游戏、复杂的办公软件、大量网络信息传递以及其他高端的网络开发与应用设计等。

(3)ASP. NET Web应用程序

ASP. NET Web应用程序通过Internet传递可以被客户浏览的页面,如目前流行的各类网站以及基于Web的网络办公系统。

(4)ASP. NET Web服务应用程序

Web服务应用程序主要用于在服务器端通过Internet提供给Windows应用程序和Web应用程序调用的功能模块。这些模块既可以提供给服务器端应用程序调用,也可以提供给客户端应用程序调用。

(5)安装和部署应用程序

Visual Studio 2010开发平台为安装和部署应用程序提供了模板。在完成了某个项目的开发之后,开发人员可以利用Visual Studio 2010开发平台生成该项目的安装和部署应用程序。

下面以控制台应用程序为例,说明在Visual Studio 2010中创建和运行应用程序的方法。

【例1-1】 编写一个应用程序,显示"Hello,World"。

(1)运行Visual Studio 2010,单击【文件】菜单,选【新建】命令,再选【项目】子命令,在弹出的窗体中选择【控制台应用程序】模板，输入项目名 HelloWorld，如图 1－3 所示。

（2）单击【确定】按钮，Visual Studio 2010 将创建一个新的解决方案（和项目名同名）和一个项目，并在指定位置（在图 1-3 中是 F：\vsproject）创建一个新的文件夹 HelloWorld（同解决方案名）存储解决方案中的所有文件，文件夹结构如图 1-4 所示。

在 Visual Studio 2010 运行界面的代码窗口中，在自动生成的程序中添加一条输出语句。

```
using System;
namespace HelloWorld
{
    class Program
    {
        static void Main(string[ ] args){
            Console.WriteLine("Hello,World!");
        }
    }
}
```

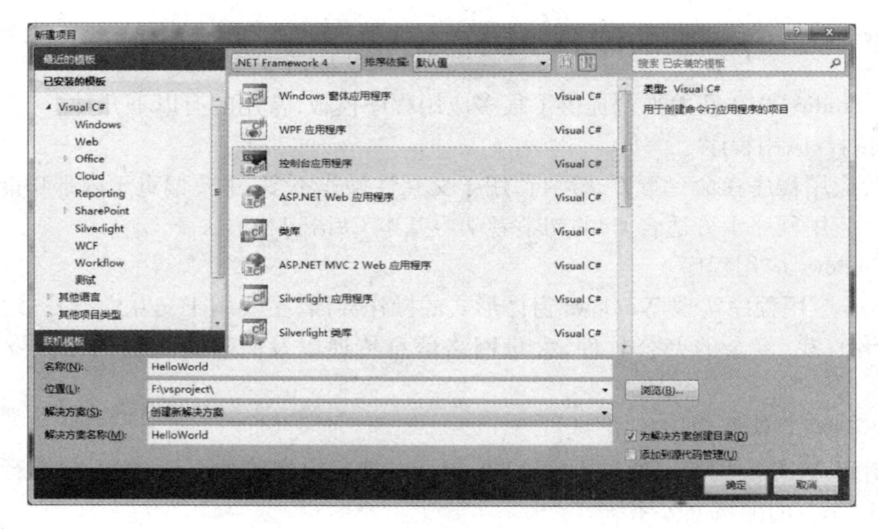

图 1-3 控制台应用程序的创建

图 1-4 解决方案文件夹的结构

(3)在 Visual Studio 2010 中运行项目，分为调试运行和不调试运行两类。无论是哪一类，系统都会先编译整个项目，然后自动运行。一般情况下，编译生成的可执行文件(.exe 文件)默认保存在项目文件夹下的 bin\debug 子目录下，编译上述项目将在该目录中生成 HelloWorld.exe 文件。如果不需要调试程序，一般选不调试运行。如调试运行项目选【调试】菜单→【启动调试】命令(或按 < F5 > 键)，不调试运行项目可以选【调试菜单】→【开始执行(不调试)】命令(或按 Ctrl + F5 键)。上述程序按不调试运行的结果如图 1-5 所示。

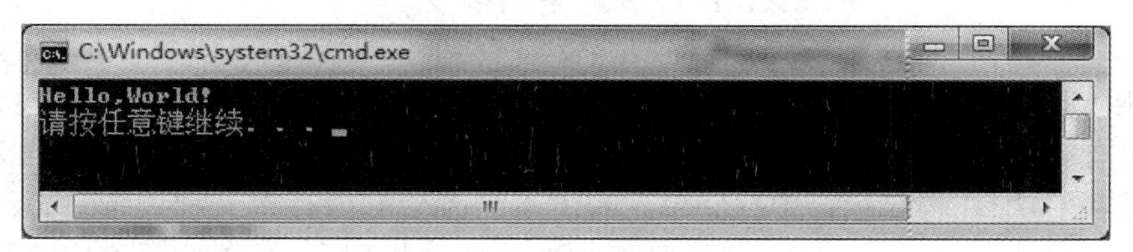

图 1-5　例 1-1 的运行结果

习　题

1. 什么是程序？
2. 机器语言、汇编语言和高级语言有什么区别和联系？
3. .NET 框架中，通用语言运行时的功能是什么？
4. 在 Visual Studio 2010 开发环境中，什么是解决方案和项目？

第2章　C#数据类型

2.1　常量和变量

为了让计算机处理数据,首先必须在内存中存储数据,这就要对内存单元进行操作。由于内存单元只有内存地址,不便于在程序中使用,因此需要为内存单元命名。这种命名的内存单元就是常量和变量,在程序运行中存储单元的值不能改变的内存单元称为常量,反之,可以改变的内存单元称为变量。在C#中,变量必须与数据类型相配合,系统按照相应的数据类型分配内存单元的数量。这些已定义数据类型的变量在程序执行中不能随意改变可以存储的数据类型,这个特性称为程序语言的静态类型系统。变量和常量都必须先声明,后使用。

2.1.1　常量

在C#中,使用const关键字和如下语法声明一个符号常量:

const 数据类型 常量名 = 值;

常量必须在声明时初始化,而且一经初始化,就不能改变了。习惯上,常量采用大写字母命名,最多不超过255个字符。例如:

```
const int MAXSIZE = 32768;
```

2.1.2　变量

变量在声明时就可以初始化,也可以在任何时候给变量赋新值,改变原值。用"="运算符给变量赋值。例如:

```
int age = 30;
```

基本的变量命名规则如下:

(1)变量名的第一个字符必须是字符、下划线或@(但若第一个字符是@的话,第二个字符不能是数字);

(2)其余的字符可以是字母、下划线或数字,字符总数不超过255。

例如,正确的变量名有:

x1

_test

@ test

不正确的变量名有:

@ 123

88abc

注意:同C语言一样,C#是大小写敏感的,变量Test和test并不一样。另外,变量必须先声明,后使用;在对变量进行计算之前必须赋值。例如:

```
int x;
double y;
z = 10;                  //错误,因为变量 z 没有声明。
x = 2.3;                 //错误,数据类型不匹配。
y = y + 2;               //错误,y 没有事先赋值。
x = 6;
y = x + 8;
```

2.2 数据类型

由于计算机的中央处理器只能按照机器指令处理内存中的数据,所以在指示计算机处理数据之前,必须先在内存中存储数据。任何一个指令都包含了执行代码和数据存储两部分内容。由于各种数据在内存中占用的内存空间不同,不同类的数据运算方式不同,对其运算的机器指令也不同,因此大多数的程序设计语言对不同种类的数据都进行分别处理。有了数据类型之后,可以带来如下好处:

(1)指示计算机为数据分配适当的内存空间;

(2)可以检查程序对各种数据的运算是否合法;

(3)数据的各种运算能够容易地转换为机器指令;

(4)可以指示计算机方便地解释内存中的数据。

如图 2-1 内存的数据,按整数解释,值为 1311586011;按单精度浮点数则解释,值为 726513344;按字符串解释,为“中国”(按 Unicode 编码解释)。

01001110	00101101	010101110	11111101

图 2-1　内存数据的解释

必须牢记 C#是强类型语言,对数据是分类型存储的,因此对每一个常量和变量都要声明数据类型,编译器会检查变量的赋值是否正确。C#中类型可分为值类型和引用类型两类,两者主要的区别是在内存中存储的方式不同。值类型变量存储数据,引用类型变量存储对实际数据的引用(即地址)。

2.2.1 值类型

值类型又可以分为简单类型、枚举类型、结构类型。此节我们只介绍简单类型,枚举类型和结构类型在后面的章节介绍。

1. 整数类型

C#语言提供了 8 种整数类型,其表现形式及取值范围如表 2-1 所示。

给整数类型的变量赋值时,可采用十进制或十六进制的数值常数。如果是十六进制的常数,在书写时要加前缀“0x”,如:

```
long x = 0x12ab;
```

整数类型的取值范围　　表 2-1

类型名称	说　明	取值范围	类型指定符
sbyte	1 字节有符号整数	$-2^{7} \sim +(2^{7}-1)$	
byte	1 字节无符号整数	$0 \sim (2^{8}-1)$	
short	2 字节有符号整数	$-2^{15} \sim +(2^{15}-1)$	
ushort	2 字节无符号整数	$0 \sim (2^{16}-1)$	
int	4 字节有符号整数	$-2^{31} \sim +(2^{31}-1)$	
uint	4 字节无符号整数	$0 \sim (2^{32}-1)$	U 或 u
long	8 字节有符号整数	$-2^{63} \sim +(2^{63}-1)$	L 或 l
ulong	8 字节无符号整数	$0 \sim (2^{64}-1)$	UL 或 ul

在 C#的语句中出现的常数整数会默认为 int 类型，如果需要按 long、unint、ulong 类型处理，则需要添加类型指定符，如：

long　y = 1234L;

整数类型的数据在运算时需要考虑计算结果超过整数表示范围出现的溢出现象，请看下面的例子。

【例 2-1】 整数计算的溢出。

```
using System;
using System.Text;
namespace IntegerExample
{
    class Program
    {
        static void Main(string[] args)
        {
            sbyte sx = 127;
            sx = (sbyte)(sx + 1);
            short shx = 32767;
            shx = (short)(shx + 1);
            int intx = 2147483647;
            int inty = -2147483648;
            intx = intx + 1;
            inty = inty - 1;
            Console.WriteLine("127 +1 = {0}", sx);
            Console.WriteLine("32767 +1 = {0}", shx);
            Console.WriteLine("2147483647 +1 = {0:d8}",intx );
            Console.WriteLine(" -2147483648 -1 =" +inty);
        }
```

```
    }
}
```

程序执行结果如图 2-2 所示。

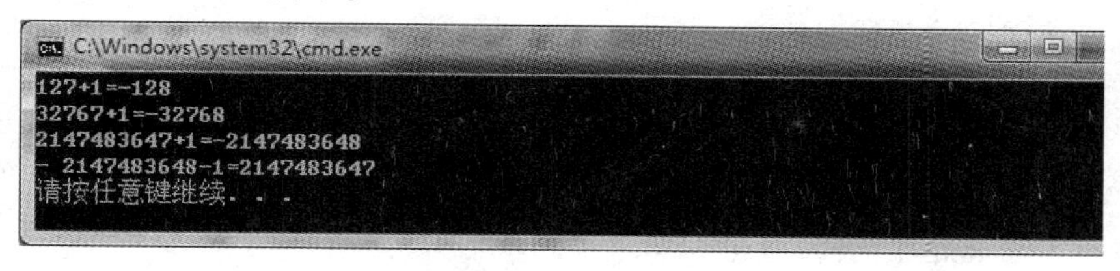

图 2-2 例 2-1 的执行结果

2. 浮点数类型

C#语言中的浮点数类型分为单精度(float)、双精度(double)、小数型(decimal)3 种类型，具体规定如表 2-2 所示。

浮点数类型表示形式 表 2-2

类型名称	说 明	精 度	取 值 范 围	类型指定符
float	4 字节 IEEE 单精度浮点数	7	$1.5\times10^{-45}\sim3.4\times10^{38}$	F 或 f
double	8 字节 IEEE 单精度浮点数	15 ~ 16	$5.0\times10^{-324}\sim1.7\times10^{308}$	E 或 e
decimal	16 字节浮点数	28 ~ 29	$1.0\times10^{-28}\sim7.9\times10^{28}$	M 或 m

在计算机内部，float 和 double 分别使用 32 位单精度和 64 位双精度 IEEE 754 格式表示，关于 IEEE 754 标准可以参考本书的附录。常见的浮点数书写格式如下：

float x = 2. ef;

double y = 45.9;

double z = 7.23e7; //注意：e 后面一定为整数。

在 C#语句中，如果不说明浮点数的类型，默认为 double 类型。关于 float 和 double 类型，需要注意以下几点：

(1)有正无穷大(Inifinity)、负无穷大(-Inifinity)和非数字(NaN)3 个特殊数值；

(2)不会发生溢出错误，当浮点数运算后超过 float 或 double 能表示的最大范围时，就会出现正无穷大、负无穷大；

(3)当绝对值低于 float 或 double 所表示的最小数，则视为 0，有 +0 和 -0 之分；

(4)浮点数由于精度的原因，在内存单元存储的数据可能和实际值略有差异，在判断一个数值和另一个数值是否相等时可能出现不正确的结果，通常用两个数的绝对值之差小于一个近似为 0 的数表示两个浮点数相等。

小数型(decimal)是一种特殊的浮点数类型，特点是精度高，但是表示的数值范围并不大。从计算机内部结构来讲，就是它的尾数部分位数多，而阶码部分的位数并不多。这种类型特别适用于财务和货币计算等需要高精度数值的领域。小数型是微软特殊设计的浮点数类型，没有无穷大和非数字两个特殊的数据，超出范围编译器将报错。

【例 2-2】 浮点数的精度问题。

```
using System;
```

```
using System. Text;
namespace FloatExample
{
    class Program
    {
        static void Main(string[] args)
        {
            double  x = 1.0 - 0.9;
            if (x = = 0.1)
            Console. WriteLine("1.0 - 0.9 = =0.1");
            else
                Console. WriteLine("1.0 - 0.9 < >0.1");
            if((Math. Abs(x) -0.1) <1e -15d)
                Console. WriteLine("替代比较结果:1.0 - 0.9 = =0.1");
            else
                Console. WriteLine("替代比较结果:1.0 - 0.9 < >0.1");
            decimal m = 1.8m - 0.5m;
            if (m1 = = 1.3m)
              Console. WriteLine("decimal 数据的相等比较:1.8m - 0.5m = =1.3");
            else
              Console. WriteLine("decimal 数据的相等比较:1.8m - 0.5m < >1.3");
            float y = 3.4e38f;          //最大的 float 浮点数。
            Console. WriteLine("浮点数的无穷大:3.4e38f * 10 = {0}", y * 10);
            double z = -1.78e308;   //最小的 double 浮点数。
            Console. WriteLine("浮点数的无穷大:-1.78e308 * 10 = {0}", z * 10);
            int i = 123456789;
            float f = i;
            Console. WriteLine("123456789 转换为浮点数为:{0}",f );
        }
    }
}
```

程序执行结果如图 2-3 所示。

3. 布尔型

布尔型属于值类型,用 bool 表示。bool 类型只有 true 和 false 两个值,分别表示肯定或否定的判断结果,如:

```
bool f = false;
bool b = (i >0 && i <10);
```

在 C#语言中,关系表达式的运算结果是 bool 类型,如下用法是错误的:

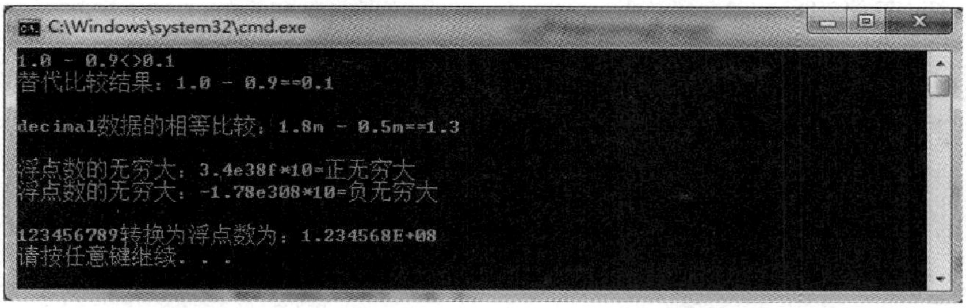

```
C:\Windows\system32\cmd.exe
1.0 - 0.9<>0.1
替代比较结果：1.0 - 0.9==0.1

decimal数据的相等比较：1.8m - 0.5m==1.3

浮点数的无穷大：3.4e38f*10=正无穷大
浮点数的无穷大：-1.78e308*10=负无穷大

123456789转换为浮点数为：1.234568E+08
请按任意键继续. . .
```

图 2-3 例 2-2 的执行结果

int i =5, j =6;

if (i) j =j +10;

if (j =15) j =j +10;

正确用法应该是：

int i =5, j =6;

if (i! =0) j =j +10;

if (j = =15) j =j +10;

4. 字符型

字符类型用 char 表示，为单个 Unicode 字符，一个 Unicode 字符的标准长度为两个字节。字符变量的赋值常用下面的形式：

char mychar ='A';

C#语言中还可以使用十六进制的字符 Unicode 代码值对字符型变量赋值，但要加上前缀\u，如：

char mychar2 ='\u0041'; //字母'A'的 Unicode 表示

对于一些特殊字符，包括一些控制字符，一样可以用转义符来表示。表 2-3 列出了常用的转义符。

常用转义符 表 2-3

转 义 符	字 符	十六进制表示
\'	单引号	0x0027
\"	双引号	0x0022
\\	反斜杠	0x005c
\0	空字符	0x0000
\a	发出一声响铃	0x0007
\b	退格	0x0008
\r	回车	0x000D
\n	换行	0x000A

2.2.2 引用类型

引用类型的变量存储对实际数据的引用(即地址),又分为类、接口、数组、委托。一般把引用类型变量称为对象。每个引用类型变量都可以赋予一个特殊值 null,表示该变量没有引用任何对象。最常用的引用类型为字符串(string)。下面简要介绍字符串的用法,其他的引用类型在后面的章节介绍。

1. string 类型

string 类型表示一个由 Unicode 字符组成的字符串。同 C 语言一样,字符串常量在书写时用双引号括起来。两个字符串可以用运算符"+"连接起来构成一个新的字符串,如:

```
string    str1 = "ABCD";
string    str2 = "中国";
string    str3 = str1 + str2;
```

和 char 一样,字符串也可以包含转义符,如:

```
string    filePath = "c:\csharp\myfile.cs";
```

但是,这种表示法中两个连续的反斜杠看起来很不直观。为了使表达更清晰,C#规定:如果在字符串常量的前面加上@符号,则字符串内的所有内容均不再进行转义,如:

```
string    filePath = @"c:\csharp\myfile.cs";
```

2. 值类型与引用类型区别

值类型和引用类型的区别在于,值类型变量直接保存变量的值,引用类型的变量保存的是数据的引用地址,下面通过一个简单的程序说明值类型与引用类型区别。

```
using System;
using System.Text;
namespace ReferenceExample
{
    class Program
    {
        static void Main(string[] args)
        {
            int i = 5;
            int j = 6;
            int[] abc = null;
            i = i + j;
            abc = new int[]{7,8,9,10};
        }
    }
}
```

上面程序执行过程中,数据在内存中的存储情况如图 2-4、图 2-5。为了简单起见,这里假定一个基本数据类型数据占用一个内存单元,而没有按照实际数据类型占用的内存单元绘图。

程序执行之前,内存存储数据如图 2-4 所示。

程序执行之后,内存存储数据如图 2-5 所示。

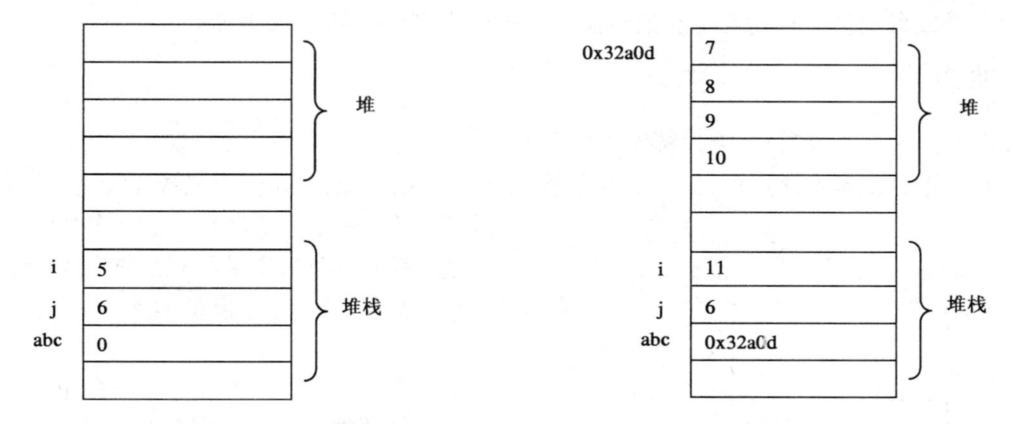

图 2-4　程序执行之前的内存分布　　图 2-5　程序执行之后的内存分布

当把一个值变量赋值给另一个变量时,会在堆栈中保存两个完全相同的值;而把一个引用变量赋值给另一个引用变量,则会在堆栈中保存同一个堆(heap)位置的两个引用。

进行数据操作时,对于值类型,由于每个变量都有自己的值,因此对一个变量的操作不会影响其他变量;对于引用类型变量,对一个变量进行操作时往往就是对这个变量在堆中引用的数据进行操作,如果两个引用类型的变量引用同一个对象,实际含义就是它们在堆栈中保存的堆地址相同,一次对一个变量的操作就会影响到引用同一个对象的另一个变量。表 2-4 总结了值类型和引用类型变量的区别。

值类型和引用类型变量的区别　　表 2-4

特　性	值 类 型	引 用 类 型
变量中保存的内容	实际数据	指向实际数据的引用指针
内存空间配置	堆栈(Stack)	受管制的堆
内存需求	较少	较多
执行效率	较快	较慢
内存释放时间点	执行超过定义变量的作用域时	由垃圾回收机制负责回收
可以为 null	不可以	可以

2.3　不同数据类型之间的转换

在 C#中,有些数据类型可以转换为另一种数据类型。例如,一种值类型转换为另一种值类型,或者一种引用类型转换为另一种引用类型。比较常见的转换方式是隐式转换和显式转换,有时也可以使用 Convert 类提供的静态方法实现转换。

2.3.1 隐式转换和显式转换

在C#中允许不同类型的数据进行混合运算。在进行运算的时候，一般不同的数据类型之间的常量或者变量将自动发生隐式转换，如从int类型转换到long类型：

```
int k =1;
long i =2;
i =k;                //隐式转换。
```

对于不同值类型之间的转换，如果是从低精度、小范围的数据类型转换为高精度、大范围的数据类型，可以使用隐式转换。这种转换一般没有问题，因为大范围类型的变量具有足够的空间存放小范围类型的数据。隐式转换的规则可以用图2-6表示。

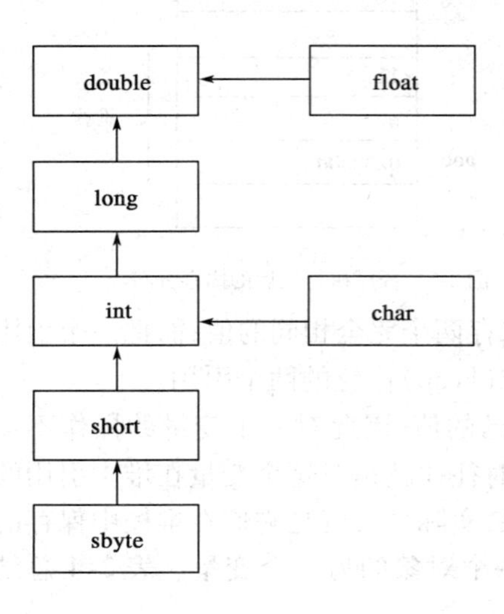

图2-6 隐式转换规则

关于隐式转换，需要注意以下几点：

(1)有符号数据类型不会向无符号类型转换；

(2)字符变量会向数值类型转换，但由数值类型不会向字符类型转换；

(3)float，double类型数据不会向decimal转换。整数类型、字符类型数值可以向decimal类型转换；

(4)int 、uint、long数据类型会向单精度数据类型转换，当进行这一过程转换时，可能会丢失数据精度。

显式转换又称为强制转换。显式转换需要用户明确地指定转换的类型，如：

```
long k =5000;
int i =(ink)k;
```

将大范围类型的数据转换为小范围类型的数据时，必须特别谨慎，因为此时可能有丢失数据的危险，如：

```
long r =3000000000;
int i =(int)r;
```

执行上述语句之后，得到的i值为－1294967296，显然是不正确的。这是因为上述语句中，long类型变量r的值比int类型的最大值＋2147483647还要大，而语句中又使用了强制类型转换，系统对这种转换不会报错，会强制执行，但结果是不是希望的值，只有靠程序员自己来判断了。

2.3.2 Convert类

Convert类提供了多个方法，可以实现常见的基本数值类型之间的转换。不过最常用的是利用Convert类实现string和基本值类型之间的转换，如：

```
int x =Convert.ToInt32("35");
float y =Convert.ToSingle("32.3");
```

double z = Convert. ToDouble("32. 3") ;

int i = Convert. ToInt32('1'); //注意:将字符型数据转换成整数作为该字符的unicode代码值,此处i值为49。

int j = Convert. ToInt32 ("1"); //将字符串按字符串的内容转换成整数值,此处j值为1。

另外,Convert类也可以将各种数值类型转换为字符串,如:

double z = 2. 33 ;

int x = 456 ;

string str = "计算结果是:" + Convert. ToString(z);

string str2 = "计算结果是:" + Convert. ToString(x);

2.4 运算符和表达式

2.4.1 算术运算符与算术表达式

C#中常见的算术运算符有加(+)、减(-)、乘(*)、除(/)、递增运算(++)、递减运算(--)、求余(%),但是没有乘方运算符。如果需要进行乘方运算用到Math类的Pow方法。其中,递增运算符++将变量的值加1,如x++、++x;递减运算符--将变量的值减1,如--x、x--;取余运算%则求取两个数相除的余数,如x%2。

令人意外的是,和大多数语言取余运算只针对整数不同,C#取余运算可以对浮点数求取余数,下面简述C#中求余运算的规则。对于除数和被除数都是正数(正整数或正浮点数),取余运算遵循这样的规律:将除数和被除数做减法,直到得到的结果小于被除数,这时的结果就是取余运算的结果。对于负整数或者负浮点数,取余运算按以下规律计算:如果除数和被除数互相异号,将除数和被除数做加法,直到得到的结果的绝对值小于被除数的绝对值,这时得到的结果就是取余运算的结果;如果除数和被除数都是负数,则按照两者都是正数的运算方法求余数,判断终止时同样使用绝对值,余数为负。

利用算术运算符将常量、变量和对象连接起来的算式就是算术表达式。很明显,算术表达式和数学表达式具有较大的区别,而且在程序中不能直接写出算术表达式要求计算机进行计算,需要使用赋值语句,因为在算术运算时计算机中需要保存计算结果。例如:

2 + 3/4 - 9%2; //错误,表达式不是执行语句。

int x = 2 + 3/4 - 9%2; //正确,须使用赋值语句实现计算。

在进行数值计算时常常需要用到一些数学函数,可以利用Math类的方法实现。下面列出了Math类定义的常量和常用的数学函数方法。

public static const double E = 2. 718…;

public static const double PI = 3. 1415…;

public static 数据类型 Max(数据类型 nbr1, 数据类型 nbr2); //数据类型可以任何的数值类型,下同。

```
public static 数据类型 Min(数据类型 nbr1, 数据类型 nbr2);
public static 数据类型 Abs(数据类型 value); //返回 value 的绝对值
public static double Pow(double x,double y);  //返回 x^y
public static double Sqrt(double value);        //返回平方根
public static double Round(double value);       //对小数点后的数进行四舍五入,返回整数
public static double Round(double value, int digits); //对小数点后的指定位数进行四舍五入,digits 为小数点后保留的小数位数。
public static double Sin(double a);    //返回 sin(a)
public static double Cos(double a);    //返回 cos(a)
public static double Tan(double a);    //返回 tan(a)
```

2.4.2 关系运算符与关系表达式

关系运算符主要用来比较两个数据之间的大小,有! =、= =、<、>、< =、> =6 种关系运算符,关系运算的结果为布尔值。如果关系运算符正确反映了两者的关系,结果为 true;如果错误反映了两者的关系,结果为 false。也可以说,关系运算符是用来描述两个数据之间的关系。例如:3 >5 结果为 false,4 = =4 为 true。

逻辑运算符有与(&&)、或(||)和非(!)3 种。其中 && 用来描述两个条件同时成立的逻辑关系,相当于汉语的“并且”;||用来描述两个条件只需要成立其中一个的逻辑关系,相当于汉语的“或者”的逻辑关系;! 用来描述条件的否定逻辑关系。如果上述逻辑运算符正确描述了相应的逻辑关系,结果为 true,反之结果为 false,如:

```
int x =4;
bool t = x > =1&&x <5;   //结果为 true。
bool b = x <7||x >8 ;    //结果为 true。
bool a = x = =5 ;        //结果为 false。
bool c = ! (x = =5);     //结果为 true。
```

2.4.3 按位运算符

按位运算符仅仅针对整数进行。计算机中对整数的存储采用补码,正整数的补码和原码相同,负数的补码为反码加 1。原码就是整数的二进制表示形式,正数的符号位为 0,负数的符号位为 1;反码则是由原码各位取反得到的。C#按位运算符有按位与(&)、按位或(|)、按位异或(^)、按位反(~)、逻辑左移(< <)、逻辑右移(> >)。注意对 short 、byte 类型的数据进行按位运算都会提升为 32 位 int 类型进行位运算,高位补 0。

按位运算符运用不是很多,有两种情况常常使用:一是程序员要测试某个整数某一位是 1 还是 0。例如要测试整数 x(如 10)第三位是否是 1,可使用 x&0x4,如果结果为 1,则第三位为 1,反之则是 0。另一种情况是利用“|”运算可以将某个整数特定位置 1。例如要将 x 的第四位置 1,可以使用 x|0x8。

2.5 控制台应用程序的输入和输出

控制台是一个操作系统窗口,在该窗口中用户可以通过键盘输入文本,并把运算结果显示在窗口中。在 Windows 操作系统中,控制台称为命令提示窗口,可以接受 MS-DOS 命令。控制台应用程序依赖 Console 类的静态方法实现输入和输出。

2.5.1 控制台输入

控制台输入最常用的输入方法是 Console 类的 Read 方法和 ReadLine 方法,方法原型如下:

public static int Read( )

Read 方法仅仅接收一个字符的输入,返回该字符的 Unicode 编码值。如果需要得到输入的字符,要进行显式转换;如果没有输入或输入无效,返回 -1。

public static string ReadLine( )

ReadLine 方法返回输入的字符串,但不包括最后输入的回车符。如果控制台的输入无效,或者没有任何输入,返回 null。

ReadLine 方法通常与 Convert 类配合使用,如:

```
string str = Console. ReadLine( );
double d = Convert. ToDouble( str);
```

2.5.2 控制台输出

控制台输出使用 Console 类的 Write 方法和 WriteLine 方法。它们都是将各种值类型的数据或对象转换为字符串输出到控制台窗口中,但 Write 方法不换行,WriteLine 方法输出数据后还输出回车符和换行符("\r\n")。

下面的代码演示了 Write 方法和 WriteLine 方法的基本用法。

```
bool falg = false;
int age = 18;
string str = "abc";
Console. Write( flag);
Console. Write( age);
Console. Wrtie( str);
Console. WriteLine( );
Consele. WriteLine( "{0},{1},{2}",flag,age,s);
```

输出结果为:

```
false18abc
false,18,abc
```

2.5.3 格式化输出

在控制台输出数据时，有时希望按照规定的格式输出，在 Console 类的 Write 方法和 WriteLine 方法中都可以规定输出的字符串的格式。格式化输出的方法原型为：

public static void WriteLine(string format, Object arg0)

其中参数 arg0 是要输出的数据，可以是任意数据类型，最常使用的数值型数据。参数 Format 为复合格式字符串，用来规定后面数据转换成字符串的格式，一般形式为：

{**N** [,**M**] [:格式码]}

其中，[ ]表示其中的内容为可选项；

N 为索引，是从零开始的整数，表示第几个参数，第一个参数索引为 0，第二个参数索引为 1，其余依此类推；

M 为对齐组件，是一个带符号的整数，指示把后面相应的数据转换为字符串的首选长度。如果实际数据转换为字符串的长度小于|M|，则使用空格填充；如果"对齐"值小于后面数据转换成的字符串的长度，"对齐"会被忽略。如果"对齐"为正数，后面指定了格式的数据为右对齐；如果"对齐"为负数，后面指定了格式的数据为左对齐。实际上，对齐组件并不常用；

格式码是可选的格式化字符串，针对不同类型的数据应使用不同的格式化字符串。对数值型数据，应指定数字格式字符串；对 DateTime 对象，应指定日期和时间格式字符串；对枚举类型值，应指定枚举格式字符串。

由于到目前为止，本书尚未介绍 DateTime 对象和枚举类型的内容，此处仅仅介绍较为常用的标准数字格式字符串，有关日期和时间格式字符串和枚举格式字符串在后面相应章节介绍。标准数字格式字符串使用格式码字符说明数值型数据转换为字符串的格式，后面可以跟一个称为精度说明符的整数，用以说明精度。下面列出了常见的格式码字符。

C 或 c：针对所有数值类型，数值转换为表示货币金额的字符串，精度说明符指示所需的小数位数，如 c2 表示数值显示时加上货币符号￥，并且小数位数保留两位。

D 或 d：只有整型才支持此格式。数字转换为十进制数字（0 ~ 9）的字符串，精度说明符指示结果字符串中所需的最少数字个数。如果需要的话，则用零填充该数字的左侧，以产生精度说明符规定的数字个数。

F 或 f：针对所有数值类型，称为定点数据格式，后面的精度说明符规定保留的小数点位数。

X 或 x：只有整型才支持此格式。数值被转换为十六进制数字的字符串。格式说明符的大小写指示对大于 9 的十六进制数字使用大写字符还是小写字符。例如，使用"X"产生"ABCDEF"，使用"x"产生"abcdef"。后面的精度说明符指示结果字符串中所需的最少数字个数。如果需要的话，则用零填充该数字的左侧，以产生精度说明符规定的数字个数。

P 或 p：针对所有数值类型，将数值乘以 100 并显示百分比符号的数字。精度说明符说明保留的小数位数。

N 或 n：针对所有数值类型，将数值转换为"d,ddd,ddd.ddd…"形式的字符串。精度说明符指示保留的小数位数。

下面通过一个例子说明标准数字格式字符串的用法。

【例2-3】数值的格式化输出。

```
using System;
using System.Text;
namespace FormatExample
{
    class Program
    {
        static void Main(string[] args)
        {
            Console.WriteLine("{0:d6}",123);
            Console.WriteLine("{0:f2}",12345.6789);
            Console.WriteLine("{0:f5}",12345.6789);
            Console.WriteLine("{0:n4}",12345.6789);
            Console.WriteLine("{0:p}",0.126);
            Console.WriteLine("{0,5:d}",123);
            Console.WriteLine("{0,9:f3}",123.45);
            Console.WriteLine("第一个数:{0:c3},第二个数:{1:X4}",123.45,498);
        }
    }
}
```

程序执行结果为:

```
000123
12345.68
12345.67890
12,345.6789
12.60%
123
123.450
第一个数:¥123.450,第二个数:01F2
```

习 题

1. C#语言数据类型中,值类型和引用类型有什么区别?

2. 编写一个控制台程序,程序从键盘上读入摄氏温度值,然后将它转换为华氏温度值并输出到显示器上。提示:摄氏温度值转换为华氏温度值的计算方法为 $h = 9/5 * c + 32$,其中 c 为摄氏温度值,h 为华氏温度值。

3. 编写一个控制台应用程序,从键盘上读取某客户的贷款金额、贷款年限和贷款年利率,计算该客户的还款总额和支付的贷款利息,以货币格式输出到显示器上。

第3章 流程控制

C#程序具有:顺序结构、选择结构、循环结构3种基本结构,掌握好3种结构是程序设计的基础。顺序结构是最简单的结构,程序语句依次执行。本章主要介绍选择结构和循环结构。

3.1 选择结构

3.1.1 if语句

当程序需要根据不同情况(如某个表达式的值)选择不同的数据处理语句时,可以使用if语句实现这种选择结构。

if语句有两种基本形式:

(1)单独使用if语句,不加else语句。

```
if (关系表达式)
{
语句序列;
}
```

(2)if语句和else语句配套使用的单条件测试。

```
if (关系表达式)
{
    语句序列A ;
}
else
{
    语句序列B;
}
```

注意:上面结构中语句序列可以是一条语句,也可以是一个语句块。如果只是一条语句,则可以不用大括号把该条语句括起来。在C#语言中,如果一个逻辑块包含两条或两条以上的语句序列,必须使用大括号将语句括起来。

if语句允许嵌套,即上面选择结构内部语句序列中也可以出现if语句。当多个if语句嵌套时,外层选择结构将内部整个选择结构视为一条if语句。常使用else块嵌套if语句实现多条件测试,嵌套结构的if语句如下:

```
if(关系表达式a)
{
    语句序列A ;
```

```
}
else if(关系表达式 b)
{
    语句序列 B;
}
else if(关系表达式 c)
{
    语句序列 C;
}
        …
else if (关系表达式 m)
{
    语句序列 M;
}
else
{
    语句序列 N; //上述所有关系表达式都为假时执行
}
```

【例 3-1】 编写一个控制台应用程序,从键盘上读入某学生的分数,根据如下规则输出学生成绩的等级:分数大于等于 90 为优秀,分数大于等于 80 小于 90 为良好,分数大于等于 70 小于 80 为中等,分数大于等于 60 小于 70 为及格,分数低于 60 为不及格。

```
using System;
using System. Text;
namespace IfExample
{
    class Program
    {
        static void Main(string[ ] args)
        {
            Console. Write("请输入分数:");
            double sc = Convert. ToDouble(Console. ReadLine( ));
            if (sc  > = 90)
                Console. WriteLine("优秀");
            else if (sc > =80)
                Console. WriteLine("良好");
            else if (sc > =70)
                Console. WriteLine("中等");
            else if (sc  > = 60)
```

```
                Console.WriteLine("及格");
            else
                Console.WriteLine("不及格");
        }
    }
}
```

程序运行结果如图 3-1 所示。

图 3-1　例 3-1 的执行结果

【例 3-2】求一元二次方程 $ax^2+bx+c=0$ 的解，其中 a、b、c 由用户通过键盘输入。

```
using System;
using System.Text;
namespace IfExample2
{
    class Program
    {
        static void Main(string[] args)
        {
            double a, b, c;
            double x1, x2;
            double delt;
            double real, image;
            Console.Write("a =");
            a = Convert.ToDouble(Console.ReadLine());
            Console.Write("b =");
            b = Convert.ToDouble(Console.ReadLine());
            Console.Write("c =");
            c = Convert.ToDouble(Console.ReadLine());
            if (Math.Abs(a) < 1e-15)
                Console.WriteLine("方程的解为:{0}", -c / b);
            else
            {
                delt = b * b - 4 * a * c;
```

```
                if (Math.Abs(delt) <1e-15)
                {
                Console.WriteLine("x1 =x2 ={0}", -b / (2 * a));
                }
                else if (delt > 0)
                {
                        x1 = (-b + Math.Sqrt(delt)) / (2 * a);
                        x2 = (-b - Math.Sqrt(delt)) / (2 * a);
                        Console.WriteLine("x1 = {0},x2 = {1}", x1, x2);
                }
                else
                {
                      real = -b / (2 * a);
                      image = Math.Sqrt(Math.Abs(delt)) / (2 * a);
                      Console.WriteLine("复数根:");
                      Console.WriteLine("x1 = {0} + {1}i", real, image);
                      Console.WriteLine("x2 = {0} - {1}i", real, image);
                 }
            }
        }
    }
}
```

注意:在上述程序中,由于浮点数类型的精度问题,在判断等于0时,把绝对值小于1e-15的浮点数即视为0。程序运行结果如图3-2所示。

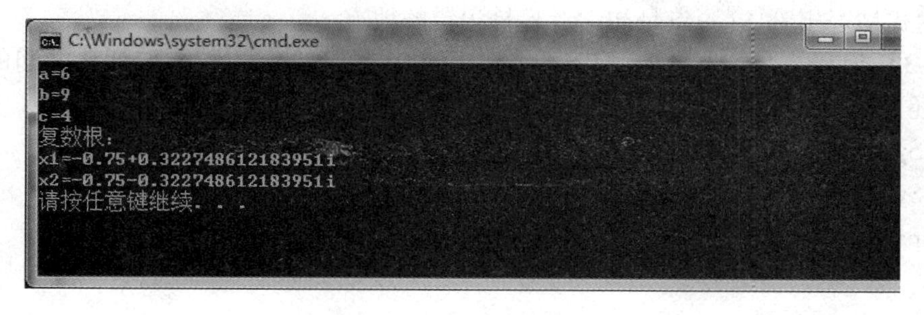

图3-2 例3-2的执行结果

3.1.2 switch 语句

当一个表达式有多个可选值需要进行处理时,使用 if 语句会降低程序的可读性,这种情况下可以使用 switch 语句。switch 语句一般形式为:

switch(表达式)

```
{
    case 常量表达式 1:
      语句序列 1;
    case 常量表达式 2:
      语句序列 2;
         ……
    case 常量表达式 m:
      语句序列 m;
    [default:
        语句序列 m+1;]
}
```

下面是使用 switch 语句时应该注意的几个问题:

(1)switch 表达式的值和每个 case 关键字后的常量表达式的值可以是 string、int、char 或枚举类型,但它们的类型必须一致。

(2)case 关键字后面的表达式只能是常量表达式,不能含有任何变量。

(3)每个 case 关键字下面的语句序列可以用大括号括起来,也可以不用大括号。

(4)每个 case 块的最后一句一般是 break 语句,表示该 case 块执行之后,跳转到 switch 结构之后的语句执行。这种情况下 switch 语句的执行顺序是:从上至下,依次检查每个 case 块,如果该块的常量表达式和 switch 表达式的值不等,则跳转到下一个 case 块;如果某个 case 块的常量表达式和 switch 表达式的值相等,则执行该 case 块语句,执行之后跳转到 switch 结构之后的语句执行;如果没有任何一个 case 块的常量表达式的值和 switch 表达式的值相等,则执行 default 标记后的语句序列,执行之后跳转到 switch 结构之后的语句执行。

(5)当找到符合 switch 表达式值的 case 标记时,程序执行该 case 块的语句序列之后,如果该 case 块中没有 break 语句,直接执行下一个 case 块的语句序列,不再判断其常量表达式和 switch 表达式是否相等,这一点是初学者容易犯错的地方。

【例 3-3】 编写一个控制台应用程序,接收用户从键盘输入的一个 1 到 9 之间的整数,判断是奇数还是偶数。

```
using System;
using System.Text;
namespace SwitchExample
{
    class Program
    {
        static void Main(string[] args)
        {
            Console.Write("请输入一个整数(1-9):");
            string str = Console.ReadLine();
            short sx = short.Parse(str);
```

```
                switch (sx)
                {
                    case 1:
                    case 3:
                    case 5:
                    case 7:
                        Console.WriteLine("输入的整数是奇数");
                        break;
                case 2:
                case 4:
                case 6:
                case 8:
                        Console.WriteLine("输入的整数是偶数");
                        break;
                default:
                        Console.WriteLine("输入的数不在范围内");
                        break;
                }
            }
        }
    }
```

程序执行结果如图 3-3 所示。

图 3-3　例 3-3 的执行结果

3.2　循环结构

循环结构用来描述大量的重复操作,C#语言常用 while 语句和 for 语句描述循环结构。要掌握循环语句的用法,关键是识别重复操作和控制循环变量的变化,另外还要注意循环条件和循环变量的初始化。

3.2.1　while 语句

while 语句的一般形式为:

```
变量初始化;
while (关系表达式)
{
    语句序列;
}
```

其中,关系表达式用来表示循环条件,如果循环条件满足则执行下面的语句序列;否则跳出循环结构执行 while 语句之后的语句。语句序列中除了包括重复操作的语句,还包括了循环变量的控制语句,即每执行一次重复操作就修改循环变量的值。下面举例说明 while 语句的用法。

【例 3-4】 编写一个控制台应用程序,接收用户输入的 10 个数,求它们的平均值。

```
using System;
using System. Text;
namespace WhileExample
{
    class Program
    {
        static void Main(string[ ] args)
        {
            int i =1;
            double s =0;
            double x;
            Console. WriteLine("请输入 10 个数:");
            while (i< =10)
            {
                x = Convert. ToDouble(Console. ReadLine());
                s = s + x;
                i = i + 1;
            }
            Console. WriteLine("请输入的数的平均值为{0}",x/10);
        }
    }
}
```

【例 3-5】 编写一个控制台应用程序,使用对分法求解方程 $3 * x^3 - 4x^2 - 5 * x + 13 = 0$ 的一个根,该根位于区间(-2, -1)。

由于该方程是一元三次方程,没有数学方法可以求出所有的根。使用对分法求其近似解是对区间进行对分,分成相等的两个区间,再判断方程的根在哪个区间,然后对根所在区间再次对分,一直迭代下去。当区间足够小时(如小于 1e -15),在区间随便找一个点就可以作为方程的近似根。很明显,上述迭代过程就是不断地重复对分(重复操作),使用 while 语句描述迭代过程的程序如下：

```
using System;
using System.Text;
namespace ComplexLoopExample
{
    class Program
    {
        static void Main(string[] args)
        {
            double x1 = -2;
            double x2 = -1;
            double y1,y2,ym ;
            double xm;
            while (Math.Abs(x1) - Math.Abs(x2) >1e-15)
            {
                xm = (x1 + x2)/2;
                y1 =3 * x1 * x1 * x1 -4 * x1 * x1 -5 * x1 +13;
                y2 =3 * x2 * x2 * x2 -4 * x2 * x2 -5 * x2 +13;
                ym =3 * xm * xm * xm -4 * xm * xm -5 * xm +13;
                if (Math.Abs(ym) = =0)    break ;
                if (ym * y1 <0)
                        x2 = xm;
                if (ym * y2 <0)
                        x1 = xm;
            }
            Console.WriteLine("x = {0}", (x1 + x2)/2);
        }
    }
}
```

程序执行结果如图3-4所示。

图3-4　例3-5的执行结果

3.2.2　for语句

for语句是while语句的简化形式，更加紧凑，一般形式为

```
for(初始化;循环条件;迭代运算)
{
    语句序列;
}
```

如果省略初始化语句,则须在 for 语句之前给出了变量初始化的语句,如:

```
int i =0;
int sum =0;
for( ; i< =1000; i+ +)    sum = sum + i;
```

如果省略循环条件,则表明在 for 循环运行的过程中不存在对循环结束条件的判断,循环将无限制执行下去,如:

```
for (int i =0, sum =0 ;   ; i+ +)    sum = sum + i;
```

如果省略了迭代运算,则用于控制循环次数的变量须在循环体中改变其值,以便退出循环,如:

```
for(int i =0,sum =0;i <1000;)
{
     sum = sum + i;
i+ +;
}
```

如果省略了初始化语句和迭代计算,只给出循环条件,则相当于 while 循环,如:

```
int i =1;
int sum =0;
for( ; i <1000 ; )
{
sum = sum + i;
i+ +;
}
```

【例 3-6】 编写一个控制台应用程序,根据用户输入的数字 n,在屏幕上输出 n 行星号图案。当 n =4 时,屏幕上显示的星号图案如下:

```
   *
  * * *
 * * * * *
* * * * * * *
```

完整的程序代码如下,其中利用 for 语句实现了循环结构的嵌套。

```
using System;
using System. Text;
namespace ForExample
{
     class Program
```

```
    {
        static void Main(string[] args)
        {
            Console.Write("请输入一个数字:");
            int n = Convert.ToInt32(Console.ReadLine());
            Console.WriteLine();
            for (int i = 1; i <= n; i++)
            {
                for(int k = 1;k <= n - i;k++)
                    Console.Write(" ");
                for(int j = 1;j <= 2 * i - 1;j++)
                    Console.Write("*");
                Console.WriteLine();
            }
        }
    }
}
```

程序执行结果如图 3-5 所示。

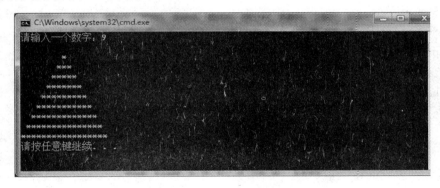

图 3-5　例 3-6 的执行结果

3.2.3　foreach 语句

foreach 语句是 C#特有的循环控制语句，主要用于对集合对象中元素的存取。可以使用该语句逐个提取集合中的元素，并对每个元素执行特定的操作。其一般形式为：

```
foreach(类型 标示符 in 表达式)
{
    语句序列
}
```

其中，类型和标示符用来声明循环变量，表达式的结果应为集合对象。注意，Foreach 语句中的循环变量是一个用于迭代的局部变量，在每一轮循环中都被赋予集合不同元素的值。但在循环体内不能试图改变它的值，而且该循环变量的类型一定要与集合对象中元素的类型相同，否则必须进行显式的类型转换。C#中集合对象很多，最常见的就是数组。下面我们以数组为例说明 Foreach 语句的用法。

```
int[ ] x = new int[3]{1,2,3,4,5};
foreach (int i in x)
Console.WriteLine(i);
```

3.3 跳转语句

在条件和循环语句中，程序的执行都是按照条件的测试结果进行的，流程是固定的，但是在实际应用中有可能根据实际情况改变既有的执行流程，这就需要用到跳转语句。常见的跳转语句有 break、continue、goto 语句。

3.3.1 break 语句

break 语句主要用于 switch 选择结构和循环结构中。当用于 switch 语句时，流程跳出分支选择结构，执行 switch 结构后的语句，在前面的 3.1.2 已有介绍，此处不再赘述。当 break 语句使用在循环体中时，其作用是强迫终止当前循环，使程序流程提前退出当前循环。

【例 3-7】 编写一个控制台应用程序，接收用户输入的一个正整数，判断其是否为质数。

```
using System;
using System.Text;
namespace ForExample
{
    class Program
    {
        static void Main(string[ ] args)
        {
            int m,i,k;
            Console.Write("输入一个正整数:");
            m = Convert.ToInt32(Console.ReadLine());
            k = (int)(Math.Sqrt(m));
            for (i = 2;i < = k;i + +)
                if (m%i = =0) break;
            if (i > =k+1)
                Console.WriteLine("输入{0}是质数",m);
            else
                Console.WriteLine("输入{0}不是质数",m );
        }
    }
```

```
}
```

程序执行结果如图 3-6 所示。

图 3-6 例 3-7 的执行结果

3.3.2 continue 语句

continue 语句只能出现在循环体中，它的功能是中断本次循环体的运行，将程序的流程跳转到循环的开始重新判断循环条件，如果循环条件满足则继续下一次的循环。格式为：

continue；

3.3.3 goto 语句

goto 语句的功能是将程序流程转移到由标识符指定的语句。格式为：

goto 标识符；

标识符可以放置到任何语句的前面，如：

exit：Console. WriteLine( )；

goto 语句可以使程序流程跳转到程序的任意地方，很自由灵活，但容易引起逻辑上的混乱，因此除了以下两种情况外，其他情况下一般不使用。

(1)在 switch 语句中从一个 case 块跳转到另一个 case 块。

(2)从多重循环体内部直接跳转到最外层的循环体外部。

下面的代码说明了如何利用 goto 语句从循环体内直接跳出到循环体外部。

```
for  (int i =0;i <100;i + + )
{
     for (int j =0;j <100;j + + )
     {
          ......
          if (条件表达式 = =true) goto exit;
     }
}
exit: Console. WriteLine("计算结果是{0}",k);
```

可见，在特殊情况下，灵活使用 goto 语句还是很方便的。

习　题

1. 从控制台读入一个年份数据，判断其是否是闰年。判断规则如下：能被 400 整除的年份是闰年；除此之外，能被 100 整除的年份不是闰年；除此之外，能被 4 整除的年份是闰年。

2. 求 1 - 1/3 + 1/5 - 1/7 + …，最后一项绝对值要求小于 1e - 8。

3. 编写应用程序计算如下数学算式：

$$\sin\left(\frac{1}{1}\right)+\sin\left(\frac{1}{1+2}\right)+\sin\left(\frac{1}{1+2+3}\right)+\cdots+\sin\left(\frac{1}{1+2+3+4+\cdots+100}\right)$$

4. 编写应用程序计算下面的算式，其中 x 和 n 由用户输入。

$$1+x-\frac{x^2}{2!}+\frac{x^3}{3!}-\frac{x^4}{4!}+\cdots+(-1)^{(n+1)}\frac{x^n}{n!}$$

5. 求斐波拉其数列前 50 项之和。斐波拉其数列满足如下递推规则：$a_1=1$，$a_2=1$，当 $n>2$ 时，$a_n=a_{n-1}+a_{n-2}$。

6. 求 m 和 n 的最小公倍数，其中 m 和 n 由用户通过键盘输入。提示：最大公约数和最小公倍数满足如下关系：最大公约数 * 最小公倍数 = m * n。可先用辗转相除法求取 m 和 n 的最大公约数，再利用上面的关系式即可求取最小公倍数。

第 4 章　面向对象编程基础

4.1　类

4.1.1　对象和类

现实世界中的实体对象,具有多种特性,具备各种各样的行为。如一个学生,具有学号、姓名、出生日期、学院、专业等特性,同时具备了进校、离校、转专业、选课等行为。在面向对象编程技术中,所谓对象就是客观事物在程序中的映像。为了描述现实世界的对象,程序需要记录客观对象的特性,也就是一组数据,在面向对象技术中称为对象的属性。另一方面,程序还需要描述客观对象的行为。从计算机的观点,这些行为实际上代表了对数据的操作,在面向对象编程技术中是通过函数描述的,这些用于对象的函数称为对象的方法。

由于在一个应用系统中对同一类型的各个对象,关注的属性相同,对这些对象进行的操作也相同(或称这些对象的行为相同),因此没有必要针对单个对象进行描述,可以对同一个类的对象进行描述。所谓类,是一组具有相同数据结构和相同操作的对象的模板,用来定义该类型对象的属性和可以执行的操作。

下面通过一个实例说明 C#中类的概念。

【例 4-1】 职员类的定义。

```
public class Employee {
        private string name;
        private long idcard;
        private double salary;
        private string duty;
        public Employee(string n, long l, double d,string dt) {
              name  =  n;
              idcard  =  l;
              salary  =  d;
              duty = dt;
        }
        public void raise(double percent) {
             salary  =  salary + salary  *  percent;
        }
        public void update(string dt) {
        duty = dt;
        }
```

```
        public double tax( ){
            return salary * 0.1;
        }
        public void print( ) {
            Console.WriteLine("姓名:{0}", name);
            Console.WriteLine("ID:{0}", idcard);
            Console.WriteLine("工资:{0}", salary);
            Console.WriteLine("职务:{0}", duty);
        }
    }
```

4.1.2 类的成员

由例4-1可以看出,一个类由多个数据成员和方法成员组成。在职员类中,数据成员有name、idcard、duty和salary,分别为字符串、长整形、字符串和双精度浮点型,说明了在应用系统中对一个职员对象应该定义什么样的存储空间,存储什么样的数据。这些数据成员也常常称为该类对象具有的属性。从形式上,数据成员的说明和变量的声明差不多,但是变量在声明的时候系统即分配对应的存储空间,而数据成员仅仅是说明对这类对象的存储特性,并没有实际的对象产生,因此也不存在存储空间的分配。

类中的方法成员和C语言中的函数形式较为相近,不过在概念上有很大不同。函数是对预设数据进行加工处理的代码片段,该预设数据一般是由形式参数描述的。而方法是对预设对象的数据进行加工处理的代码片段,它是把一个对象视作整体来加工处理,说明对该类型对象的数据能够进行什么样的操作,因此在方法中可以随意引用预设对象的任意一个数据成员参与运算。例如,例4-1职员类的raise方法,根据参数percent(提高工资的百分比)增加某个对象的工资,被改变的工资直接存储到该对象的数据成员(salary),因此没有返回值。这里把预设对象的所有数据均看成已知值。

再看职员类中另一个方法tax,其代码如下:

```
public double tax( ){
    return salary * 0.1;
}
```

该方法根据预设对象(某个职员)的salary计算出该职员应缴纳的个人所得税(为了简单起见,这里简化了个人所得税的计算方法),但是由于职员对象中并没有存储职员个人所得税的数据成员,因此没办法在预设对象中保留个人所得税数据,这种情况下通常作为函数的返回值处理,期待调用该方法的程序自行处理个人所得税数据。

同样,类的方法成员只是说明了对某种类型的对象能够进行什么样的操作,由于实际对象并没有产生,这些操作在定义类时并没有发生,只有当这些方法被调用的时候,方法才被执行,这些操作才会发生。

另一方面,方法成员代表了施加到某种类型对象的操作,但从对象自身角度出发,也可以理解为该类型对象自身的行为。例如,Employee类中tax方法,既可以理解为对某个职员对象计算其个人所得税，也可以理解为该职员对象自己计算自己的个人所得税；再如 Employee 类中 print 方法，既可以说是打印某个职员对象的所有数据，也可以理解为该职员对象自己展示自己的数据。

每个方法都有一个方法名，便于识别和让其他方法调用。在 C#语言中，方法必须放在某个类中，定义方法的一般形式为：

```
【修饰符】返回类型 方法名称(【参数列表】)
{
  …
}
```

在定义方法时，需要注意以下几点：

(1)方法名称后面的小括号可以有参数序列，也可以没有参数，但是不论是否有参数，方法名后面的小括号都是必需的。如果参数序列中的参数有多个，则用逗号分隔开。

(2)可以用 return 语句结束某个方法的执行。程序遇到 return 语句后，会将执行流程交还给调用此方法的程序代码段。此外，还可以利用 return 语句返回一个值。注意：return 语句只能返回一个值。

(3)如果声明一个 void 类型的方法，return 语句可以省略不写；如果声明一个非 void 类型的方法，则方法中必须至少有一个 return 语句。

4.1.3　构造函数和析构函数

1. 类的实例化

如何使用一个定义好的类呢？类说明了某种类型对象的数据结构和对这些数据结构能够施加的操作。很明显，如果程序需要处理某个具体对象的数据，首先必须在内存中存储这个对象的数据。也就是说要根据类的定义在内存中产生必要的存储空间，并将具体对象的数据存储进去。换言之，就是要根据类构造一个具体的对象，这称为类的实例化。类的实例化需要使用 new 操作符和类的构造函数。new 操作符根据类的定义为对象分配恰当的存储空间，然后调用类的构造函数对这些存储空间进行初始化。例如，针对前面定义的 Employee 类，实例化的代码如下：

```
Employee a = new Employee("李兵",12343,3555.6, "人事科科长");
```

注意：自定义类可以看成复合的数据类型，因此一个对象可以看成是相关数据的组合。所有的自定义类都是引用类型，类变量中存储的是所引用的对象的地址。因此在上面的代码中，产生了一个职员对象，它由姓名("李兵")、工号(12343)、工资(3555.6)，职务("人事科科长")4 个数据组成，而变量 a 仅仅是引用了该对象。由于对于类变量来说我们关心的仅仅是其引用的对象，因此有时我们也直接说类变量是对象(请注意结合上下文理解其含义)。在内存中存储了实际对象的数据(通常把内存中的数据组合直接简称为对象)后，即可以使用类中提供的方法对该对象进行操作。下面我们通过一个例子说明类的应用。

【例 4-2】 类的实例化。

```
using System;
using System.Collections.Generic;
```

```
using System. Linq;
using System. Text;
namespace employees
{
    public class Employee
    {
        private   string name;
        private   long idcard;
        private   double salary;
        private   string   duty;
        public Employee(string n, long l, double d,string dt){
            name  = n;
            idcard  = l;
            salary  = d;
            duty  = dt;
        }
        public void raise(double percent){
            salary  = salary  + salary  * percent;
        }
        public void update(string dt){
            duty  = dt;
        }
        public double tax()  {
            return salary  * 0.1;
        }
        public void print(){
            Console. WriteLine("姓名:{0}", name);
            Console. WriteLine("工号:{0}", idcard);
            Console. WriteLine("基本工资:{0}", salary);
            Console. WriteLine("职务:{0}",duty);
        }
    }
    class Program
    {
        static void Main(string[] args){
            Employee a  = new Employee("黎明", 123334, 3000, "科长");
            a. update("处长");
            a. raise(0.10);
```

```
            a.print();
            double x = a.tax();
            Console.WriteLine("个人所得税是:{0}", x);
        }
    }
}
```

上面程序的执行结果是:

姓名:黎明

工号:123334

基本工资:3300

职务:处长

个人所得税是:330

由上面的例子可以看出,在面向对象编程技术中,强调的是把一个客观事物的数据看成一个整体(对象)去操作,不再像传统的过程式编程中对单个数据(变量)进行处理。可以这样说,在面向对象编程中,程序以对象为中心,强调对象之间的协作。而在过程化的程序设计中,程序是面向过程的,重点是数据的加工处理流程。

2. 构造函数

构造函数的作用是在创建对象时对数据成员(字段)进行初始化。在C#语言中,使用new操作符每创建一个对象,都会调用new关键字后面指明的构造函数,如:

Employee a = new Employee("李兵",12343,3555.6,"人事科科长");

这条语句的Employee("李兵",12343,3555.6, "人事科科长")就是调用Employee类的构造函数。使用构造函数的好处是它能够确保每一个对象在被使用之前都适当地进行了初始化的操作。构造函数有以下特点:

(1)每个类至少一个构造函数。如果程序中没有编写构造函数,则系统会自动为该类提供一个默认的构造函数。

(2)构造函数总是和类同名。

(3)构造函数不包含任何返回值。

(4)访问修饰符一般使用public,如果是private的话,类不能被实例化。

(5)构造函数用于初始化,不能显示调用构造函数。

如果在类中不定义构造函数,系统自动会为该类产生一个无参数的默认构造函数,其作用是为对象的数据成员提供默认值。设置默认值的规则如下:

(1)对数值型,如int、double等,初始化为0。

(2)对于bool型,初始化false。

(3)对于char字符型,初始化为'\0'。

(4)对于引用类型,如数组、字符串,初始化为null。

3. 析构函数

在C#中,对象的释放由垃圾收集器负责,绝大多数类没有必要定义显式的析构函数。采用垃圾收集器释放对象所占据的内存,可以减少程序员的大量劳动,也有效地避免了因程序员常常忽视内存的回收工作而导致的内存泄漏错误的发生。每当使用 new 关键字创建新的对象时,运行时环境就会在托管堆中分配内存。只要堆中存在足够的内存,内存分配的结果就会立即返回给调用程序。当堆中内存不足时,垃圾收集器就必须开始内存的回收和释放工作。垃圾收集器的调度引擎能够根据内存的分配情况确定内存回收的最佳时机。垃圾收集器运行时,首先判断堆中的对象是否已经不再使用,如果是,那么执行必要的操作,回收对象的内存。

尽管在 C#语言中,由.NET 框架提供的垃圾收集器可以自动进行内存的回收工作,C#中依然提供了析构函数给程序员们使用。C#中的析构函数主要用来回收程序中的不可控对象,比如一个对象的资源并不全部由 new 关键字所分配。这类对象中往往封装了一些非托管资源(比如文件、网络连接、数据库连接等)。垃圾收集器并不清楚释放这类资源所需要的特定操作,这时程序员定义的析构函数就可以帮助垃圾收集器在清除对象内存时正确地处理这类非托管资源。对于程序中大多数的对象来说,定义析构函数是不需要(也不推荐)的,这是因为垃圾收集器释放定义了析构函数的对象将对程序性能有较大的负面影响。

针对前面定义的 Employee 类,析构函数可以采取如下的形式:

```
~Employee(){
...
}
```

析构函数与包含它的类同名,但在类名前面加一个 ~ 号,在程序执行完之后被垃圾收集器调用。析构函数具有以下特点:

(1)不可以有任何参数。

(2)不可设定访问修饰符。

(3)不可以在程序中显式调用。

4.1.4 封装性

封装性是面向对象的一个重要方面。它有两层涵义:第一层涵义是把对象全部属性和全部方法结合在一起,形成一个不可分割的独立单位;第二层涵义是“信息隐蔽”,即尽可能隐蔽对象的内部细节,只保留有限的对外接口使对象与外部发生联系。也就是说,和 C 语言中程序员定义的 struct 不同,在一个对象的外部不能直接存取它未允许访问的属性。要改变这些属性的状态,只能通过对象向其外部提供的几个方法进行。因此,我们可以这样定义封装:把对象的属性和方法结合而成的一个独立的系统单位,尽可能地隐藏对象的内部细节。

为了理解对象的封装性,我们可以把对象想象成一个火车售票服务点。该售票服务点由一间房子构成,里面有售票员,配备办公桌、电脑、火车票等。售票服务点具有各种各样的属性,如大小、颜色、票价表、售票窗口等,这些属性和对象的属性是类似的。售票服务点提供两种服务——售票和清点票款,这些服务相当于对象具有的方法。封装意味着这些属性和服务被结合成一个不可分割的整体——售票服务点,房子的四壁形成了该对象的边界。售票窗口是售票服务点和外界交流的接口,通过它向外提供售票服务。旅客只能从窗口要求售票服务,而不能自己伸手到窗口内拿票和找零钱。清点票款是一个内部服务,不对外开放。

封装具有很重要的意义,它使得软件的错误和修改可以局部化。举例来说,某个用面向对象概念封装良好的软件包被设计成为上一层系统提供底层支持的类库,这时编写上层系统的程序员不必关心底层类库的实现细节,只是简单地使用底层的软件包提供的对象和方法就可以了。而当底层的库因为硬件或者某些因素改变后,只要它表现出的外部特性不变,上层的程序员就不必去修改自己的代码。

与封装密切相关的一个概念是可见性,它是指对象的属性和方法允许从外部存取和引用的程度。在 C#中,我们使用访问限制符说明对象属性和方法的可见性。常用的访问限制修饰符有 private、public、protected、internal,我们将在以后的小节详细阐述这些访问限制符的含义。

4.2 命名空间

4.2.1 命名空间的概念

在 C#语言中,使用命名空间对各种类进行组织管理。命名空间和操作系统的目录(文件夹)作用类似。命名空间中可以包括类、接口、枚举、代理、结构和其他命名空间。命名空间的语法如下:

```
namespace name{
        …
}
```

name 可以是任何一个 C#语言的合法标识符,但最好具有唯一性。和操作系统的目录具有子目录一样,命名空间也可以有子命名空间,如:

```
namespace N1{
        namespace N2{
              class A{    };
              class B{    };
        }
}
```

上面的示例代码也可以采用下述形式:

```
namespace N1.N2{
              class A{    };
              class B{    };
}
```

4.2.2 命名空间的使用

一般来说,在一个项目中创建的所有类都归为一个命名空间(和项目名相同),如例 4-2。使用同一个命名空间的其他类不需要进行任何说明,但使用其他命名空间的类须用 using 语句。语法如下:

```
using [alias = ] namespace;
```

其中,namespace 表示命名空间的名字。如果多个命名空间具有包含关系,可以使用. 分

隔。alias 表示别名,可为类及命名空间指定别名,如:

```
Using COL = System. Console;
public class Program{
    public static void Main( )
    {
        COL. WriteLine( " hello world! " );
    }
}
```

在使用动态链接库(*. DLL)中的类时,一般都要声明其命名空间。所谓动态链接库就是已经编译好了的类,这些类中不包含 Main 方法,不能直接运行,是被设计用来为其他程序服务的。动态链接库以文件的形式(扩展名为 DLL)存储在磁盘上,当某个执行文件(*. EXE)执行时,如果程序中使用了动态链接库中的类,系统可以动态地把两个文件的程序组合起来一起执行。在 Visual Studio 2010 中可以方便地创建动态链接库,下面举例说明。

【例 4-3】 动态链接库的创建和使用。

假定我们要创建一个动态链接库,其中包含前面定义的 Employee 类,那么我们可以创建一个类库项目。操作步骤如下:

(1)用鼠标单击【文件】菜单,选择【新建】→【项目】命令,出现如图 4-1 所示对话框。在项目名称中输入 EmployeeLibrary,这样就创建了一个简单的类库项目,如图 4-2 所示。

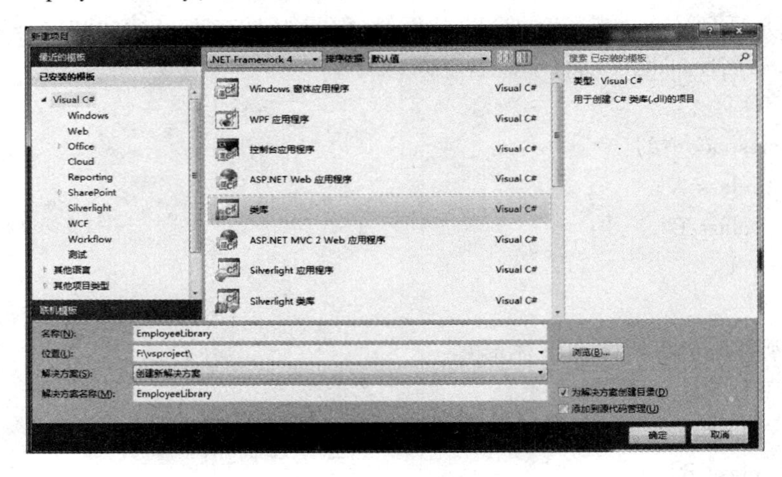

图 4-1　类库的创建

关于类库项目生成的代码有两个很重要的地方值得注意。首先,该类中并不包含 Main 方法,这说明该类不能作为一个应用程序直接运行,这个类是设计用来为其他程序服务的。第二,Class1 类前面的修饰符是 public,如果其他的项目要使用该类,类前面的修饰符必须是 public。

(2)接下来,我们把自动生成的 Class1 类代码删除,把前面编写的 Employee 类代码添加进去,如图 4-3 所示。

(3)编译代码,即从【生成】菜单选择【生成解决方案】命令编译当前代码。必须记住,这些代码不能直接执行，因为没有 Main 方法。如果从【调试】菜单选择【开始执行】命令运行该程序，那么 VS 2010 将会显示一个错误信息。

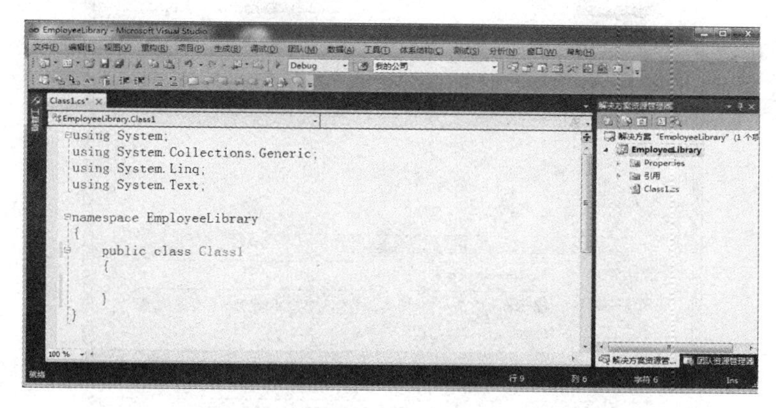

图 4-2 类库项目生成的初始代码

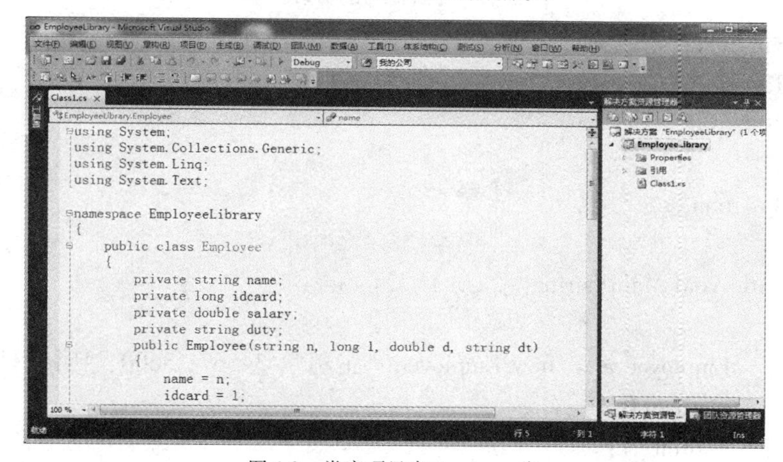

图 4-3 类库项目中 Employee 类

编译该项目就创建了一个新的程序集（动态链接库）。这个程序集保存在该项目下的\bin\Debug 目录下。按照默认设置，该程序集的名称就是项目名，即 EmployeeLibrary. dll。Windows 操作系统使用可执行文件（. exe）代表应用程序，而使用库文件（. dll）表示可以动态地被很多应用程序载入，并在这些应用程序间共享的代码库。

下面我们创建一个控制台应用程序项目，在该项目中将使用上面创建的动态链接库中的 Employee 类。要使用 Employee 类，首先必须在控制台应用项目中添加对程序集 EmployeeLibrary. dll 的引用。从【项目】菜单选择【添加引用】命令，出现如图 4-4 的对话框。

使用【浏览】按钮，选择 EmployeeLibrary. dll（在 EmployeeLibrary 项目的 bin\Debug 目录下），然后单击【确定】按钮给项目添加资源。添加该引用之后，还需要使用 using 语句告知编译器，将使用来自 EmployeeLibrary. dll 中的类。控制台应用程序的示例代码如下：

```
using System;
using System.Collections.Generic;
using System.Linq;
```

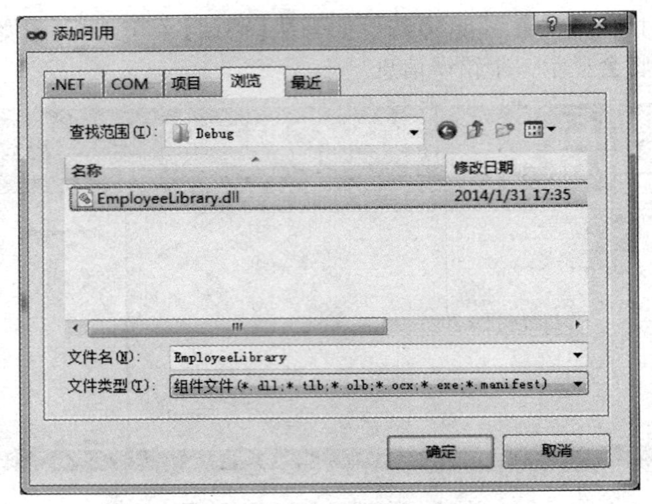

图 4-4 【添加引用】对话框

```
using System.Text;
using EmployeeLibrary;
namespace dllApp
{
    class Program
    {
        static void Main(string[] args)
        {
            Employee a = new Employee("王勇", 34567, 5600, "财务科科长");
            a.raise(0.1);
            a.print();
        }
    }
}
```

执行上面的控制台应用程序,结果为:

姓名:王勇

工号:34567

基本工资:6160

职务:财务科科长

4.3 访问修饰符

在 C#中我们可以使用访问修饰符限制类或者类成员的可见性。访问修饰符分为两类:类的访问修饰符和类成员的访问修饰符。

类的访问修饰符分为 public 和 internal。public 表示对该类的使用不受限制,任何应用程序都可以使用该类。internal 表示该类只能被同一个项目下其他类使用,不能被其他项目中的应用程序使用,默认情况下类前面的访问修饰符为 internal。例如,在【例 4-3】创建的类库项目中,我们把 Employee 类前面的修饰符设置为 public,这是因为在随后的控制台应用项目中将使用该类。

类成员的访问修饰符有 public、private、internal、protected 、protected internal,下面分别说明其含义。由于 protected 和 protected internal 和继承相关,我们将在下一章里介绍。

(1)public:指类的数据成员或方法是公开的,任何其他类都可以访问该类对象的 public 成员。

(2)private:指类中的数据成员或方法是私有的,只能在该类内部使用,任何其他类都不可以访问该类对象的 private 成员。

(3)internal:指类中数据成员或方法是内部的,同一工程项目下的其他类可以任意访问该类对象的 internal 成员,而其他项目下的应用程序则不能访问该类对象的 internal 成员。

需要注意的是,类中的构造函数的访问修饰符必须是 public。下面我们通过一个例子说明访问修饰符的含义。

【例 4-4】 访问修饰符的含义。

```
using System;
using System. Collections. Generic;
using System. Linq;
using System. Text;
namespace employees
{
    public class Employee
{
        private string name;
        private long idcard;
        private double salary;
        public string duty;
        public Employee(string n, long l, double d,string dt){
            name = n;
            idcard = l;
            salary = d;
            duty = dt;
        }
        private void raise(double percent){
            salary = salary + salary * percent;
        }
        public double tax() {
            return this. salary * 0. 1;
```

```
        }
        public void print(){
            Console.WriteLine("姓名:{0}", this.name);
            Console.WriteLine("工号:{0}", this.idcard);
            Console.WriteLine("基本工资:{0}", this.salary);
            Console.WriteLine("职务:{0}",this.duty);
        }
    }
    class Program
    {
        static void Main(string[] args){
            Employee a = new Employee("黎明", 123334, 3000, "科长");
            a.raise(0.10);      //编译时将出现错误提示:不可访问,因为它受保护级
                                  别限制。
            a.salary =9000;     //编译时将出现错误提示:不可访问,因为它受保护级
                                  别限制。
            a.duty ="处长";     //正确,因为前面已将数据成员 duty 修改为 public。
            a.print();
            double x = a.tax();
            Console.WriteLine("个人所得税是:{0}", x);
        }
    }
}
```

4.4 实例成员和静态成员

4.4.1 实例成员

一般来说,每当用 new 操作符创建一个类的对象实例,就会根据类中数据成员的定义创建对应的存储空间,我们称生成了一个对象。同样,当我们调用的类中方法时总是针对某个对象实现某种操作。由此可以看出,上面所说的数据成员和方法成员总是和类的某个实例相关的,这样的成员我们称为实例成员,包括实例数据成员和实例方法成员。同一个类生成的每个对象都有独立的实例数据成员存储空间。实例方法只能对某个实例对象进行操作,调用实例方法的一般形式为:

类变量.方法(参数列表);

如果没有一个对象实例,我们是没有办法使用一个类的实例方法的。在实例方法中,我们可以使用一个特殊的关键字 this,表示正在执行的实例方法所关联的当前对象,可以看成是一个隐含的参数。如果 this 在类的构造函数中出现,它实际上是正在初始化的对象本身的引用。

下面通过一个例子说明 this 关键字的含义。

【例 4-5】 this 关键字的含义。

```
using System;
using System.Collections.Generic;
using System.Linq;
using System.Text;
namespace employees
{
    public class Employee
    {
        private  string name;
        private  long idcard;
        private  double salary;
        private string  duty;
        public Employee(string n, long l, double d,string dt){
            this.name = n;
            this.idcard = l;
            this.salary = d;
            this.duty = dt;
        }
        public void raise(double percent){
            this.salary =this.salary +this.salary * percent;
        }
        public void update(string dt){
            this.duty = dt;
        }
        public double tax() {
            return this.salary * 0.1;
        }
        public void print(){
            Console.WriteLine("姓名:{0}", this.name);
            Console.WriteLine("工号:{0}", this.idcard);
            Console.WriteLine("基本工资:{0}", this.salary);
            Console.WriteLine("职务:{0}",this.duty);
        }
    }
    class Program
    {
```

```
        static void Main(string[] args){
            Employee a = new Employee("黎明", 123334, 3000, "科长");
            a.raise(0.10);    //raise 方法在执行时,this 引用的对象就是 a 对象,
下同。
            a.print();
            double x = a.tax();
            Console.WriteLine("个人所得税是:{0}", x);
        }
    }
}
```

4.4.2 静态成员

有时候我们想申请一个变量(存储空间)存储某个数据,该变量和一个类相关,但是并不需要把它和这个类的特定对象实例关联起来;或者我们想定义一个方法,它实现某种处理逻辑,和某一个类有关系,但和该类的任意对象实例无关。这个时候我们就需要考虑在类中定义静态成员(static member)。静态成员包括静态数据成员和静态方法成员。

1. 静态数据成员

静态数据成员可以用来描述一个类的特性,或者表示该类所有对象都需要的数据,但这些数据不属于该类任何一个特定的对象。如果这样的数据定义成实例成员,那么当创建一个类的多个对象时,每个对象都有这个数据,显然浪费资源。此外,若要修改这些数据,也必须对每一个对象都进行修改,容易造成数据的不一致。这样的数据更适合定义成类的静态数据成员。当该类被载入内存时,系统就会在内存中专门开辟一部分区域用来保存静态数据成员。静态数据成员永远只有一份,访问静态数据成员的一般形式为:类名.静态成员名。下面举例说明静态数据成员的用法。

【例 4-6】 静态数据成员的用法。

```
using System;
using System.Collections.Generic;
using System.Linq;
using System.Text;
namespace StaticMember{
    class BankAccount{
        public static double interest;
        private int deposit;
        private string name;
        public BankAccout(string n,int  d){
            name = n; deposit = d;
        }
        Public double interest(){
```

```
                Return interest * deposit;
        }
    }
    class Program{
        public static void Main(){
            BankAccount a = new BankAccount("张三",1000);
            BankAccount b = new BankAccount("李四",2000);
            BankAccount.interest =0.12;
            Console.writeLine("{0}的利息为{1}",a.name,a.inerest());
            Console.writeLine("{0}的利息为{1}",b.name,b.inerest());
            }
        }
    }
```

上述程序执行结果为:

张三的利息为120

李四的利息为240

上面例子中,银行存款利率(interest)是各个银行账户对象都需要的,但是它并不归属于某一个特定的银行账户(Bank Account),因此将它设置为银行账户类的静态数据成员。

在类中还有一类数据成员也属于静态成员,那就是常量数据成员。当数据成员被设计成const时,表示该数据成员的性质是常量,也就是它的内容一旦设定后就不会再改变。例如,在Math类中定义了两个常量数据成员PI和E,表示圆周率和自然对数e。定义格式如下:

```
public static const double E =2.718…;
public static const double PI =3.1415…;
```

对于常量数据成员,有以下注意事项:

(1)在声明的同时赋予它数据内容;

(2)const隐含地是静态成员,因此在使用上必须符合静态数据成员的规定;

(3)初始化的值必须在编译时能确定,也就是必须在运行时才能决定的值不作为初始值使用;

(4)按照习惯,通常使用大写名字。

2. 静态方法成员

静态方法是一种特殊的方法成员,它和某个类相关,但不能作用于类的任何一个实例。静态方法与该类的具体对象无关,因此不能访问实例数据成员,只能访问类中静态数据成员,很多静态方法就是专门用来处理静态数据成员的。有的静态方法甚至和类中静态数据成员都无关,只是对方法的参数所描述的数据进行加工处理,这种方法实际上和C语言的函数没有本质区别,只是由于与该类相关而放在类中。在C#中,Math类的所有方法都是静态方法,用来实现特定的数学函数,和任何对象都不相关。调用类静态方法的一般形式为:

类名.静态方法名(参数列表);

需要注意的是,在静态方法中不能使用 this 关键字,因为静态方法和类的任何对象都无关,不存在和该方法关联的当前对象。下面举例说明静态方法的用法。

【例 4-7】静态方法的应用。

```
using System;
using System.Collections.Generic;
using System.Linq;
using System.Text;
namespace StaticMethod{
    public class Date
    {
        private int year,month,day;
        public date(int y,int m,int d){
            year = y;
            month = m;
            day = d;
        }
        public String ToStr(){
            return y.toString() + "年" + m.toString() + "月" + d.toString() + "日";
        }
        public static Date ToDate(string str){
            string[] splitStr = str.split(new char[]{'/', '-', '年', '月', '日'});
            int year = convert.toInt32(splitStr[0]);
            int m = convert.toInt32(splitStr[1]);
            int d = convert.toInt32(splitStr[2]);
            return new Date(year,m,d);
        }
    }
}
```

在上面的例子中,方法 ToDate 把一个表示日期的字符串(如"2000 年 12 月 5 日")转换为一个自定义的 Date 对象,它和任何特定的 Date 对象都无关,因此被定义为静态方法。

4.5 属性和索引

一般情况下,我们可以调用一个对象的方法去访问这个对象的内部数据。但是,对于一些简单的操作来说,比如存取某个对象的某个数据成员,使用方法并不是十分直观。C#语言提供了属性这一机制,使得存取对象的数据更加直观。和属性一样,索引专门用来方便地存取对象中的数组元素或集合元素。从本质上来说,属性和索引是一种方法。

4.5.1　属性

属性提供了从外部访问对象私有数据成员的方法。其一般形式为：

```
【修饰符】类型 属性名{
    get{
      …
    }
    set{
        …
    }
}
```

属性通过 get 访问器读取对象私有数据成员，而通过 set 访问器改写对象的私有数据成员。可以只提供 get 访问器或者 set 访问器，也可以同时提供 get 访问器和 set 访问器。注意：属性的类型是必需的，它说明了通过该属性访问对象的数据成员的类型。习惯上，属性名首字母采取大写形式。下面通过实例说明属性的定义和用法。

【例 4-8】 属性的定义。

```
using System;
using System. Collections. Generic;
using System. Linq;
using System. Text;
namespace PropertyExample{
    public class Employee
    {
        private   string name;
        private   long idcard;
        private   double salary;
        private string   duty;
        public Employee( string n, long l, double d) {
            this. name  =  n;
            this. idcard  =  l;
            this. salary  =  d;
        }
        public void raise( double percent) {
            this. salary  =this.  salary  + this.  salary  *  percent;
        }
        public string Duty( string dt) {
            get{
                return this. duty;
```

```
            }
            set{
                this.duty = value;
            }
        }
        public double tax() {
            return this.salary * 0.1;
        }
        public void print(){
            Console.WriteLine("姓名:{0}", this.name);
            Console.WriteLine("工号:{0}", this.idcard);
            Console.WriteLine("基本工资:{0}", this.salary);
            Console.WriteLine("职务:{0}",this.duty);
        }
    }
}
```

在上面的 Employee 类中,我们修改了构造函数,减少了一个参数,不再对数据成员 duty 进行初始化。为此,我们定义了一个属性 Duty,通过它访问 Employee 对象的 duty 数据成员。Duty 属性 get 访问器用于从对象获取内部数据,并通过 return 语句返回值。而 Duty 属性的 set 访问器用于改变对象内部数据,其中有一个特殊的关键字 value,这个关键字将对象外部的数据传递进来。

属性从本质上是一种方法,但是和传统方法的调用方式不同,而是通过赋值语句的形式使用的,十分简单明了。例如,对上面的定义的 Employee 类,可以采用如下的语句使用 Duty 属性:

```
Employee a = new Employee("黎明", 123334, 3000);
a.Duty = "处长";
Console.WriteLine("该职员的职务是:{0}", a.Duty);
```

4.5.2 索引

对于一个对象内部的集合(如数组)数据成员,比较方便的方式就是采用数组式的访问,而索引正好提供了对对象的数组式访问功能。如果一个类定义了索引器,就可以使用数组访问运算符"[]"来访问相应对象的集合元素。索引一般采用如下方式定义:

```
【访问修饰符】类型 this[类型 参数]{
    get{
        ...
    }
    set{
        ...
```

```
        }
    }
```

在索引器的定义中，this 表示当前对象。前面的类型表示通过本索引器的 get 访问器返回值的类型。和属性一样，索引器里面也有 get 访问器和 set 访问器，set 访问器也可以使用 value 关键字，其含义和属性的 value 关键字相同。下面举例说明索引器的应用。

【例 4-9】 索引的应用。

```
using System;
using System. Linq;
using System. Text;
namespace IndexExample
{
    public class DayCollection{
        private string [ ] days = {"Sun","Mon","Thues" , "Wed","Thurs","Fri","Sat"};
        public string this [int i]{
            get{
                return (days[i]);
            }
            set{
                this. days[i] = value;
            }
        }
        public int this[string day]{
            get{
                int  i;
                for(i = 0;i < = days. Length;i + + ) {
                        if(days[i] = = day)    return i;
            }
            return  -1;
            }
        }
    }
class Program
{
    static void Main(string[ ] args){
        DayCollection week = new DayCollection( );
        Console. WriteLine(week[1]);
        week[2] = "Tuesday";
        Console. WriteLine(week["Fri"]);
```

```
                Console.WriteLine(week["Other Day"]);
                Console.WriteLine(week[2]);
            }
        }
    }
```

在上面的程序中,定义了两个索引器。第一个索引器通过数组方式访问对象内部的数组元素。第二个索引器在 DayCollection 对象的数组中查找指定字符串,返回该字符串在数组中的下标,如果在数组中没有该字符串,则返回 -1。上述程序的执行结果为:

```
Mon
5
-1
Thuseday
```

4.6 方法中的参数传递

在 C#语言中,程序员可以为类中方法定义多个参数(形式参数),使得方法的执行结果可以随着调用参数的改变而改变。同其他大多数语言一样,为方法定义的参数在方法中可以被当成局部变量使用,和在方法内部另外声明的局部变量没有什么不同。在 C#语言中,调用者在调用方法时,把实际参数传递给形式参数分为传值和传引用两种方式,下面分别介绍。

4.6.1 值传递

在 C#语言中,默认按照值传递的方式将实际参数的值传递给方法的形式参数。也就是说,调用者把实际参数传递给被调用方法时,在被调用方法中会将实际参数的值复制一份存储在形式参数中。在被调用方法结束时,该形式参数会作为局部变量被销毁,对调用者的实际参数将不会产生影响。下面举例说明。

【例 4-10】 按值传递参数。

```
using System;
using System.Linq;
using System.Text;
namespace ValueTransferExample
{
    class Program
    {
        static void swap( int x, int y) {
            int temp = x;
            x = y;
```

```
            y = temp;
        }
        static void Main(string[] args){
            int a = 8;
            int b = 9;
            swap( a, b);
            Console.WriteLine("a = {0} , b = {1}", a, b);
        }
    }
}
```

上述程序的执行结果为：

a = 8, b = 9

需要注意的是，在把引用类型的实际参数传递给形式参数时，仍然是按照传值方式处理的。但是，由于引用类型变量存储的对象的地址，因此实际上是把对象的地址传递给了形式参数。下面举例说明。

【例4-11】 引用类型变量的传递。

```
using System;
using System.Linq;
using System.Text;
namespace ReferenceVariableExample
{
    class Program
    {
        static void addArray(int[] a){
            for(int i =0;i < a.Length;i + +)
                a[i] + +;
        }
        static void Main(string[] args){
            int[] b = new int[5] { 1, 2, 3, 4, 5 };
            addArray(b);
            for(int i =0;i < b.Length;i + +)
                Console.WriteLine("b[{0}] = {1}",i,b[i]);
        }
    }
}
```

上述程序的执行结果为：

b[0] =2

b[1]=3
b[2]=4
b[3]=5
b[4]=6

4.6.2 传引用

一般情况下,把值类型的实际参数传递给形式参数时采取传值的方式,被调用方法执行完毕后对实际参数不会产生任何影响。如果需要被调用方法的执行影响实际参数的值,则可以采取传引用的方式。C#语言的传引用本质上就是传地址,但是和C语言不同,在C#中不需要定义指针变量,使用起来更加简单。下面举例说明。

【例4-12】引用型参数的应用。

```
using System;
using System.Linq;
using System.Text;
namespace ReferenceTransferExample
{
        class Program
        {
            static void swap(ref int x, ref int y){
                int temp = x;
                x = y;
                y = temp;
            }
                static void Main(string[] args){
                int a = 8;
                int b = 9;
                swap( ref a, ref b);
                Console.WriteLine("a={0}, b={1}", a, b);
            }
        }
}
```

在上面程序中,在swap方法的形式参数前面我们加上了ref关键字,它表示x和y为引用型参数。调用swap方法时,在实际参数a的前面也加上了ref关键字,它表示将把a的引用(地址)传递给x,这样x就引用了a,因此在swap方法中对x操作实际上就是对a进行操作。对实际参数b采取了同样的处理方式。上面程序的执行结果为:

a=9, b=8

4.6.3　输出参数

在 C#语言中,要求在使用一个变量进行计算之前必须先明确地对这个变量赋值,这个规定是为了防止在未初始化一个变量之前就使用它。然而,在一个变量仅仅是为了得到返回值而作为实际参数传递给方法时,这个规定多少显得有点多余。在这种情况下我们可以通过 out 关键字把参数定义为输出型参数。与引用型参数类似,把实际参数传递给输出型参数也是采取传引用的方式。输出型参数与引用型参数的区别是,在调用方法前不需要对输出型实际参数变量进行初始化。通过输出型参数,我们可以在一个方法中返回多个数据给调用者。下面举例说明。

【例 4-13】 输出参数的应用。

```
using System;
using System. Linq;
using System. Text;
namespace OutputParameterExample
{
        class Program
        {
                static void SPlitPath( string path,out string dir,out string name) {
                    int i = path. Length;
                    While( i >0) {
                          char ch = path[ i - 1 ];
                          if ( ch = = '\'|| ch = = '/'||ch = = ':') break;
                          i - - ;
                    }
                    dir = path. substring(0,i) ;
                    name = path. Subsring( i) ;
          }
          static void Main( string[ ] args) {
              string path = @ " c: \docfiles\a. doc" ;
              string dir,filename;
              SplitPath( path,out dir,out filename) ;
             Console. WriteLine( " 目录为: {0} , 文件名为: {1} " , dir, filename) ;
          }
      }
}
```

上面程序的执行结果为:

目录为:c:\docfiles,文件名为:a. doc。

4.6.4 Params 关键字

有趣的是,C#语言还提供了一种机制,用来处理方法(函数)的参数数量不确定的情况。在 C#中,只要把方法的形式参数定义为一维数组,并在参数列表前面加上 params 关键字,就可以在调用该方法时传入任意数量的实际参数。这些实际参数将被传递到形式参数的数组中存放。注意:不能加 ref 和 out 修饰符,形式参数只能是一维数组。下面举例说明 Params 关键字的用法。

【例 4-14】方法参数数量不确定的处理方法。

```
using System;
namespace ParamsExample
{
    class program
    {
            public static void test(params int[ ] list){
                for(int i =0;i < list.Length;i + + ){
                    list[i] + + ;
                };
                for(int i =0;i < list.Length;i + + )
                    Console.WriteLine(list[i]);
            }
            static void Main(string[ ] args){
              test(3,4,5,6);
              Console.WriteLine(" * * * * * * * * * * * * * * * * ");
              int x =1;
              int y =2;
              int z =3;
              test(x,y,z);
              Console.WriteLine("x = {0} ,y = {1} ,z = {2} ",x,y,z);
          }
    }
}
```

上述程序的执行结果是:

```
4
5
6
7
* * * * * * * * * * * * * * * *
2
```

3
4
x = 1 , y = 2 , z = 3

上面的 test 方法参数列表中使用了 Params 关键字，因此调用时可以传入任意数量的参数。从执行结果还可以看出，test 方法的执行对调用者的实际参数变量没有影响。

4.7　重　　载

4.7.1　方法的重载

在大多数的编程语言（如 C 语言）中，需要为每一个函数定义一个独一无二的名字，也就是不得不为一组功能相似的函数定义不同的名字。比如定义了一个命名为 print 的函数处理对 int 类型的数据打印输出，当要处理对 float 类型的数据打印输出时，就不能再使用 print 这个名字为新函数命名，这实在有点不方便。另外，在 C#、C + + 和 Java 这样的语言中，根据构造函数的定义规则（构造函数的名字必须和类的名字相同），如果函数名字都要不同，那么就只能为一个类至多定义一个构造函数。然而当需要为一个类定义两种以上的初始化方法时，上面的规定就显得不合时宜了。比如我们可能会按照两种方式构造一个类实例，一种是默认的无参数构造函数，而另一种是带参数的构造函数。

解决以上矛盾的方法就是方法重载。也就是说在 C#中允许我们为两个不同的方法使用同一个方法名，只要它们拥有不同的参数列表。下面我们通过一个例子说明方法重载的用法。

【例 4-15】 方法的重载。

```
using System;
namespace MethodOverloading
{
    class program
    {
        public static int Add(int i,int j) {
                return i + j;
        }
        public static string Add(string s1,string s2) {
                return s1 + s2;
        }
        public static long Add(long x) {
                return x + 1;
        }
        static void Main() {
            Console. WriteLine(Add(1,2));
            Console. WriteLine(Add("123","456"));
```

```
                Console.WriteLine(Add(10));
            }
        }
}
```

上面程序的执行结果为：

3

123456

11

在上面的例子中，虽然有多个 Add 方法，但由于方法中的参数的个数和类型不完全相同，所以系统在调用时会自动找到最匹配的方法。

4.7.2 操作符重载

在第 3 章我们介绍了 C#语言的操作符，使用这些操作符可以对各种数据类型的变量或常量进行运算。当我们自己定义了一个类时，就相当于创建了一个新的数据类型，类的实例对象可以作为参数传递，也可以作为返回值。如果我们希望系统操作符能够用于自定义的类，能对类实例进行各种运算，那么就需要通过操作符重载来实现。所谓操作符重载是指同一个操作符可以对不同类型操作数进行不同的运算。操作符重载须在类中声明，和方法重载相似。在 C#中，操作符属于静态方法，因此在重载时也必须声明为静态，并且访问修饰符必须为 public。操作符重载的一般形式为：

public static 返回类型 operator 运算符(参数列表){

语句序列

}

一般操作符在运算之后都会返回一定的数据，返回类型规定操作符运算之后返回的数据类型。参数列表定义操作符作用的操作数。对于一元操作符，参数取一个；对于二元操作符，参数取两个；其余依此类推。参数类型及返回值类型可以是任何基本数据类型，也可以是自己定义的类型。C#中并非所有的操作符都可以重载，以下是可以重载的操作符：

+ − * / ! ~ ++ −− % & | ^ << >> == != <> <= >=

如果要重载比较操作符，必须成对重载。例如，如果重载了 ==，必须重载!=，反之亦然。<和>以及<=和>=同样要成对重载。

另外，除了重载一般的运算符，还可以重载隐式或显式的类型转换操作符。重载类型转换操作符的一般形式为：

public static implict operator 转换类型(被转化数值)；

public static explicit operator 转换类型(被转化数值)；

上面的一般形式中，implict 指重载隐式类型操作符，explicit 指重载显式转换操作符。转换类型指定义的类型转换操作符，如 double、int、long、float、string 等。一般情况下，隐式类型转换操作符应从不抛出异常并且从不丢失信息，以便在不知晓的情况下安全使用。如果某一类型转换操作符不能满足此条件，则应定义为强制转换操作符。

下面通过一个例子说明操作符重载的用法。

【例 4-16】操作符重载的用法。

```
using System;
namespace OperatorOverloading
{
    public class Fraction
    {
        private int num,den;
        public Fraction(int num,int den){
            this.num = num;
            this.den = den;
        }
        public static Fraction operator +(Fraction a,Fraction b){
            return new Fraction (a.num * b.den + b.num * a.den,a.den * b.den);
        }
        public static Fraction operator -(Fraction a,Fraction b){
            return new Fraction (a.num * b.den - b.num * a.den,a.den * b.den);
        }
        public static Fraction operator *(Fraction a,Fraction b){
            return new Fraction (a.num * b.num,a.den * b.den);
        }
        public static Fraction operator /(Fraction a,Fraction b){
            return new Fraction (a.num * b.den,a.den * b.num);
        }
        public static implicit operator double(Fraction f){
            return (double) f.num/f.den ;
        }
    }
    class program
    {
        static void Main(string[] args){
            fraction a = new Fraction(1,2);
            fraction b = new Fraciton (3,4);
            fraction c = new Fraction(3,5);
            Console.writeLine("a = {0},b = {1},c = {2}",a,b,c);
            double e = a * (b - c)/c;
            Console.writeLine("a * (b - c)/c  = {0}",e);
        }
```

```
        }
}
```

上面的程序定义了一个分数类,用来描述分数对象。每个分数对象存储分子和分母两个数据。分数类中重载了+、-、*、/4个运算符,对两个分数对象就可以像普通数据类型一样进行+、-、*、/运算。分数类还重载了隐式类型转换符double,因此在分数对象运算过程中,在需要转换为double类型时,就能自动地实现隐式转换。例4-15程序运行结果如下:

a=0.5,b=0.75,c=0.6

a*(b-c)/c =0.125

4.8 结　　构

4.8.1 结构的定义

大部分对象都可以用类来实现,但是有时希望创建较小、比较简单且行为和特性都与系统值类型类似的对象,可以使用结构这种类型。结构是由一系列相关的、但类型不一定相同的数据组织在一起而构成的复合数据类型。结构类型由用户通过struct关键字自行定义,定义结构的一般形式为:

```
【访问修饰符】struct 结构名
{
  ...
}
```

其中,访问修饰符和类的访问修饰符相同,可以是public和internal,含义也相同。在C#语言中,结构其实可以看成一个类。和类一样,除了数据成员,结构可以有自己的构造函数,也可以有自己的方法。凡定义为结构的,都可以用类来定义。既然如此,那么为什么还要区分结构和类呢?这是因为,和类不同的是,结构类型是值类型,在程序运行时有些情况下能够得到比类高得多的执行效率。下面通过一个例子来说明。

【例4-17】 分别用类和结构定义具有x、y坐标的点,然后在主程序中创建并初始化一个具有10个点的数组。

```
using System;
namespace ClassStructExample
{
        class ClassPoint
        {
            public int x, y;
            public ClassPoint(int x, int y)
            {
                this.x = x;
                this.y = y;
```

```
        }
    }
    struct StructPoint
    {
        public int x, y;
        public StructPoint(int x, int y)
        {
            this.x = x;
            this.y = y;
        }
    }
    class Program
    {
        static void Main()
        {
            ClassPoint[] p = new ClassPoint[10];
            for (int i = 0; i < p.Length; i++)
            {
                p[i] = new ClassPoint(i, i); //必须为每个元素创建一个对象
                Console.Write("({0},{1}) ",p[i].x, p[i].y);
            }
            Console.WriteLine();
            StructPoint[] sp = new StructPoint[10];//创建一个数组对象
            for (int i = 0; i < sp.Length; i++)
            {
                sp[i].x=i;
                sp[i].y=i;
            Console.Write("({0},{1}) ", sp[i].x, sp[i].y);
            }
            Console.WriteLine();
        }
    }
}
```

运行结果为:

(0,0) (1,1) (2,2) (3,3) (4,4) (5,5) (6,6) (7,7) (8,8) (9,9)

(0,0) (1,1) (2,2) (3,3) (4,4) (5,5) (6,6) (7,7) (8,8) (9,9)

在上面程序中,创建并初始化了一个含有 10 个点的数组。对于作为类实现的点,出现了 11 个实例对象。其中,创建数组需要一个对象,它的 10 个元素都需要创建一个对象。而用结

构来实现点,则只需要创建一个对象(数组对象)。如果数组的大小为1024,很明显,用类和用结构在执行效率上差别是非常大的。

以下是使用结构时应注意的几个问题:

(1)结构属于值类型,更适合创建轻量级对象。

(2)在结构中不能声明无参数构造函数,结构本身已经提供了一个默认的无参数构造函数以便初始化结构的成员。

(3)结构可以用 new 操作符创建结构实例,也可以不用 new 操作符创建结构实例(如例4-16)。但无论哪种情况,结构都是在堆栈中分配存储空间。

(4)和普通的值类型(如 int、double、char、decmal)一样,用户定义的结构类型都隐含地继承自 System. ValueType 类型,System. ValueType 类型又继承自 System. Object 类型。结构类型不能被继承,也不能够继承自其他的结构和类,可以把结构类型看成是一个封闭的类。事实上,通用语言运行时(CLR)对值类型有着特殊的实现方式,在值类型之间相互继承是没有实际意义的。

(5)结构可以实现接口。

4.8.2 .NET 类库中定义的常用结构

在.NET 类库中定义了很多结构类型,编程时可以直接使用。下面介绍几个常用的结构类型。

1. Point

Point 结构位于命名空间 System. Drawing,提供有序的 x 坐标和 y 坐标整数对,该坐标对在二维平面中定义一个点。以下是 Point 结构提供的常用属性和方法。

属性 x:int 类型,获取或设置此 Point 的 x 坐标。

属性 y:int 类型,获取或设置此 Point 的 y 坐标。

构造函数:使用指定坐标初始化 Point 类的新实例,常用形式如下:

Public Point(int x, int y);

2. PointF

PointF 结构位于命名空间 System. Drawing,表示在二维平面中定义点的浮点 x 和 y 坐标的有序对。其常用属性和方法与 Point 相同,但数据类型为 float。

3. Size

Size 结构位于命名空间 System. Drawing,用于描述图形对象的大小。Size 结构是按图形的外框矩形表示图形的大小,主要数据成员为 height 和 width,均属于 double 类型。以下是 Size 结构提供的常用属性和方法。

构造函数:用于初始化 Size 结构的新实例,常用形式如下:

public Size(double width, double height);

Height 属性:获取或设置 Size 实例的高度。

Width 属性:获取或设置 Size 实例的宽度。

4. Rectangle

Rectangle 结构位于命名空间 System. Drawing，存储一组整数，共 4 个，表示一个矩形的位置和大小，即左上角坐标、高和宽。以下是 Rectangle 结构提供的常用属性和方法。

构造函数：用指定的位置和大小初始化 Rectangle 类的新实例，常用形式有以下两种：

public Rectangle(Point location, Size size);

public Rectangle(int x, int y, int width, int height);

Bottom 属性：获取此 Rectangle 结构下边缘 y 坐标，该坐标是此 Rectangle 结构的 y 属性 与 Height 属性值之和。

Height 属性：获取或设置此 Rectangle 结构的高度。

Left 属性：获取此 Rectangle 结构左边缘的 x 坐标。

Location 属性：获取或设置此 Rectangle 结构左上角的坐标。

Right 属性：获取此 Rectangle 结构右边缘 x 坐标，该坐标是此 Rectangle 结构的 x 属性与 Width 属性值之和。

Size 属性：获取或设置此 Rectangle 的大小。

Top 属性：获取此 Rectangle 结构上边缘的 y 坐标。

Width 属性：获取或设置此 Rectangle 结构的宽度。

x 属性：获取或设置此 Rectangle 结构左上角的 x 坐标。

y 属性：获取或设置此 Rectangle 结构左上角的 y 坐标。

5. Color

Color 结构位于命名空间 System. Drawing，用 Alpha 通道值(0 ~ 255)、红色通道值(0 ~ 255)、绿色通道值(0 ~ 255)和蓝色通道值(0 ~ 255)描述颜色。Alpha 值是指颜色的透明度，即前景色和背景色叠加的程度。Alpha 值越大，背景色在叠加中占的比例就越小，透明效果就越弱。当 alpha 值达到最大时，就是不透明的，只能看到前景色。相反，Alpha 值越小，背景色在叠加中占的比例就越大，透明效果就越强。如果 alpha 值为 0，则是全透明，只能看到背景色。在. NET 类库中，图形的颜色都用 Color 结构来表示，应用非常广泛。常用属性和方法有：

A：获取此 Color 结构的 alpha 分量值。

B：获取此 Color 结构的蓝色分量值。

G：获取此 Color 结构的绿色分量值。

R：获取此 Color 结构的红色分量值。

Color 结构中还定义了一系列的静态属性，用于获取常见颜色的 Color 结构值，如：

Black：获取 ARGB 值为#FF000000 的系统定义颜色。

White：获取 ARGB 值为#FFFFFFFF 的系统定义颜色。

Blue：获取 ARGB 值为#FF0000FF 的系统定义颜色。

Green：获取 ARGB 值为#FF008000 的系统定义颜色。

Red：获取 ARGB 值为#FFFF0000 的系统定义颜色。

Yellow：获取 ARGB 值为#FFFFFF00 的系统定义颜色。

public static Color FromArgb (int red, int green, int blue);使用指定的 8 位颜色值(红色、

绿色和蓝色)创建 Color 结构。alpha 值默认为 255(完全不透明)。

public static Color FromArgb (int alpha, int red, int green, int blue) ;使用指定的 4 个 ARGB 分量(alpha、红色、绿色和蓝色)值创建 Color 结构。

习　题

1. 阅读下面的程序,写出运行结果。

```
using System;
using System. Text;
namespace ConsoleApplication1
{
        public class Employee
        {
                private   string name;
                private   long idcard;
                private   double salary;
                private   string   duty;
                public Employee(string n, long l, double d){
                        this. name  =  n;
                        this. idcard  =  l;
                        this. salary  =  d;
                }
           public void raise(double percent){
                        this. salary  =this.  salary  +this.  salary  *  percent;
           }
           public string Duty(string dt){
                   get{
                        return this. duty;
                   }
                   set{
                        this. duty =value;
                }
          }
          public double tax() {
                return this. salary  *  0.1;
          }
          public void print(){
                Console. WriteLine("姓名:{0}", this. name);
                Console. WriteLine("工号:{0}", this. idcard);
```

```
            Console.WriteLine("基本工资:{0}", this.salary);
            Console.WriteLine("职务:{0}",this.duty);
        }
    }
    class program
    {
        static void Main(string[] args){
            Employee e1 = new Employee("张三", 133444, 2000.0);
            mployee e2 = e1;
            e1.raise(0.10);
            e1.Duty = "处长";
            e1.print();
            e2.print();
            string str1 = "abcd";
            string str2 = str1;
            str1 = "1234";
            Console.WriteLine("str1 = {0},str2 = {1}",str1,str2);
        }
    }
}
```

2. 编写一个矩形类,可以记录矩形的长、宽(取整数),能计算矩形的周长、面积,能在控制台中画出矩形的图像(用 * 号组成矩形的边)。然后,从控制台读入一个矩形的长、宽,利用自己编写的矩形类计算该矩形的面积、周长,并画出其图像。

3. 编写一个圆形类,能记录圆中心坐标,能记录圆的半径,能计算圆的周长和面积。

4. 编写一个日期类(Date),记录年、月、日数据。能将日期对象转换为字符串,能判断日期对象所在的年份是否是闰年,能将日期字符串(如"2009/08/01"、"2009-12-9")转换为日期对象。

5. 编写一个复数类,用来描述复数,利用操作符重载为复数对象建立加、减、乘、除运算。

6. 下面程序中 Point 类表示平面上一个点,成员 x、y 表示点的坐标。阅读程序,写出运行结果。

```
using System;
using System.Text;
namespace ConsoleApplication2
{
    class Point
    {
        public double x,y;
        public Point(doule x,double y){
```

```
                this. x = x;
                this. y = y;
            }
            ~Point( ){
                Console. writeLine("对象({0},{1})被销毁",x,y);
            }
        }
        class Program
        {
            static void Main(string[ ] args)
            {
                point a = new Point(1,1);
                point b = new Point(2,2);
                Console. writeLine("main 函数的最后一条语句!");
            }
        }
    }
```

第5章 常用数据类型的用法

5.1 数 组

有时程序中需要较多类型一致的变量,例如要存储一个班学生的年龄就需要几十个整型变量,存储一个公司所有职工的基本工资就需要几百个浮点型的变量。在程序中定义如此多的变量,将给编程带来困难,这种情况下使用数组更为方便。数组表示一组连续的存储空间,用于存储多个同种数据类型的数据,通常这些数据具有相似的实际含义。数组由一系列数组元素构成,所有的数组元素共享一个变量名(即数组名),通过不同的下标标识不同的数组元素,这样就避免了在程序中定义大量的变量,给编程带来方便。在C#中,数组分为一维数组、多维数组和交错数组,下面分别介绍。

5.1.1 一维数组

在C#中,数组是一种引用类型,而不是值类型,因此声明数组时只定义了一个引用类型数组变量,数组的存储空间并没有被分配。只有使用new操作符才能在堆中动态分配数组元素的存储空间。声明一维数组的格式如下:

数据类型 [ ] 数组变量名;

这里数据类型可以是值类型,也可以是引用类型。可以在程序的任何地方使用new操作符在堆中为一维数组分配存储空间,其语法为:

数组变量 = new 数据类型[表达式];

其中,数据类型必须和数组变量声明时一致,表达式可以是整型的常量或变量构成的表达式,如:

```
int[ ] a;
string[ ] b;
a = new int[3];
b = new string[2];
```

对于数组的使用,可以像普通变量一样对其中的数组元素进行操作,引用一维数组某个元素的语法为:

数组变量[下标]

例如,对上面定义的数组,可以使用下面的代码对数组元素赋值。

```
b[0] = "王波";
b[1] = "李明";
a[0] = 12;
a[1] = 14;
a[2] = 18;
```

除了采取上面的方式对数组元素赋值外，也可以在为数组分配存储空间时对数组进行初始化，或者声明数组的同时分配存储空间并进行初始化，如：

```
string[ ] b;
b = new string[ ]{"王波"," 李明"};
int[ ] a = new int[3]{12,14,18};
```

初始化数据应与数组元素个数相同。在上面的例子中，数组 b 的元素数量由其初始化数据个数确定。在 C#语言中，new 操作符为数组分配存储空间并将数组元素初始化为默认值。例如，int 类型的数组每个元素初始值默认为 0，bool 类型的数组每个元素初始值默认为 false 等。如果数组元素为引用类型，则每个数组元素被初始化为默认值 null。

对于数组的使用，最常用的方式是利用循环语句实现对数组元素的遍历，如：

```
double[ ] x = new double[ ]{3.0,5,9,20,45};
int i = 0;
for(i = 0;i < 5;i + + )
   Console.WriteLine(x[i]);
```

5.1.2 多维数组

多维数组和一维数组的使用十分相似，以二维数组的运用最为广泛。声明二维数组和三维数组的语法分别为：

数据类型 [,] 数组名称 = new 数据类型[表达式 1,表达式 2];

数据类型 [,,] 数组名称 = new 数据类型[表达式 1,表达式 2,表达式 3];

上面第一行为二维数组的声明语法，其中表达式 1、表达式 2 都可以是整型的常量或变量构成的表达式，表达式 1 的值指定第零维的数组元素个数，表达式 2 的值指定第一维的数组元素个数。三维数组的声明和二维数组相似，就不再赘述。声明二维数组和三维数组的示例代码如下：

```
int[,] a = new int[2,3];
int[, ,] b = new int[3,4,2];
```

和一维数组一样，多维数组也可以在声明时初始化，如：

```
int[,] a = new int[2,3]{{1,2,3},{2,3,4}};
int[,] b = new int[,]{{1,2,3,4,1},{2,3,4,1,2}};
```

在上面的示例代码中，采用第二种方法初始化二维数组时，一定要注意每一行元素的个数是否一致，否则编译时会发生错误。

对于多维数组的使用，和一维数组一样，同样可以象普通变量一样对其中的数组元素进行操作。引用二维数组某个元素的语法为：

数组变量[下标 1,下标 2]

例如，对上面定义的数组，可以使用下面的代码对数组元素赋值。

```
a[0,0] = 34;
a[0,1] = 78;
```

在实际存储中，多维数组元素按照一定的线性顺序在内存中进行排列。在 C#语言中，多维数组的所有元素在内存中依次排列，从前至后，数组元素的第一维下标变化最慢，而最后一维下标变化最快。例如上面定义的数组 a，数组元素在内存中的排列顺序如图 5-1 所示。

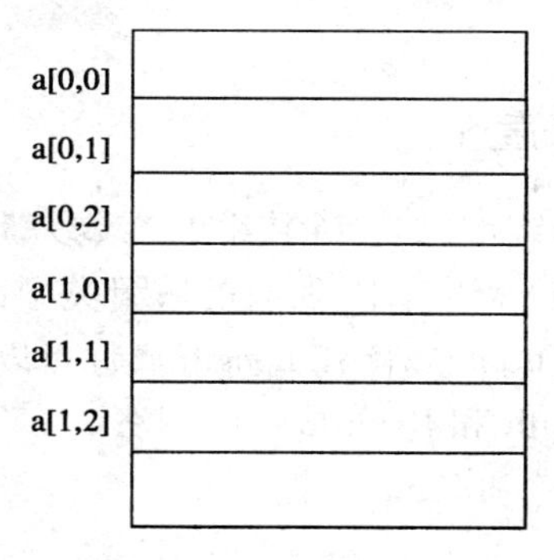

图 5-1　数组元素在内存的排列顺序

下面通过一个例子说明多维数组的用法。

【例 5-1】利用二维数组实现矩阵的乘法。

```
using System;
using System. Collections. Generic;
using System. Linq;
using System. Text;
namespace ArrayExample1
{
    class Program
    {
        static void printArray(int[ ] a)
        {
            int[ , ] a = new int[3,3]{{1,2,2},{ -3,2,1},{4,1,0}};
            int[ , ] b = new int[3,2]{{2,1},{1,1},{2,0}};
            int[ , ] c = new int[3,2];
            int i,j;s;
            for (i = 0;i < 3;i + + ){
                s = 0;
                for(j = 0;j < 3;j + + ){
                    s = s + a[i,j] * b[j,i]
                }
                c[i,j] = s;
            }
            for (i = 0;i < 3;i + + )
                for(j = 0;j < 2;j + + )
                    Console. WriteLine(" c[{0},{1}] = {2}",i,j,c[i,j]);
```

```
            }
        }
}
```

5.1.3 数组的秩和数组长度

数组的秩(rank)是指数组的维数,如一维数组的维数为1,二维数组的维数为2。数组的长度是指数组中元素的个数。在C#语言中,所有的数组类型都是从抽象基类型Array派生而来的引用类型。通过Array类的Rank属性和Length属性可以方便地获取数组的维数和长度。下面通过一个例子说明数组Length和Rank属性的用法。

【例5-2】数组的Length属性和Rank属性。

```
using System;
using System.Collections.Generic;
using System.Linq;
using System.Text;
namespace ArrayExample2
{
    class Program
    {
        static void printArray(int[] a)
        {
            for (int i =0;i < a.Length - 1;i++)
                Console.Write("{0},",a[i]);
            Console.WriteLine ("{0}",a[a.Length - 1]);
        }
        static void Main(string[] args)
        {
            int[] b = new int[5] { 3, 6, 8, 4, 9 };
            Console.WriteLine("数组的维数为:{0}", b.Rank);
            printArray(b);
        }
    }
}
```

程序运行结果为:

数组的维数为:1

3,6,8,4,9

5.1.4 交错数组

交错数组又称为AOA(Array Of Array)数组,即数组的数组,相当于一维数组的每一个元素又是另一个数组。交错数组的每个数组元素可以是一维数组,也可以是多维数组。实际上交错数组每个数组元素存储的是另一个数组的引用(即地址)。下面是交错数组常见的一种定义形式:

```
int[ ][ ] aoa = new int[2][ ]{
    new int[ ]{2,4,6},
    new int[ ]{1,3,5,7,9}
}
```

上面定义的数组也可以写为:

```
int[ ][ ] aoa = new int[ ][ ]{new int[ ]{2,4,6},new int[ ]{1,3,5,7,9}};
```

上面的数组如果按行列来排列数组元素,可以理解为每一行的列数不同。下面的示例代码说明了交错数组的每个元素可以是多维数组。

```
int[ ][,] aoa2 = new int[3][,]{
new int[,]{{1,3},{5,7}},
new int[,]{{0,2,3},{4,6,5},{8,10,8}},
new int[,] {11,22},{99,88},{0,9}}
}
```

对于交错数组元素的使用,仍然采用数组名结合下标的形式,但应包含其中的多个数组的下标,如针对上面定义的 aoa 和 aoa2,引用方法如下:

```
aoa[0][2] =45;
aoa2[1][1,2] =23;
```

下面举例说明交错数组的用法。

【例 5-3】用交错数组存储 4 名研究生某学期的成绩,统计每个学生的平均成绩。由于每个研究生在该学期选修的课程门数不一样,因此只能用交错数组来存储。

```
using System;
using System. Collections. Generic;
using System. Linq;
using System. Text;
namespace ArrayExample3
{
    class Program
    {
        static void printArray(int[ ] a)
        {
            int [ ][ ] grades = new int[4][ ];
            grades[0] = new int[ ]{77,68,86,73};
            grades[1] = new int[ ]{96,87,81};
            grades[2] = new int[ ]{70,90,86,81,78};
            grades[3] = new int[ ]{70,64,82,72};
```

```
                double[ ] avg = new double[4];
                double s;
                int i,j;
                for  (i =0;i <4;i + + ){
                        s =0
                        for(j =0;j < grades[i].Length;j + + )
                            s = s + grades[i][j];
                        avg[i] = s/grades[i].Length;
                }
                for(i =0;i <4;i + + )
                    Console.WriteLine("第{0}个学生各门课程的平均成绩是{1:f1}",
                    i,avg[i]);
            }
        }
}
```

程序执行结果如图 5-2 所示。

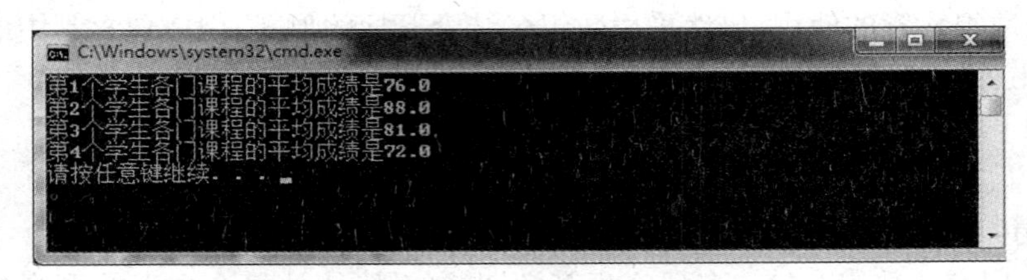

图 5-2　例 5-3 的执行结果

5.1.5　数组元素的排序和查找

在 C#语言中,Array 类是所有数组的基类,提供了一系列方法用于创建、处理、搜索数组并对数组进行排序。其中静态方法 Sort 对一维数组按升序排序;静态方法 Reverse 方法用于反转整个一维数组中元素的顺序;实例方法 Contains 用于判断一维数组是否具有某个元素;实例方法 IndexOf 用于查找某个元素在一维数组中位置。下面举例说明这几个方法的用法。

【例 5-4】一维数组的排序和查找。

```
using System;
using System.Linq;
namespace ArrayExample4
{
    class Program
    {
        static void Main(string[ ] args)
```

```
        {
            string[] books = { "Java", "C#", "C++", "vb" };
            Console.WriteLine("数组初值:");
            PrintAarrayValues(books);

            Array.Sort(books);
            Console.WriteLine("升序排序后的值:");
            PrintAarrayValues(books);
            Array.Reverse(books);
            Console.WriteLine("降序排序后的值:");
            PrintAarrayValues(books);
            Console.WriteLine("数组中是否有元素 C#:{0}",
                books.Contains("C#") ? true : false);
            Console.WriteLine("元素 C#在降序排序后的数组中的位置:{0}",
                Array.IndexOf(books, "C#"));
        }
        private static void PrintAarrayValues(string[] books)
        {
            for (int i = 0; i < books.Length; i++)
            {
                Console.Write("{0}\t", books[i]);
            }
            Console.WriteLine();
        }
    }
}
```

程序运行结果为:

```
数组初值:
Java    C#      C++     vb
升序排序后的值:
C#      C++     Java    vb
降序排序后的值:
vb      Java    C++     C#
数组中是否有元素 C#:True
元素 C#在降序排序后的数组中的位置:3
```

5.1.6　数组的统计运算

在实际应用中,我们可能需要计算数组中所有元素的平均值、和、最大数、最小数等,这些可以利用数组的 Average 方法、Sum 方法、Max 方法和 Min 方法来实现。

【例 5-5】 数组的统计运算。

```
using System;
using System.Linq;
namespace ArrayExample5
{
    class Program
    {
        static void Main(string[] args)
        {
            int[] a = { 10, 20, 4, 8 };
            string s = GetString(a);
            //将数组中的所有元素数值均转换为对应的字符串
            Console.WriteLine("数组元素:{0}", s);
            Console.WriteLine("平均值:{0}", a.Average());
            Console.WriteLine("和:{0}", a.Sum());
            Console.WriteLine("最大值:{0}", a.Max());
            Console.WriteLine("最小值:{0}", a.Min());
        }
        static string GetString(int[] a)
        {
            string s = "";
            for (int i = 0; i < a.Length - 1; i++)
            {
                s = s + a[i].ToString() + ",";
            }
            s = s + a[a.Length - 1].ToString();
            return s;
        }
    }
}
```

程序运行结果为:

```
数组元素:10,20,4,8
平均值:10.5
和:42
最大值:20
最小值:4
```

5.2 string 类

前面第二章中已经简单介绍了字符串数据类型的用法，在 C#中字符串属于 string 类。string 类提供了很多方法，用于实现字符串的创建、比较、查找、合并和拆分，本节将详细介绍这些方法的用法。

5.2.1 字符串的创建

string 对象称为不可变的(只读)字符串，一旦创建就不能修改该对象的值。通过赋值语句对一个字符串变量赋值看来似乎修改了 string 对象的内容，实际上是返回一个包含新内容的新 string 对象。

创建字符串的方法很简单，一种是直接将字符串常量赋值给字符串类型的变量，如：

```
string str1 = "this is a string";
```

另一种常用的创建字符串的方法是使用字符串的构造函数，如下面的语句创建由 5 个“*”字符构成的字符串。

```
string str2 = new string('*', 5);
```

string 类支持索引操作，要得到字符串中某个位置的字符，只需使用索引操作符[ ]即可，但要注意字符位置的编号从零开始。例如：

```
string str3 = "some text";
char x = str3[3];          //结果为 e
```

string 类提供了 Length 属性，由此可以得到字符串对象的长度。需要注意的是，string 是 Unicode 字符串，每个英文字符占两个字节，每个汉字也占两个字节。在计算字符串长度时，每个英文字母的长度为 1，每个汉字的长度也是 1。

5.2.2 字符串的比较

要精确比较两个字符串的大小，可以使用 string 类提供的静态方法 Compare，其原型如下：

```
public static int Compare (string strA, string strB);
```

如果 strA 大于 strB，方法返回 1；如果 strA 等于 strB，方法返回 0；如果 strA 小于 strB，方法返回 1。如果比较字符串时不区分字母的大小写，可以使用 Compare 方法的重载形式，原型如下：

```
public static int Compare (string strA, string strB, bool ignoreCase);
```

方法中的第三个参数 ignoreCase 是 bool 类型，如果为 true 则比较字符串时不区分字母的大小写，反之则区分字母的大小写。

如果仅仅比较两个字符串是否相等，最好是用 Equals 方法或者直接使用“==”，如：

```
Console.WriteLine("abc".Equals("abc"));      //结果为 true
Console.WriteLine("abc" == "ab");            //结果为 false
```

对于引用类型的数据来说，“==”一般是指比较两个引用(即地址)是否一样。但是对于字符串来说，“==”则是比较两个字符串的值是否相等。之所以这样规定，主要是因为字符串的使用场合较多,用“ = =”书写比较方便。

5.2.3 字符串的查找

1. Contains 方法

Contains 方法用于判断一个字符串是否包含另一个字符串,方法原型为:

```
public bool Contains(string value);
```

例如:

```
str4 = "abcdefg";
if  (str4.Contains("cde"))   Console.WriteLine("str4 包含 abc");
```

2. IndexOf 方法和 LastIndexOf 方法

IndexOf 方法用于求某个字符或子串在一个字符串中出现的位置。该方法有多种重载形式,最常用的形式是下面的两种:

(1) public int IndexOf(string s)

从前向后搜索字符串,找到第一个子串 s 为止,返回 s 在字符串中的位置。如果字符串中不存在 s,返回 -1。

(2) public int IndexOf(string s, int StartIndex)

从指定位置 StartIndex 开始从前向后搜索字符串,找到第一个子串 s 为止,返回 s 在字符串中的位置。如果字符串中不存在 s,返回 -1。

LastIndexOf 方法的用法和 Index 方法相同,只不过 LastIndexOf 方法对字符串是从后向前搜索。下面示例代码说明如何查找字符串。

```
string str1 = "123abc123abc123";
int x = str1.IndexOf("c123");   //x 的值为 5。
int count = 0;
int startIndex = 0;
while(true)
{
    int y = str1.IndexOf("c123",startIndex);
    if (y! = -1)
    {
        count + +;
        startIndex = y + 1;
    }
    else
    {
        break;
    }
}
```

Console. WriteLinde(" \c123\在{0}中出现了{1}次" ,str1 , count) ;

//显示结果为:"c123"在123abc123abc123 中出现了 2 次。

3. StartsWith 方法和 EndsWith 方法

StartsWith 方法用于判断字符串是否以某个子串开始,EndsWith 方法用于判断字符串是否以某个子串结束,如:

string filename = @ " c : \myproject\program. cs" ;

bool bresult = filename. EndsWith(" . txt") ;　//结果为 false

bool bresult = filename. StartsWith(" c : ") ;　//结果为 true

5.2.4　求字符串的子串

如果希望得到一个字符串中从某个位置开始的子字符串,可以使用 string 类的 Substring 方法,如:

string str1 = " abc123" ;

string str2 = str1. Substring(2) ;　//从第 2 个字符开始取到字符串末尾,结果为 c123

string str3 = str1. Substring(2,3) ; //从第 2 个字符开始取 3 个字符,结果为 c12

5.2.5　字符串的插入、删除与替换

在一个字符串中插入一个子串的方法为:

public string Insert (int startIndex, string value);//从字符串的 startIndex 处开始插入子字符串 value。

删除字符串中的子字符串的方法有:

public string Remove (int startIndex);　//删除字符串中从指定位置到最后位置的所有字符。

public string Remove (int startIndex, int count); //删除字符串中从 startIndex 开始的 Count 个字符。

替换字符串中的子字符串的方法有:

public string Replace (char oldChar, char newChar); //将字符串中 oldChar 字符的匹配项都替换为 newChar 字符。

public string Replace (string oldValue, char newValue); //将字符串中 oldValue 子串的匹配项都替换为 newValue 字符串。

例如:

string str1 = " abcdabcd" ;

string str2 = str1. Insert(2," 12") ; // 结果为" ab12cdabcd"

string str3 = str1. Remove(2) ; //结果为" ab"

string str4 = str1. Remove(2,1) ; //结果为" abdabcd"

string str5 = str1. Replace('b', 'h') ; //结果为" ahdahcd"

string str6 = str1. Replace('ab', "") ; //结果为" cdcd"

5.2.6 移除字符串首尾指定的字符

利用 TrimStart 方法可以移除字符串首部的一个或多个字符,从而得到一个新字符串;利用 TrimEnd 方法可以移除字符串尾部的一个或多个字符;利用 Trim 方法可以同时移除字符串首部和尾部的一个或多个字符。不过,实践中应用最多的是移除字符串首部和尾部的空格字符,如:

```
string str = "    this is a pen    ";
string str2 = str.Trim( );   //结果为 this is a pen
```

5.2.7 字符串中的字母的大小写转换

将字符串的所有英文字母转换为大写可以用 ToUpper 方法,将字符串所有英文字母转换为小写可以用 ToLower 方法。例如:

```
string str1 = "This is a string";
string str2 = str1.ToUpper( );   //str2 结果为 THIS IS A STRING
string str3 = str1.ToLower( );   //str3 结果为 this is a string
```

5.2.8 字符串的合并和拆分

1. Join 方法

Join 方法是用指定的分隔符把字符串数组的每个字符串串联起来,从而产生单个的字符串。方法原型为:

```
public static string Join(string separator,string[ ] value);
```

2. Split 方法

Split 方法用于将字符串按照指定的一个或多个字符进行分离,从而得到一个字符串数组。常用语法为:

```
public string[ ] Split(params char[ ] separator);
```

在这种语法形式中,分隔的字符参数个数可以是一个,也可以是多个。如果分隔符是多个字符,各个字符之间用逗号分开。当有多个参数时,它表示只要找到其中任何一个分隔符,就将其分离。

下面的示例代码说明了上述两个方法的用法。

```
string[ ] strArray1 = {"123","456","abc"};
string str1 = string.Join(",",strArray1);   // 结果为 123,456,abc
string words = @"坚持,可以创造奇迹!不幸的是,很少有人,能够长时间地坚持下去,直至奇迹发生。";
stirng[ ] strArray2 = words.Split(',', ';', '!', '。');
foreach (string s in strArray2)
    if (s.Trim()! = "")
        console.writeLine("\n" +s);
```

输出结果为:
坚持
可以创造奇迹
不幸的是
很少有人
能够长时间地坚持下去
直至奇迹发生

5.3 枚举类型

枚举类型(enum)是一组命名常量的集合,称为枚举成员列表。它可以为一组在逻辑上密不可分的整数值提供便于记忆的符号,从而使代码更清晰,也易于维护。

5.3.1 枚举类型的定义

枚举类型是一种用户自定义类型,声明 enum 类型变量的语法为:

【访问修饰符】enum 名称【:数据类型】{ 枚举列表 }

枚举类型所定义的所有常量都属于一种整数类型,整数类型可以是 C#规定的 8 种整型中任意一种。枚举列表列出枚举类型所包含的常量及常量值。不过一般不需要指明具体的类型,也不需要指明各个常量的值。默认情况下,系统使用 int 作为数据类型,且第一个元素的值为 0,其后每一个元素一次递增 1。例如:

```
enum days{Sunday,Monday,Tuesday,Wednesday,Thursday,Friday,Saturday};
//Sunday 值为 0,Modnday 值为 1,Tuesday 值为 2……依此类推。
```

5.3.2 枚举类型的基本用法

枚举类型和一个类相当,应定义在命名空间中,而不要定义在类的内部。如果将一个枚举类型定义在类的内部,就只能在该类中才能使用该枚举类型。

定义一个枚举类型以后,就可以像其他数据类型一样声明枚举类型变量,只是该变量取值范围限定为枚举类型中定义的所有常量。

.NET 类库中定义了许多枚举类型,可以直接使用。这里介绍一个控制台应用程序中常用的枚举类型 ConsoleColor,其他枚举类型在相关章节介绍。ConsoleColor 枚举类型位于 System 命名空间,定义了控制台前景色和背景色的常量。其成员有 Black(黑色)、Blue(蓝色)、Cyan(青色)、DarkBlue(藏蓝色)、DarkCyan(深紫色)、DarkGray(深灰色)、DarkGreen(深绿色)、DarkMagenta(深紫红色)、DarkRed(深红色)、DarkYellow(深黄色)、Gray(灰色)、Green(绿色)、Magenta(紫红色)、Red(红色)、White(白色)、Yellow(黄色)。

下面举例说明枚举类型的用法。

【例 5-6】 枚举类型的用法。

```
using System;
using System.Linq;
```

```
using System. Text;
namespace EnumExample
{
    enum days{Sunday,Monday,Tuesday,Wednesday,Thursday,Friday,Saturday};
    class Program
    {
        static void Main(string[] args)
        {
          days a = days. Saturday;
          Console. ForegroundColor = ConsoleColor. Yellow;//设置控制台的前景色为黄色。
          Console. BackgroundColor = ConsoleColor. Blue; //设置控制台的背景色为蓝色。
          Console. WriteLine("days. Saturday 的值为{0},星期六的颜色是黄色的。", (int)a);
          Console. ResetColor();//将控制台的前景色和背景色都恢复为默认颜色。
        }
    }
}
```

程序运行结果如图 5-3 所示。

图 5-3　例 5-6 的执行结果

5.4　DateTime 结构

5.4.1　DateTime 结构的基本用方法

DateTime 结构用来记录时间数据,表示时间的一个时刻,包括了年、月、日、小时、分、秒等数据。DateTime 结构表示的时间范围从公元 0001 年 1 月 1 日午夜 12:00:00 到公元 9999 年 12 月 31 日晚上 11:59:59 之间,最小的时间刻度为 100ns。

DateTime 结构常用的构造函数有两种形式:

(1)public DateTime (int year, int month, int day);

将 DateTime 结构的新实例初始化为指定的年、月和日构成的日期的午夜时刻(00:00:00)。

(2)public DateTime (int year, int month, int day, int hour, int minute, int second);

将 DateTime 结构的新实例初始化为指定的年、月、日、小时、分钟和秒构成的时刻。

DateTime 结构中常用属性如下:

(1)Now:静态属性,返回当前的系统时间,类型为 DateTime。

(2)Today:静态属性,返回当天的日期,类型为 DateTime,时间默认为 00:00:00。

(3)DayOfWeek:获取日期实例所表示的日期是星期几,返回值类型为 DayOfWeek 枚举。

(4)Hour:返回日期结构的小时数。

(5)Month:返回日期结构的月份。

(6)Day:返回日期结构的日期(1-31)。

(7)Year:返回日期结构的年份。

DateTime 结构提供的常用方法有:

(1)public static bool IsLeapYear(int year);

静态方法,用于判断一个年份是否是闰年。

(2)public string ToString ( );

将 DateTime 实例的值转换为其等效的字符串表示。

5.4.2 DateTime 结构的格式化输出

对于 DateTime 数据,可以使用多种格式化字符串实现格式化输出。下面列出了常用的标准日期和时间格式字符串。关于自定义的日期和时间格式字符串,可以查阅微软提供的帮助文件。

t:短时间格式,不显示日期,如23:30。

T:长时间格式,不显示日期,如23:30:08。

d:短日期格式,不显示时间,如2014/2/17。

D:长日期格式,不显示时间,如2014年2月17日。

f:完整日期/时间模式(短时间):表示长日期(D)和短时间(t)模式的组合,由空格分隔,如2014年2月17日 23:30。

F:完整日期/时间模式(长时间):表示长日期(D)和长时间(T)模式的组合,由空格分隔,如2014年2月17日 23:30:08。

g:常规日期/时间模式(短时间):表示短日期(d)和短时间(t)模式的组合,由空格分隔,如2014/2/17 23:30。

G:常规日期/时间模式(长时间):表示短日期(d)和长时间(T)模式的组合,由空格分隔,如:2014/2/17 23:30:08。

下面通过一个例子说明 DateTime 结构的用法。

【例5-7】 DateTime 结构的用法。

```
using System;
using System.Collections.Generic;
using System.Linq;
using System.Text;
namespace DateTimeExample
{
    class Program
    {
```

```
        static void Main(string[] args)
        {
            DateTime a = DateTime.Now;
            int year = a.Year;
            string daystr = string.Format("{0:D}", a);
            string result = "今天是" + daystr;
            result = result + ",星期:" + a.DayOfWeek;
            if (DateTime.IsLeapYear(year))
                result = result + ",今年是闰年。";
            else
                result = result + ",今年不是闰年。";
            Console.WriteLine(result);
            Console.WriteLine("下面列出不同日期和时间格式字符串的输出效果:");
            Console.WriteLine("短时间格式(t):{0:t}", a);
            Console.WriteLine("长时间格式(T):{0:T}", a);
            Console.WriteLine("短日期格式(d):{0:d}", a);
            Console.WriteLine("长日期格式(D):{0:D}", a);
            Console.WriteLine("完整日期/时间模式(f):{0:f}", a);
            Console.WriteLine("完整日期/时间模式(F):{0:F}", a);
            Console.WriteLine("常规日期/时间模式(g):{0:g}", a);
            Console.WriteLine("常规日期/时间模式(G):{0:F}", a);
        }
    }
}
```

程序运行结果为:

今天是2014年2月18日,星期:Tuesday,今年不是闰年。
下面列出不同日期和时间格式字符串的输出效果:
短时间格式(t):11:19
长时间格式(T):11:19:48
短日期格式(d):2014/2/18
长日期格式(D):2014年2月18日
完整日期/时间模式(f):2014年2月18日 11:19
完整日期/时间模式(F):2014年2月18日 11:19:48
常规日期/时间模式(g):2014/2/18 11:19
常规日期/时间模式(G):2014/2/18 11:19:48

5.5 Random 类

Random 类用于生成随机数。默认情况下,Random 类的无参数构造函数使用系统时钟生成的种子值初始化 Random 对象,而参数化构造函数使用指定的 Int32 值作为种子值初始化 Random 对象。

使用 Random 类时要注意,由于时钟分辨率有限,频繁地创建不同的 Random 对象会产生相同随机数序列的随机数生成器。编写程序时,应该通过创建单个而不是多个 Random 对象生成随机数,以便让该对象随着时间的推移生成不同的随机值,而不要重复新建 Random 实例生成随机数,导致产生相同随机数的情况。下面通过一个例子说明 Random 类的用法。

【例 5-8】 Random 类的用法。

```
using System;
using System.Collections.Generic;
using System.Linq;
using System.Text;
namespace RandomExample
{
    class Program
    {
        static void Main()
        {
            int[] num = new int[10];
            Random r = new Random();
            for (int i = 0; i < num.Length; i++)
            {
                num[i] = r.Next(101); //获取0-100之间的随机数
            }
            foreach (int n in num)
            {
                Console.WriteLine(n);
            }
        }
    }
}
```

程序运行结果为:

36

81

95

19
85
92
19
74
100
42

5.6 泛　　型

泛型是数据类型的通用表示形式，它可以表示任何一种数据类型。泛型是从.NET Framework 2.0 开始提供的。泛型是具有占位符（类型参数）的类、结构、方法和接口，与普通类的区别是多了一个或多个表示类型的占位符，这些占位符用尖括号括起来，如：

```
public class MyClass<T>
{
    public T member;
    public void Print(){
        Console.WriteLine(member);
    }
}
```

这里的T就是表示类型的占位符，它表示某种数据类型，只不过这种类型在创建泛型类的实例时才用实际类型替换。对于上面定义的泛型类，实际类型可以是任何一种数据类型，如int、double、string等。泛型类实际上就是以类型作为参数的类。对上面定义的泛型类，可以按如下方式使用：

```
MyClass<int>  m = new MyClass<int>();
m.member = 20;
m.Print();
```

下面通过一个例子说明泛型的定义和用法。

【例5-9】泛型的定义和用法。

```
using System.Collections.Generic;
using System.Linq;
using System.Text;
namespace GenericExample
{
    class Program
    {
        public static void Swap<T>(ref  T item1, ref  T item2)
        {
```

```
            T temp = item1;
            item1 = item2;
            item2 = temp;
        }
        static void Main( )
        {
            Double d1 = 0, d2 = 2;
            Console.WriteLine("交换前:{0},{1}", d1, d2);
            Swap(ref d1, ref d2);
            Console.WriteLine("交换后:{0},{1}", d1, d2);
        }
    }
}
```

执行结果为:

交换前:0,2

交换后:2,0

从上面例子可以看出,定义一个类或者方法时,可以用泛型 T 代表任何一种类型,而在引用时再指定具体类型。当代码调用方法 Swap < T > 时,C#编译器会自动将定义的泛型转换为调用代码中指定的类型,从而大大简化了编写代码的复杂度。

由于 T 可以代表任何一种类型,因此泛型方法可以代表对所有数据类型数据的处理逻辑。在上面的例子中,如果不使用泛型,就需要写出很多重载的 Swap 方法,使代码既臃肿,又不易阅读,同时也增加了编译工作量。由此可以看出,泛型的优点是显而易见的。

5.7　泛　型　集　合

集合是一种常用的数据结构,将紧密相关的数据组合在一个集合中能够有效地对这些相关数据进行管理。.NET Framework 最初提供了一些普通集合类来实现集合,如 Array、ArrayList、Queue、Stack、HashTable 等。这些集合类可以添加、删除、修改集合中的元素,使用起来十分方便。但是这些集合类是针对任意对象的(集合元素类型为基类 object),无法在编译代码前确定数据的类型,运行时很可能需要频繁地进行数据类型转换,导致运行效率降低。而且出现运行错误时,系统的提示也让人莫名其妙,不知道是什么意思。所以实际项目开发中一般使用泛型集合类。

泛型集合是 .NET Framework 2.0 以后才推出的,位于命名空间 System.Collections.Generic。它能提供比非泛型集合好得多的类型安全性和性能。常见的泛型集合类有 List < T >、HashSet < T >、Queue < T >、Stack < T >、Dictionary < TKey, TValue >。这些泛型集合类都实现了 IEnumerable 接口(关于接口的知识可以参见第 6 章的介绍),可以使用 Foreach 语句实现对集合的遍历。

5.7.1 哈希集合类

哈希集合(HashSet <T>)类表示数学意义上的集合,提供了高性能的数学集合运算。哈希集合包含一组不重复出现且无特定顺序的元素。

HashSet <T> 对象的容量是该对象可以容纳的元素个数,将随该对象中元素的添加而自动增大。HashSet <T>类常用的方法有:

UnionWith 方法:实现集合的并。

IntersectWith 方法:实现集合的交。

ExceptWith 方法:实现集合的差。

SymmetricExceptWith 方法:实现集合的余。

下面通过一个例子说明哈希集合类的用法。

【例 5-10】 HashSet <T>的用法。

```
using System;
using System. Collections. Generic;
namespace HashSetExample
{
    class Program
    {
        static void Main( string[ ] args)
        {
            HashSet < int > lowNumbers  =  new HashSet < int > ( ) ;
            HashSet < int > highNumbers  =  new HashSet < int > ( ) ;
            HashSet < int >  tempSet = new HashSet < int > (  ) ;
            for (int i  =  0; i  <  6; i + + )
            {
                lowNumbers. Add(i);
            }
            for (int i  =  3; i  < 10; i + +)
            {
                highNumbers. Add(i);
            }
            Console. Write(" 集合 1 包含{0}元素: ", lowNumbers. Count);
            DisplaySet(lowNumbers);
            Console. Write(" 集合 2 包含{0}元素: ", highNumbers. Count);
            DisplaySet(highNumbers);
            Console. WriteLine(" 集合 1 与集合 2 的差集为:");
            copy(highNumbers, tempSet);
            tempSet. ExceptWith(lowNumbers);
```

```
            DisplaySet(tempSet);
            Console.WriteLine("集合 1 与集合 2 的并集为:");
            copy(highNumbers, tempSet);
            tempSet.UnionWith(lowNumbers);
            DisplaySet(tempSet);
            Console.WriteLine("集合 1 与集合 2 的交集为:");
            copy(highNumbers, tempSet);
            tempSet.IntersectWith(lowNumbers);
            DisplaySet(tempSet);
            Console.WriteLine("集合 1 与集合 2 的余集为:");
            copy(highNumbers, tempSet);
            tempSet.SymmetricExceptWith(lowNumbers);
            DisplaySet(tempSet);
        }
        private static void DisplaySet(HashSet<int> set)
        {
            Console.Write("{");
            foreach (int i in set)
            {
                Console.Write(" {0}", i);
            }
            Console.WriteLine(" }");
        }
        private static void copy(HashSet<int> A, HashSet<int> B)
        {
            B.Clear();
            foreach (int i in A)
                B.Add(i);
        }
    }
}
```

运行结果为:

```
集合 1 包含 6 元素:{ 0 1 2 3 4 5 }
集合 2 包含 7 元素:{ 3 4 5 6 7 8 9 }
集合 1 与集合 2 的差集为:
{ 6 7 8 9 }
集合 1 与集合 2 的并集为:
{ 3 4 5 6 7 8 9 0 1 2 }
```

集合1与集合2的交集为:
{ 3 4 5 }
集合1与集合2的余集为:
{ 6 7 8 9 0 1 2 }

5.7.2 线性表

List <T>类用来实现线性表,表示一系列元素的线性排列。线性表中可以有重复的元素。List <T>泛型类可以通过索引访问线性表中的元素,提供了增加、插入、删除、查找元素的方法。常用方法如下:

Add方法:将指定值的元素添加到线性表中。

Insert方法:在线性表中插入一个新元素。

Contains方法:测试该线性表中是否存在某个元素。

Remove方法:在线性表中移除指定元素。

Clear方法:清除线性表中所有元素。

下面通过一个例子说明泛型线性表的用法。

【例5-11】 List <T>类的用法。

```
using System;
using System.Collections.Generic;
namespace ListExample
{
    class Program
    {
        static void Main()
        {
            List<string> list = new List<string>();
            list.Add("张三");
            list.Add("李四");
            list.Insert(0, "王五");
            if (list.Contains("赵六") == false)
            {
                list.Add("赵六");
            }
            foreach (string item in list)
            {
                Console.WriteLine(item);
            }
            for (int i = 0; i < list.Count; i++)
            {
```

```
                Console.WriteLine("list[{0}] = {1}", i, list[i]);
            }
            list.Remove("张三");
            list.Clear();
        }
    }
}
```

5.7.3 队列

Queue <T>类用来实现队列。队列是一种按照先进先出规则操作元素的集合,元素总是在队列的一端进入,从另一端移除。泛型队列类可以保存 null 值元素并且允许有重复的元素。

Queue <T>类常用方法有:

Enqueue 方法:将指定元素添加到队尾。

Dequeue 方法:将队首元素移除队列。

下面的示例代码说明了泛型队列的用法。

```
Queue<string>   numbers = new Queue<string>( );
numbers.Enqueue("one");
numbers.Enqueue("two");
numbers.Enqueue("three");
numbers.Enqueue("four");
numbers.Dequeue( );
//输出队列中的所有元素
foreach (string n in numbers)
   Console.WriteLine(n);
```

5.7.4 堆栈

C#中使用 Stack <T>类实现堆栈。堆栈是一种按照先进后出规则操作元素的集合,元素总是在堆栈的某一端(称为栈顶)进入和移除。泛型堆栈可以保存 null 值元素并且允许有重复的元素。Stack <T>类常用方法有:

Push 方法:将指定元素放入栈顶。

Pop 方法:弹出(移除)栈顶元素。

下面的示例代码说明了泛型堆栈的用法。

```
Stack<string>   numbers = new Stack<string>( );
numbers.Push("one");
numbers.Push("two");
numbers.Push("three");
numbers.Push("four");
numbers.Pop( );
```

```
//输出堆栈中的所有元素
foreach (string n in numbers)
    Console.WriteLine(n);
```

5.7.5 字典

字典是表示键值对的集合,集合中每个元素都由一个值及其相关联的键组成。集合通过元素的键检索元素的值。C#语言利用 Dictionary < Tkey, TValue > 泛型类实现字典,其中 TKey 表示元素键的类型,TValue 表示元素值的类型。Dictionary < Tkey, TValue > 泛型字典中不允许任意两个元素的键值相同。

Dictionary < Tkey, TValue > 对象的每个元素属于 KeyValuePair < TKey, TValue) 泛型结构类型,在用 Foreach 语句遍历字典时循环变量的类型也应该属于该类型。Dictionary < Tkey, TValue > 类的容量是指字典可以包含的元素数。当向字典添加元素时,系统将通过重新分配内部数组,根据需要自动增大容量。

Dictionary < Tkey, TValue > 类的常用方法如下:

Add 方法:将带有指定键和值的元素添加到字典中。

TryGetValue 方法:获取与指定的键相关联的值。

ContainsKey 方法:确定字典中是否包含有指定的键。

Remove 方法:从字典中移除带有指定键的元素。

另外,Dictionary < Tkey, TValue > 类还支持通过索引的方式访问字典中元素的值。下面通过一个例子说明该类的用法。

【例 5-12】 泛型字典类的用法。

```
using System;
using System.Collections.Generic;
namespace DictionaryExample
{
    class Program
    {
        static void Main(string[] args)
        {
            Dictionary<string, string> openWith = new Dictionary<string, string>();
            openWith.Add("txt", "notepad.exe");
            openWith.Add("bmp", "paint.exe");
            openWith.Add("dib", "paint.exe");
            openWith.Add("rtf", "wordpad.exe");
            try
            {
                openWith.Add("txt", "winword.exe");
            }
```

```
            catch (ArgumentException)
            {
                Console.WriteLine("增加键为“txt”的元素失败,该元素已经存在。");
            }
            Console.WriteLine("利用索引提取键为“rtf”元素的值, value = {0}.",
openWith["rtf"]);
            openWith["rtf"] = "winword.exe";//更改键为“rtf”的元素的值
            Console.WriteLine("更改键为“\rtf\”元素的值, 更改后值为:{0}.", open-
With["rtf"]);
            openWith["doc"] = "winword.exe";//将键为“doc”的元素的值改为“win-
word.exe”
            try{
                Console.WriteLine("利用索引提取键为“\tif\”元素的值, value =
{0}.", openWith["tif"]);
            }
            catch (KeyNotFoundException)
            {
                Console.WriteLine("Key 为“\rtf\”的元素未被找到");
            }
            string value = "";
            if (openWith.TryGetValue("tif", out value))
            {   //提取键为“tif”的元素的值,元素的值返回到输出参数中。方法返回
值表示是否找到元素。
                Console.WriteLine("提取键为“tif”的元素:key = “\rtf\”, value =
{0}.", value);
            }
            else
            {
                Console.WriteLine("利用 TryGetValue 方法提取键为“\rtf\”的元素的
值,未找到该元素。");
            }
            if (! openWith.ContainsKey("ht"))//判断字典集合中是否有“ht”键
            {
                openWith.Add("ht", "hypertrm.exe");
                Console.WriteLine("增加了键为“ht”的元素,值为:{0}",openWith["ht"]);
            }
            Console.WriteLine("遍历当前字典集合中的所有元素:\n");
            foreach( KeyValuePair<string, string> kvp in openWith )
```

```
                {
                    Console.WriteLine("Key = {0}, Value = {1}", kvp.Key, kvp.Value);
                }
                Console.WriteLine("\n 移除键为"\doc\"的元素");
                openWith.Remove("doc");
                if (! openWith.ContainsKey("doc"))
                {   //判断字典集合中是否有键"\doc\"
                    Console.WriteLine("字典中没有键为"\doc\"的元素。");
                }
            }
        }
    }
```

习　题

1. 编写一个控制台应用程序,从控制台读入 10 个字符串,然后把每个字符串中的小写字母都变为大写字母,再把 10 个字符串按从大到小的顺序显示在屏幕上。

2. 编写一个控制台应用程序,接收一个长度大于 4 的字符串,完成下列功能:

(1)输出字符串的长度;

(2)输出字符串中第一个出现字母 a 的位置;

(3)在字符串的第三个字符后面插入子串"hello",输出新字符串;

(4)将字符串"hello"替换为"me",输出新字符串;

(5)以字符"m"为分隔符将字符串分解,并输出分解后的字符串。

第6章　面向对象的高级编程

6.1　继承和多态性

6.1.1　继承

1. 继承的基本概念

在现实生活中,存在各种各样的对象,它们可以被分为不同的类型。我们注意到,有些类型之间具有共同的特性。例如,学生和大学生这两个类型,一个更抽象,另一个更具体。大学生肯定具有学生的全部特性(如学号、姓名、出生日期、国籍、民族、所属学校等)和行为(如上课、考试等),另外还有自己特有的特性(如专业、所属学院)和行为(如毕业实习、毕业设计)。更重要的是,学生和大学生这两个类型并非描述完全不同的对象。一个大学生明显也应该是一个学生,也就是说大学生类型应属于学生类型。再如,哺乳动物和猫科动物,猫科动物肯定具有哺乳动物的全部特性,猫科动物应属于哺乳动物。在面向对象思想中,这种类型之间的抽象和具体的关系称继承关系。我们可以说大学生类型继承自学生类型,猫科动物继承自哺乳动物。这种继承关系可能变得非常复杂。例如,猫科、熊科、犬科动物都继承自食肉目动物,食肉目、灵长目、啮齿目、兔形目动物又继承自哺乳纲动物,哺乳纲、鸟纲、爬行纲、鱼纲、两栖纲又继承自脊索动物门。

在面向对象的程序设计中,类及其实例(也即对象)被认为是整个世界的基本组成部分。和客观世界一样,类与类之间也存在上面所说的继承关系。如果一个类具有另一个类的全部特性,并且还具有自身的新特性,那么不必要将这两个类设定为两个独立的类,而是让两者建立继承关系。在继承关系中,更抽象的类称为父类(或基类),更具体的类称为子类(或派生类)。对于已有的一个类,如果我们要建立这个类的一个子类,没有必要重新建立一个新的类,而是让子类继承自它的父类,那么子类将自动具有父类除了构造函数和析构函数的全部数据成员和方法成员,这个过程称为派生。派生类继承了父类的特征和行为,还可以增加新的特征和行为,或者修改已有的行为和特征。当然,派生类又可以作为父类,继续派生新类,建立起类的层次结构。派生新类的一般形式如下:

【访问修饰符】class 子类名称:父类名称

```
{
    子类代码
}
```

如果在类定义中没有指定基类,则C#编译器就将System. Object类作为基类。例如:

```
class    MyClass    //不指定基类,则默认继承自 System. Object
{
```

```
        //程序代码
    }
```

实际上,即使声明某个类继承自另一个类,但是由于另一个类仍然是从 System. Object 类一级一级地继承而来的,因此可以说,任何一个类最初都是从 System. Object 继承过来的。

在 C#中,派生类只能从一个基类中继承,这是因为在实际程序开发过程当中,从多个基类派生一个类通常会引起很多问题。这被称为单重继承,而 C + + 语言支持多重继承。

下面通过一个例子说明类的继承。我们假定某公司有很多职工,其中有数个部门经理。对于所有职工,我们可以建立一个职工类来描述(如第 4 章定义的 Employee 类)。对于部门经理,除了需要记录普通职工的一般特性(工号、姓名、工资、职务等)外,还要记录秘书姓名、通信费、雇佣日期等。另外,和普通职员不同,增加工资的比例不同(其比例按如下公式计算:0.5 * 工龄/100 + 基本比例等)。对于经理类,我们就可以从职员类派生。

【例 6-1】 从职员类派生经理类。

```
using System;
namespace InheritanceExample
{
    public class Employee
    {
        protected  string name;
        protected  long idcard;
        protected  double salary;
        protected  string  duty;
        public Employee(string n, long l, double d,string dt){
            this.name  =  n;
            this.idcard  =  l;
            this.salary  =  d;
            this.duty = dt;
        }
        public void raise(double percent){
            this.salary  =this.  salary  +this.  salary  *  percent;
        }
        public double tax()  {
            return this.salary  *  0.1;
        }
        public void print(){
            Console.WriteLine("姓名:{0}", this.name);
            Console.WriteLine("工号:{0}", this.idcard);
            Console.WriteLine("基本工资:{0}", this.salary);
            Console.WriteLine("职务:{0}",this.duty);
```

```
        }
    }
    public class Manager:Employee
    {
            private doube fee;
            private string secretname;
            private DateTime hireddate;
            public void raise(double percent){
                int year = dateTime. Today. Year - hireddate. Year;
                double bonus =0.5 * year/100;
                salay = salay + (percent + bonus) * salary;
    }
    public DateTime Hireddate{
        get{
        return this. hireddate;
        }
        set{
            this. hireddate = value;
        }
   }
   public Manager(string n,long l, double d, string dt,double f,string sn):base(n,l,d,dt){
        secretname = sn;
        fee =f;
   }
   public void print(){
            base. print();
            Console. WriteLine("工作日期:{0}", hireddate);
            Console. WriteLine("秘书姓名:{0}", secretname);
            Console. WriteLine("通信费:{0}", fee);
   }
}
class Program
{
    static void Main(string[] args){
        Manager m = new Manager("李迷",24454,6977,"处长",670,"王芳");
        m. Hireddate  =  new DateTime(1990, 1, 2);
        m. print();
    }
```

```
    }
}
```

程序运行结果为：

姓名:李迷

工号:24454

基本工资:6977

工作日期:1990/1/2

秘书姓名:王芳

通信费:670

2. 成员访问修饰符 protected

在 C#中,派生类将继承基类除了构造函数和析构函数的所有成员。但是对于由父类继承下来的私有(private)成员,派生类无法访问,好像这些成员在派生类中不存在一样。对于由父类继承下来的公共(public)成员,派生类则可以访问。这里介绍一个和继承密切相关的访问修饰符——被保护修饰符(protected)。protected 修饰符的作用介于 private 和 public 之间。一个类的某个成员被修饰为“被保护”,那么该成员仍然不能从对象外部去访问它(相当于 private),但是该成员在这个类的派生类中可以被访问。或者简单地说,被保护成员可以被继承到子类当中。【例 6-1】中对 Employee 类的 4 个数据成员使用了 protected 修饰符。因此,下面的语句是不被允许的。

```
Employee e = new Employee("王冰",13444,4545,"科长");
e.duty = "处长";        //Employee 对象的 duty 是受保护数据成员,不能访问。
```

另一个在第 4 章没有介绍的成员访问修饰符是 protected internal,其含义是:由该修饰符所限制的成员允许在同一个类和这个类的子类中被访问,但父类和子类必须属于同一个项目。

3. base 关键字

派生类可以定义和从基类继承来的成员同名的成员,这样派生类中的成员就覆盖了基类的成员。如果我们在派生类中要访问被覆盖了的成员,可以使用 C#关键字 base,它的作用就是在子类中替代父类名称。例如在例 6-1 中,派生类 Manager 的 print 方法覆盖了基类 Employee 的 print 方法。在 Manager 类 print 方法中,为了访问被覆盖了的基类 print 方法,使用了如下语句:

```
base.Print();
```

4. 继承过程中构造函数的处理

在派生类中,继承了所有基类中声明为 public 或 protected 的成员。但是要注意,构造函数和析构函数都被排除在外,不会被继承下来。

为什么不继承基类的构造函数呢?这是因为基类和子类的名称不一样,而构造函数的名字只能和类名一样。即使基类的构造函数被继承到子类中,由于其函数名和基类名相同,因此使用 new 操作符对子类生成实例时是没有办法调用基类的构造函数的。例如,在例 6-1 中,Manager 类继承自 Employee 类,由 Manager 类生成实例,只能使用如下的语句形式:

```
Manager m = new Manager(...);
```

这样的语句是无法调用基类的构造函数的，因此把基类的构造函数继承到子类是没有实际意义的。为了能够利用基类的构造函数，C#采取了一种特殊的机制处理具有继承关系的多个类的构造函数。C#在对一个类进行实例化时，并不是仅仅执行这个类的构造函数，而是从该类依次向上寻找基类，直到找到最初的基类，然后开始执行最初的基类的构造函数，再依次向下执行扩充类的构造函数，直到执行需要实例化的类的构造函数。

例如，假定我们有 A、B、C、D 4 个类，A 的派生类为 B，B 的派生类为 C，C 的派生类为 D。当创建 D 的实例时，则首先会调用 System. Object 类的构造函数，再执行 A 的构造函数，然后执行 B 的构造函数，接着执行 C 的构造函数，最后执行 D 的构造函数。

对于无参数的构造函数，按照上面的执行顺序，不会存在任何问题。但是如果构造函数带有参数，会出现什么情况呢？先看下面的例子。

```
using System;
namespace ConstructionExample
{
    class A
    {
        protected int age;
        public A(int age)
        {
            this.age = age;
        }
    class B:A
    {
        private string name;
        public B(string name,int age)
        {
            this.name = name;
            this.age = age;
        }
    }
    class Program
    {
        static void Main(string[] args)
        {
            B b = new B("王波",17);
        }
    }
}
```

编译这个程序，系统会提示下列错误信息："A 类中没有 0 个参数的构造函数"。这是因为创建 B 的实例时,编译器会寻找其基类 A 中提供的无参数构造函数,而 A 中并没有提供这个构造函数,所以无法通过编译。也就是说,在创建子类的实例时,在没有特殊说明的情况下,系统会自动执行父类的无参数构造函数。

解决上述程序问题的方法有两种:一种是在 A 类中提供一个无参数的构造函数,即在 A 类中添加如下代码:

```
public A( )
{
}
```

另一种方法是,给编译器说明调用基类有参数的构造函数的方式。以上面程序的 B 类为例,要调用基类构造函数可以采用如下形式:

```
public B(string name,int age):base(age)
{
    this.name = name;
}
```

base(age)的含义是:先执行基类的构造函数,并把 B 类的构造函数的参数 age 传递给 A 类的构造函数。注意:调用基类构造函数的语句不能写在 B 类构造函数里面,原因是基类构造函数应先于 B 类构造函数被执行。在【例 6-1】中,我们采取了第二种方法处理继承关系中类的构造函数的执行问题,派生类 Manager 的构造函数如下:

```
public Manager(string n,long l, double d, string dt,double f,string sn):base(n,l,d,dt)
{
    secretname = sn;
    fee = f;
}
```

6.1.2 多态性

在面向对象程序设计中,多态性(polymorphism)是指派生类在继承基类后,可以根据需要重写基类方法以提供不同的功能。例如,在某个类和多个子类中可能都具有某个方法,但不同的类对它的实现方式均不同。也就是说,同一个操作作用于不同的类实例(对象),不同的类实例将进行不同的解释,最后产生不同的执行结果。我们可以用一个生物学的例子说明多态性。譬如,食肉动物(食肉目)都会捕捉猎物,而猫科、犬科、熊科都继承自食肉动物,也都具有捕捉猎物的行为,但是捕捉的方式却千差万别,体现出多种形态。在 C#语言中,可以通过虚方法重载和隐藏两种方式实现多态性。

1. 虚方法重载(virtual 和 override)

虚方法重载是对父类中的虚方法(标记 virtual)或抽象方法(标记为 abstract)在子类中进行重新定义,访问修饰符、返回类型、方法名称、方法的参数类型、参数个数和父类方法都要相同。虚方法重载是一种扩充类方法的手段,为子类的方法定义提供了更加灵活的手段。

虚方法重载要求基类的虚方法在声明时加上 virtual 关键字,在子类的重载方法前加上 override 关键字。有趣的是,如果从子类再次派生子类,C#允许在子类的子类中对子类中标记为 override 的方法再次重写。

虚方法重载和普通方法重载有类似的地方,都是重用同一个方法名称。两者的区别是,方法重载是在同一个类中使用同一个方法名称,但是方法的参数类型或参数个数不同;虚方法重载要求派生类重载方法时,方法名、参数列表中的参数个数、类型、顺序以及返回值类型必须与基类中的虚方法一致。

2. 隐藏(new)

在派生类中,可以使用 new 关键字隐藏基类的方法,即使是用一个完全不同的方法取代旧的方法。与方法重写不同的是,使用 new 关键字时并不要求基类中的方法声明为 virtual,只要在扩充类的方法前声明为 new,就可以隐藏基类的方法。为了隐藏基类的方法,派生类的方法的参数列表、返回值类型应和基类方法相同,但访问修饰符可以和基类方法不同。派生类的方法也可以不用 new 修饰,只是编译时会弹出一个警告信息:“若要使当前成员重写该实现,请添加关键字 override;否则,添加关键字 new。”。

对同一成员同时使用 new 和 override 是错误的做法,因为这两个修饰符的含义互斥。new 修饰符会用同样的名称创建一个新成员并使原始方法变为隐藏。override 修饰符会重写基类方法的实现代码。

我们通过一个例子说明在继承中实现多态性的方法。

【例 6-2】 多态性的实现。

```
using System;
namespace PolymorphismExample
{
    class Book
    {
        protected string bName = "";
        protected int bPage = 0;
        protected string bAuthor = "";
        public baseBook(String n,int p,string a){
            bName = n;
            bPage = p;
            bAthor = a;
        }
        virtual public void ReadWay(){
            Console.WriteLine("在图书馆阅读。");
        }
    }
    class PaperBook:Book{
        private int bWeight = 0;
        public PaperBook(string n,int p,string a,int w):base(n,p,a){
            bWeight = w;
```

```
        }
        public void ShowBook( ){
            Console. Write("该书为纸质形,");
            Console. WriteLIne("书名:{0},作者:{1},页数:{2},重量:{3}g",bName,
            bAuthor,bPage,bWeight);
      }
    override public void ReadWay( ){
            Console. WriteLine("阅读方式:在图书馆一楼开放书架上取书阅读,阅读
            完毕后放回书架。");
      }
    }
  class ElectronicBook:Book{
        int bSize;    //书的字节数;
        public PaperBook(string n,int p,string a,int s):base(n,p,a){
        bSize = s;
        }
        public void ShowBook( ){
            Console. Write("该书为电子形式,");
            Console. WriteLine( " 书名:{0},作者:{1},页数:{2},大小:{3}字节",
bName,bAuthor,bPage,bSize);
        }
        override public void ReadWay( ){
             Console.  WriteLine ( " 阅读方式:在图书馆二楼电子阅览室,在电脑上
阅读。");
        }
     }
  class program{
        static void Main(string[ ] args){
             Book b1 = new PaperBook("c#教程",350,"程序员 A",50);
             b1. showBook ( );
             b1. . ReadWay( );
             Book b2 = new ElectronicBook("数据库系统基础",234,"丁小明",456000);
             b2. ShowBook( );
             b2. ReadWay( );
        }
    }
}
```

程序运行结果为:

该书为纸质形式,书名:C#教程,作者:程序员 A,页数:350,重量:50g

阅读方式:在图书馆一楼开放书架上取书阅读,阅读完毕后放回书架。

该书为电子形式,书名:数据库系统基础,作者:丁小明,页数:234,大小:45600 字节

阅读方式:在图书馆二楼电子阅览室,在电脑上阅读。

在上例中,纸质书(PaperBook)和电子书(ElectronicBook)都继承自书(Book),都有 ReadWay 方法,但执行时体现出不同的运行结果。注意:在例 6-2 中,Book 类变量 b1、b2 都引用了子类的对象,这在面向对象程序设计中是允许的,因为子类对象可以被看成是父类对象。

3. 虚方法与动态链接

正如在例 6-2 中看到的一样,父类变量可以引用子类对象。如果父类 A 和子类 B 都有同样的方法 Method,那么当通过父类变量调用对象的 Method 方法时,究竟是执行 A 中的 Method 方法还是 B 中的 Method?

这个问题涉及虚拟方法的执行机制——动态链接。

在 C#语言中,所有的方法默认都是非虚拟的。对于非虚拟方法,采取的是静态链接机制,即编译时就已经确定调用的方法了。简单地说,调用的非虚拟方法由引用变量的类型确定,而不管该变量引用了哪一级的子类对象。

然而,对于虚拟方法来说,调用某对象的方法究竟执行继承体系的哪一个方法并不取决于引用变量的类型,而是在运行过程中采取动态链接机制。具体方法是:系统从引用变量的类型开始搜索要求调用的方法,如果该方法被标记为 virtual 或 override,则继续搜索子类的同名方法,如果子类的同名方法标记为 new,说明子类隐藏了父类同名方法、已经没有使用父类的方法了,这时系统就调用父类的同名方法执行。反之,如子类的同名方法前面标记为 override,说明子类重写了父类的方法,系统就调用子类的同名方法执行。如果子类再次派生子类,将按上述规则继续搜索下去,直到搜索到变量所引用的对象所属类型。下面通过一个例子说明动态链接机制。

【例 6-3】 动态链接机制。

```
using System;
namespace VirtualNewOverrideExample
{
    class A
    {
        public virtual void Method( )
        {
            Console.WriteLine("A.Method");
        }
    }
    class B : A
    {
        public override void Method( )
        {
```

```
                Console.WriteLine("B.Method");
            }
        }
        class C : B
        {
            public new void Method()
            {
                Console.WriteLine("C.Method");
            }
        }
        class Program
        {
            static void Main()
            {
                A a1 = new A();
                A a2 = new B();
                A a3 = new C();
                a1.Method();
                a2.Method();
                a3.Method();
            }
        }
    }
```

程序运行结果是:

A.Method

B.Method

B.Method

简单解释一下在上面程序中第三个运行结果。A 类变量 a3 引用了 C 类对象,执行 a3.Method( )时,系统先考虑 A 类中的 Method 方法,由于 A 类中 Method 方法标记为 virtual,同时 B 中的 Method 方法标记为 override,说明 B 类对 Method 方法进行了重写,因此不执行 A 类中 Method 方法;然后考虑 B 类中的 Method 方法,由于其子类 C 中 Method 方法标记为 new,说明 C 类已隐藏了父类的 Method 方法,重新定义了 Method 方法,可以理解为 C 类已不存在从 B 类继承下来的 Method 方法,因此系统就选择执行 B 类的 Method 方法。

6.2 密封类和抽象类

6.2.1 密封类

密封类是指不能被其他类继承的类。在 C#语言中,使用 sealed 关键字声明密封类。由于密封类不能被其他类继承,因此系统就可以在运行时对密封类中的内容进行优化,从而提高系统的性能。

同样,sealed 关键字也可以修饰基类中的方法,防止被扩充类重写。带有 sealed 修饰符的方法称为密封方法。密封方法同样不能被扩充类中的方法继承,也不能被隐藏。例如,下面的代码是错误的。

```
public class Hello
{
    publc sealed void SayHello( )
    {
        ......
    }
}
public class NewHello:Hello
{
    public new void SayHello( )
    {
        ......
    }
}
```

因为 SayHello 已经用 sealed 限制为既不能被继承,也不能被隐藏,所以在 NewHello 类中试图隐藏基类的 SayHello 方法是错误的。

在实际项目开发中,把类声明为密封类的情况并不多见,下面是常见的两种情况:

(1)当一个类不可能再有子类从这个类派生时,需要将这个类声明为封闭的类。

(2)如果一个类中所有的方法和属性都被声明为静态,则需要将这个类声明为封闭的类。

6.2.2　抽象类

继承关系从本质上讲,就是一般对象和特殊对象的关系。在继承结构中,越靠上层的类就越抽象,甚至有时已经无法为其提供实例化的代码。这个类只是作为一个其他子类的基本框架存在,而不提供具体实例化的代码,如下面的图形类。

```
public abstract Shape
{
    public abstract void draw( );
}
```

这里 draw( )方法是一个抽象方法,不需要提供任何代码,只有声明部分而没有实现部分。在 C#语言中,使用 abstract 修饰符说明某个方法是抽象方法。除了抽象的方法,还允许使用抽象的属性。声明抽象属性的过程和声明抽象方法的过程类似,需要在属性名称前面使用 abstract 关键字。在声明抽象属性的时候需要指出属性的 get 或者 set 部分,但是不能有实例化代码。

作为一个抽象的类,必须具有抽象的方法或者属性;反之,如果一个类中包含了抽象的方法或者属性,这个类必须声明为抽象。abstract 不可以和 sealed 关键字同时存在,也不可以和 virtual 同时存在。抽象类只能用作基类。抽象类与非抽象类相比有以下主要不同之处:

(1)抽象类不能直接实例化,只能在扩充类中通过继承使用,对抽象类使用 new 操作符会产生编译错误。

(2)抽象类可以包含抽象成员,而非抽象类不能包含抽象成员。

值得注意的是,抽象类并非只包括抽象成员,也可以具有非抽象成员,甚至也可以有自己的数据成员。当从抽象类派生非抽象类时,非抽象类必须实现抽象类的所有抽象成员,并在相应的成员前面添加 override 关键字,表示重写了基类的抽象方法。下面举例说明抽象类的定义和使用方法。

【例 6-4】 抽象类的使用方法。

```
using System;
using System.Collections.Generic;
using System.Linq;
using System.Text;
namespace AbstractExample
{
        public abstract class Shape
        {
                protected ConsoleColor color;
                public Shape(ConsoleColor c)
                {
                        color = c;
                }
                public abstract ConsoleColor Color
                {
                      get;
                      set;
                }
                public abstract void Draw();
                public abstract int   Area();
        }
      public class Rect:Shape{
                int height,width;
                public Rect(int a,int b,ConsoleColor c):base(c)
                {
                      height = a;
                      width = b;
```

```
        }
        public override ConsoleColor Color
        {
            get{
            return color;
            }
            set{
            color = value;
            }
        }
        public override int Area( )
        {
            return height * width;
        }
        public override void Draw( )
        {
            string str1 = new string(' * ',width);
            Console. ForegroundColor = this. color;//设置控制台前景色为图形颜色。
            Console. WriteLine(str1);
            tring str2 = new string(' ',width - 2);
            for(int i = 0;i < this. height - 2;i + + )
            {
            Console. Write(' * ');
            Console. Write(str2);
            Console. WriteLine(' * ');
            }
            Console. WriteLine(str1);
            Console. . ResetColor( );  //将控制台的前景色和背景色恢复为默认值。
        }
}
class Program
{
        static void Main(string[ ] args)
        {
                Rect a  =  new Rect(5, 15, ConsoleColor. Red);
                a. Draw( );
        }
}
```

```
}
```

程序运行结果为：

```
* * * * * * * * * * * * * * *
*                           *
*                           *
*                           *
* * * * * * * * * * * * * * *
```

在例 6-4 中，我们定义一个抽象类 Shape，它具有一个 ConsoleColor 类型的数据成员 color，用于记录图形对象的颜色。ConsoleColor 是.NET 框架类库中定义的一个枚举类型，定义了在控制台使用的十几种颜色值。设置控制台前景色和背景色的方法都使用 ConsoleColor 类型的参数，因此在上例中将数据成员 color 设置为 ConsoleColor 类型。

通过上面的例子，我们可以看出，抽象类的作用在于为相关的类提供一个基本的框架。例如上面例子中的 Shape 类，定义了数据成员 color 和两个方法的原型，确立了图形对象的基本属性和基本操作（计算面积和绘画）。其他的特殊图形如矩形、三角形、圆都可以从 Shape 继承产生，它们都有数据成员 color，都有计算面积的方法 Area 和画出图形的方法 Draw。这种统一的框架使我们能很方便地使用这些类。

6.3 接　口

6.3.1 接口的定义

接口宣布一个被遵守的合约，以确保特定的功能能够被实现出来。在某种程度上，接口像一个抽象类。与抽象类不同的是，接口是完全抽象的方法成员的集合。接口中只能包括方法、属性、事件、索引运算符，不过本身并不为这些成员定义实现的内容，而是定义这些成员的规格，作为共同遵守的合约规定。接口中不能有构造函数，也不能有任何数据成员。当接口定义后即可为 class、struct 所实现。在 C#语言中，使用 interface 关键字声明一个接口，常用的语法为：

【访问修饰符】interface 接口名称

```
{
  ...
}
```

例如，下面的代码定义了一个字符串线性表接口，规定了增加、删除、附加方法的原型，还定义了 Count 属性、索引的原型。

```
public interface IStringList{
        void Add(string s);
        void Append(string s);
        void Remove(int position);
        int Count{ get; }
```

```
        event StringListEvent Changed;
        string this[int index]{get;set;}
    }
```

由于定义接口的目的是要让其他类来实现,因此接口中的成员都是 public。但在声明时必须省略,否则将引发错误。

接口的用途是表示调用者和设计者的一种约定。例如,提供的某个方法用什么名字、需要哪些参数,以及每个参数的类型是什么等。在多人合作开发同一个项目时,事先定义好相互调用的接口可以大大提高项目开发的效率。

接口和抽象类具有相似之处,都是提供一个编程的基本框架,由类或结构来实现。但是,接口和抽象类也有一些区别。抽象类主要用于关系密切的对象,而接口适合为不相关的对象提供通用功能。一般来说,如果设计小而简练的功能块,则使用接口;如果要设计大的功能单元,则使用抽象类。设计优良的接口往往很小且相互独立,减少了发生问题的可能。

6.3.2 接口的实现

接口可以用类或结构来实现,实现接口的类必须严格按照接口的声明实现接口提供的功能。有了接口,就可以在不影响现有接口声明的情况下,实现接口的内部功能,从而使兼容性问题最小化。当其他设计者调用了声明的接口后,就不能再随意更改接口的定义,否则项目开发人员事先的约定就失去了意义。但是可以在类中修改相应的代码,完成需要改动的内容,或者增加新的方法。下面通过一个例子说明如何实现接口。

【例 6-5】 接口的声明和实现。

```
using System;
using System.Collections.Generic;
using System.Linq;
using System.Text;
namespace InterfaceExample
{
    interface IShape{
        void show();
        int Area();
    }
    public class Rect:IShape{
        int width;
        int height;
        ConsoleColor    c;
        public Rect(int a, int b,ConsoleColor c) {
            this.width = a;
            this.height = b;
            this.c = c;
```

```
            }
            public int Area( ) {
                retrun width * height;
            }
            public void  SetColor( ConsoleColor c ) {
                this. c = c;
            };
            public void  Show( ) {
                string str1 = new string( ' * ', width) ;
                Console. ForegroundColor = this. color;//设置控制台前景色为图形颜色。
                Console. WriteLine( str1 ) ;
                string str2 = new string( ' ', width - 2) ;
                for( int i = 0; i < this. height - 2; i + + )
                {
                        Console. Write( ' * ') ;
                        Console. Write( str2) ;
                        Console. WriteLine( ' * ') ;
                }
                Console. WriteLine( str1 ) ;
                Console. . ResetColor( );  //将控制台的前景色和背景色恢复为默认值。
            }
        }
        class Program
          {
            static void Main( string[ ] args) {
                IShape g;
                g = new Rect( 15, 4, ConsoleColor. Red) ;
                g. SetColor( ConsoleColor. Red) ;  //错误,图形接口没有定义该方法。
                g. Show( ) ;
                int area = g. Area( ) ;
                Console. WriteLine( "矩形面积为:{0}" , area) ;
        }
    }
```

程序运行结果为:

```
* * * * * * * * * * * * * * *
*                           *
*                           *
* * * * * * * * * * * * * * *
```

矩形面积为:60

通过上面的例子可以看出,使用接口时必须定义接口变量。接口变量属于引用变量,可以引用实现了该接口的类实例。通过接口变量可以方便地调用对象的方法,注意这些方法必须在接口中被定义,那些在对象中实现但没有在接口中定义的方法则不能通过接口变量调用。例如,上面例子中,通过接口变量去调用 SetColor 方法是错误的。简单地说,通过接口去使用对象必须遵循接口的约定。

6.3.3　接口的继承

如同类一样,接口允许继承。如果接口使用跟它所继承而来的成员相同的名称(如方法),称为派生的接口成员隐藏了基接口成员。可以在派生接口成员的声明中包含一个 new 修饰符。不仅如此,接口继承允许多重继承,即一个接口继承自多个接口,实现类的多重继承。下面通过一个例子说明接口的继承。

【例 6-6】 接口的继承。

```
interface IControl
{
        void Paint( );
}
interface ITextBox:IControl
{
         void SetText( string Text);
}
interface IListBox:IControl
{
           void SetItems( string[ ] items);
}
interface IComboBox:ITextBox, IlistBox
{
      …
}
```

上面例子中的接口都是.NET 类库中定义的接口。IControl 表示控件接口,.NET 类库中所有的控件对象(如按钮、文本框、列表框)都实现了该接口。该接口中具有一个基本方法 Paint,表示能够把控件对象画出来。ITextBox 接口继承自 IControl 接口,是针对文本框对象定义的。同样,IListBox 接口也继承自 IControl 接口,是针对列表框对象定义的。而 IComboBox 接口是针对组合框对象定义的,既具备文本框对象的特点,也具有列表框的特点,采取了多重继承的方法,继承自 ITextBox 和 IlistBox 接口。

6.3.4　接口应用举例

在.NET 类库中定义了许多接口,本节介绍其中的几个常用接口:IComparable、ICloneable、

IEnumberable 和 IEnumerator,通过它们说明接口的应用。

1. IComparable 接口

IComparable 接口位于 System 命名空间,规定了两个对象之间比较大小的方法原型,定义如下:

```
public interface IComparable
{
int CompareTo(object obj);
}
```

接口中 CompareTo 方法的功能是:将当前实例与同一类型的另一个对象进行比较,并返回一个整数。如果该整数小于0,则认为当前实例小于另一个对象,排序时应排列在另一个对象之前;如果该整数大于0,则认为当前实例大于另一个对象,排序时应排列在另一个对象之后;如果等于0,则认为当前实例等于另一个对象,排序时和另一个对象应排列在相同位置。下面举例说明 IComparable 接口的应用。

【例 6-7】 IComparable 的应用

```
using System;
using System.Collections.Generic;
using System.Linq;
using System.Text;
namespace IComparableExample
{
    class Customer:IComparable {
        public long ID;
        public string name;
        public Customer(long ID,string name) {
            this.ID = ID;
            this.name = name;
        }
        public int CompareTo(object x) {
            Customer customer = (Customer)x;
            long ID1 = this.ID;
            long ID2 = customer.ID;
            if (ID1 = =ID2)
                return 0;
            else if(ID1 < ID2)
                return -1;
            else
                return 1;
        }
```

```
    }
    class Program
    {
        static void Main(string[] args)
        {
            Customer john = new Customer(15,"John");
            Customer mary = new Customer(8,"Mary");
            Customer tom  = new Customer(12,"Tom");
            Customer[] customers = {john,mary,tom};
            Array.Sort(customers);
            foreach(Customer x in customers)
                Console.WriteLine("顾客:{0},ID = {1}",x.name,x.ID);
        }
    }
}
```

程序运行结果为：

```
顾客:Mary,ID = 8
顾客:Tom,ID = 12
顾客:John,ID = 15
```

在上面的例子中，我们在Customer类中实现了ICompareable接口，这样在主程序中就可以简单地使用Array类的Sort方法对由Customer对象组成的数组进行排序。Array类的Sort方法要求排序的对象实现ICompareable接口，在对数组排序时会调用ICompareable接口中的CompareTo方法比较对象的大小。

2. ICloneable 接口

ICloneable接口位于System命名空间，支持克隆，即使用与现有实例相同的值创建类的新实例，定义如下：

```
public interface ICloneable{
  object Clone();
}
```

ICloneable接口只包含一个成员，即Clone方法，其作用是克隆现有对象并返回复制的对象。下面举例说明IConeable接口的应用。

【例6-8】 ICloneable的应用。

```
using System;
using System.Collections.Generic;
using System.Linq;
using System.Text;
namespace ICloneableExample
{
```

```
        class Rectangle:ICloneable
        {
            public int height;
            public int width;
            public Rectangle(int w,int h){
                this.width = w;
                this.height = h;
            }
            public object Clone()
            {
                Rectangle r = new Rectangle(this.width,this.height);
                return r;
            }
        }
        class Program
        {
            static void Main(string[] args)
            {
                Rectangle r  =  new Rectangle(20, 10);
                Rectangle c = (Rectangle) r.Clone();
                Console.WriteLine("矩形宽为:{0},高为:{1}", r.width, r.height);
                Console.WriteLine("克隆的矩形宽为:{0},高为:{1}", r.width, r.height);
            }
        }
    }
```

程序执行结果为:

矩形宽为:20,高为:10

克隆的矩形宽为:20,高为:10

上面的例子中,在 Rectangle 类中实现了 ICloneable 接口,因此在主程序中就可以用 Clone 方法克隆矩形对象。注意:接口中定义的 Clone 方法返回值类型为通用类型 object,因此在调用 Clone 方法时进行了强制转换。

3. IEnumerable 和 IEnumerator 接口

在 C#中,所有的集合类都实现了 IEnumerable(可枚举)接口。只要实现了该接口,则可以使用 foreach 语句对集合进行遍历。对于泛型集合类实现的是 IEnumerable<T>泛型接口,但定义和 IEnumerable 接口完全一致。下面以 IEnumberable 为例说明该接口的应用。

IEnumberable 接口是和 IEnumberator(枚举器)接口配合使用的,其原型如下:

```
public interface IEnumerable
{
```

```
    IEnumberator GetEnumerator( );
}
```

因此一个集合实现 IEnumberable 接口的同时也要实现 IEnumerator 接口。IEnumerator 称为枚举器接口,顾名思义,就是用来枚举一个集合的元素的。IEnumerator 接口通常由一个独立的类实现,其原型如下:

```
public interface IEnumerator
{
    object Current{get;}
    bool MoveNext( );
    void Reset( );
}
```

一个类实现了 IEnumerator,它应该和一个集合关联。枚举器对象相当于一个指针,在初始化时并没有指向集合的任何元素,因此须调用 MoveNext 方法,让枚举器指向第一个元素,此时用 Current 属性就可以获取到该集合的当前元素。可以不断调用 MoveNext 方法遍历集合中的各个元素。如果 Current 获取到的值为 null,表示已经遍历到集合的末尾。调用 Reset 方法可以让枚举器返回到集合的开头,即第一个元素之前。下面通过一个例子说明 IEnumerator 和 IEnumerable 接口的应用。

【例 6-9】 IEnumerable 和 IEnumerator 接口的应用。

```
using System;
using System. Collections;
namespace IEnumerableExample
{
    public class MyStringArrayEnumerator : IEnumerator
    {
        MyStringArray strarr;
        int index;
        public MyStringArrayEnumerator(MyStringArray strarr)
        {
            this. strarr = strarr;
            index = -1;
        }
        public bool MoveNext( )
        {
            index + +;
            if (index > = strarr. strings. Length)
                return false;
            else
                return true;
```

```
        }
        public void Reset()
        {
            index = -1;
        }
        public object Current
        {
            get
            {
                return (strarr[index]);
            }
        }
    }
public class MyStringArray : IEnumerable
{
        public string[] strings;
        int ind =0;
        public MyStringArray(params string[] strings)
        {
            this.strings = new string[10];
            foreach (string s in strings)
            {
                this.strings[ind++] = s;
            }
        }
        public void Add(string str)
        {
            strings[ind++] = str;
        }
        public string this[int index]
        {
            get
            {
                return strings[index];
            }
            set
            {
                strings[index] = value;
```

```
            }
        }
        public IEnumerator GetEnumerator( )
        {
            return (IEnumerator)new MyStringArrayEnumerator(this);
        }
    }
    class Program
    {
        static void Main(string[ ] args)
        {
            MyStringArray strarr = new MyStringArray("This","is","a","test.");
                strarr.Add("You");
            strarr.Add("are");
            strarr.Add("Welcome!");
            strarr[2] = "another";
            foreach (string s in strarr)
            {
                Console.Write("{0} ", s);
            }
        }
    }
}
```

执行结果为:

This is another test. You are Welcome!

在上面例子中,使用 foreach 语句访问所有集合元素时,将调用 IEnumerable 接口的 GetEnumerator 方法,获得 MyStringArrayEnumerator,此时枚举器的索引值为 -1。接着 foreach 循环反复调用 MoveNext 方法移动枚举器,使用 Current 属性获取集合的当前元素,向控制台输出。

6.4　委托的定义和使用

6.4.1　委托的声明和使用

委托类型是一种用户自定义的引用类型,委托对象可以封装一组具有特定参数和返回类型的方法。委托类型使用 delegate 关键字进行声明,声明类似函数,但是没有函数体。委托和 C 语言的函数指针类似,但是使用委托比函数指针更安全可靠。委托类型声明的常用格式如下:

【修饰符】delegate 返回类型 委托类型名(【参数列表】);

可使用的修饰符有 new 和访问修饰符 pubic、protected、internal 以及 private；返回类型表示该委托所封装的方法的返回类型；参数列表表示该委托所封装的方法的参数。

要使用委托，首先必须声明一个委托类型，在委托类型的声明中指定了一个方法原型（参数及返回值）。如果某个方法要包含到该委托类型对象中，这个方法必须拥有与委托类型声明中相同的方法原型。第二步是创建一个委托实例，在其中包含符合委托类型的方法。创建好委托实例后，就可以通过委托实例调用其中包含的方法。下面通过一个例子说明委托的声明和使用。

【例 6-10】 委托的声明和使用。

```
using System;
using System.Collections.Generic;
using System.Linq;
using System.Text;
namespace delegateExample
{
    class Student
    {
        public string name;
        public int id;
        public delegate int MyDelegate(Student s1, Student s2);
        public Student(int id, string name){
            this.id = id;
            this.name = name;
        }
        public static int idorder(Student s1,Student s2){
            if (s1.id < s2.id)
            {
                Console.WriteLine("学生({0},{1})比学生({2},{3})更早入学",
s1.id, s1.name, s2.id, s2.name);
                return s1.id;
            }
            else
            {
                Console.WriteLine("学生({2},{3})比学生({0},{1})更早入学",
s1.id, s1.name, s2.id, s2.name);
                return s2.id;
            }
        }
        public static MyDelegate studentorder
```

```
            {
                get
                {
                    return new MyDelegate(idorder);
                }
            }
        }
        class Sortbynameclass
        {
            public int Nameorder(Student s1, Student s2)
            {
                if (string.Compare(s1.name, s2.name) < 0)
                {
                    Console.WriteLine("学生({0},{1})的姓名在学生({2},{3})姓名之
前", s1.id, s1.name, s2.id, s2.name);
                    return s1.id;
                }
                else
                {
                    Console.WriteLine("学生({2},{3})的姓名在学生({0},{1})姓名之
前", s1.id, s1.name, s2.id, s2.name);
                    return s2.id;
                }
            }
        }
        class Program
        {
            static void Main(string[] args)
            {
                Student student1 = new Student(1, "李明");
                Student student2 = new Student(2, "张彤");
                Student student3 = new Student(3, "刘萍");
                Console.WriteLine("对学生李明和张彤按照学生 id 排序:");
                Student.studentorder(student1, student2);
                Console.WriteLine("对学生张彤和刘萍按照学生姓名排序:");
                Sortbynameclass c = new Sortbynameclass();
                Student.MyDelegate nameorder = new Student.MyDelegate(c.Nameorder);
                nameorder(student2, student3);
```

```
        }
    }
}
```

程序运行结果为：

对学生李明和张彤按照学生 id 排序：

学生(1,李明)比学生(2,张彤)更早入学

对学生张彤和刘萍按照学生姓名排序：

学生(3,刘萍)的姓名在学生(2,张彤)姓名之前

在上例中,Student 类中定义了委托类型 MyDelegate,匹配任何以两个 Student 型变量为参数且返回类型为 int 的函数。在 Student 类中定义了一个静态属性 studentorder,返回一个 MyDelegate 对象,该对象封装了同属 Student 类的静态方法 idorder。注意:静态委托(属性或字段)必须封装静态方法。

委托除了可以指向静态的方法之外,还可以指向对象实例的方法。委托的一个特点是:它不知道或不关心自己引用的是哪个对象的方法。在上例中,主程序中委托实例 nameorder 就封装了 Sortbynameclass 对象中的方法 Nameorder。

6.4.2 组合委托

在例 6-10 定义的委托一次只包含了一个方法,实际上使用 delegate 关键字声明的委托还可以包含多个方法,这种委托称为组合委托(Multicast Delegate)。组合委托在处理事件响应中具有很重要的作用。

组合委托通过"+"运算符实现委托的组合,"-"运算符可以从组合委托中移除其中构成组合的委托,也可以用"+="和"-="运算符实现组合委托的增加和移除。组合委托只能组合相同类型的委托,而且委托的返回类型必须是 void。下面通过一个例子说明组合委托的应用。

【例 6-11】 组合委托的应用。

```
using System;
using System.Collections.Generic;
using System.Linq;
using System.Text;
namespace delegateExample
{
    class Program
    {
        public delegate void MyDelegate(int i);

        public static void Double(int i)
        {
            Console.WriteLine("数{0}的两倍是{1}", i, 2 * i);
```

```
        }
        public static void Triple(int i)
        {
            Console.WriteLine("数{0}的三倍是{1}", i, 3 * i);
        }
        public static void Fourfold(int i)
        {
            Console.WriteLine("数{0}的四倍是{1}", i, 4 * i);
        }
        static void Main(string[] args)
        {
            MyDelegate multideleg, a, b, c;
            a = new MyDelegate(Double);
            b = new MyDelegate(Triple);
            c = new MyDelegate(Fourfold);
            multideleg = a + b; //进行委托的组合
            Console.WriteLine("调用含有 Double 和 Triple 方法的组合委托:");
            multideleg(1);
            multideleg += c;   //使用+=往组合委托增加委托
            Console.WriteLine("调用含有 Double、Triple 和 Fourfcld 方法的组合委托:");
            multideleg(2);
            multideleg -= b;   //使用-=从组合委托移除委托
            Console.WriteLine("调用含有 Double 和 Fourfold 方法的组合委托:");
            multideleg(3);
        }
    }
}
```

程序运行结果为:

调用含有 Double 和 Triple 方法的组合委托:
数 1 的两倍是 2
数 1 的三倍是 3
调用含有 Double、Triple 和 Fourfold 方法的组合委托:
数 2 的两倍是 4
数 2 的三倍是 6
数 2 的四倍是 8
调用含有 Double 和 Fourfold 方法的组合委托:
数 3 的两倍是 6
数 3 的四倍是 12

6.4.3 事件

事件是一种类成员，它使得对象或类能够发出消息，以通知其他对象发生了某个事件。事件最常见的用途是用于GUI（图形用户界面）。通常界面中的一些控件类定义了一些事件，当用户对控件进行某些操作时会触发这些事件。除了GUI之外，对象也可以通过事件发送消息表示状态的更改。

当事件发生时，对事件的响应由其他类负责。一个对象提供了事件，并把这些事件对外发布以供其他类订阅。订阅事件的类也可以称为发布事件类的用户。当发布事件的类产生事件时，所有相应的用户类都将得到事件消息，并对这些事件进行响应。

事件是基于委托的，委托不但是声明事件的基础，同时也是收发消息的双方必需共同遵守的一个“约定”。发布事件的类定义用委托声明的事件，在用户类中定义响应事件的方法，该方法和事件通过委托进行关联。声明事件的常用格式如下：

【修饰符】event 委托类型 事件名；

一个类要触发某个事件（设该事件名为EventName）需具备以下条件：

（1）定义表示事件参数的类，它必须从System. EventArgs派生，通常命名为EventNameArgs。

（2）定义与事件关联的委托类型，通常根据事件名命名，如EventNameHandler，其返回类型必须为void，且必须有两个参数，一个是事件发生的对象，一个是事件参数对象，如：

public delegate void EventNameHandler(object sender,EventNameArgs e);

（3）在触发事件的类中，必须提供触发事件的方法，方法名通常为OnEventName。

下面通过一个例子说明事件的应用。

【例6-12】 事件的应用。

我们用程序模拟大楼火警事件的发生和响应过程。假定有一栋大楼（名为Sigma）火警响了，楼内的人员听到了警报声各自采取自己的响应方法——普通职员们飞奔出大楼，而消防人员却冲向最危险的火场灭火。这里大楼就是发布事件的对象，而普通职员和消防人员就是事件的订阅者。

我们假定大楼一共是7层，每层的防火做得都不错，只要不是火特别大就没必要让所有人都撤离。一般来说，哪层着火，哪层员工撤离。还有就是一个火警的级别问题：我们把火的大小分为三级，C级（小火）不用撤离，B级（中火）要求所在楼层的人员撤离，A级（大火）要求全楼人员撤离。

对于普通员工来说，我们考虑两个属性，即工作地点和工作楼层。如果员工工作地点不在Sigma大楼，显然不用考虑Sigma大楼的火警；如果工作地点在Sigma大楼但火为C级，也不用撤离；如果工作地点在Sigma大楼但火为B级，并且工作楼层与着火楼层相同则必须撤离，否则也不用撤离；如果工作地点在Sigma大楼但火为A级，不管在哪个楼层都必须撤离。对于消防员来说，无论哪里着火，火的级别如何，都应该去救火。

由上述分析可以看出，对于大楼而言，作为事件的发布对象，除了要将着火这件事通知事件的订阅者，还要把事件参数（火的级别、楼层）发送给订阅者，以便订阅者做出正确的响应。这就是前面所说的必须定义表示事件参数的类，它必须从System. EventArgs派生，在程序中我们将它定义为 FireEventArgs 类。完整的程序代码如下：

```
using System;
using System.Collections.Generic;
using System.Linq;
using System.Text;
namespace EventExample
{
    class FireEventArgs
    {
        public int floor;
        public char fireLevel;
    }
    delegate void FireAlarmDelegate(object sender, FireEventArgs e);
    // 大楼(类)
    class Building
    {
        public event FireAlarmDelegate FireAlarmRing;  //声明事件:事件以委托为基础
        public void OnFire(int floor, char level)   //大楼失火,引发火警鸣响事件
        {
            FireEventArgs e = new FireEventArgs();
            e.floor = floor;
            e.fireLevel = level;
            this.FireAlarmRing(this, e);
        }
        public string buildingName;
    }
    // 普通员工(类)
    class Employee
    {
        public string workingPlace;
        public int workingFloor;
        // 这是员工对火警事件的响应,即员工的 Event handler。注意与委托的匹配。
        public void RunAway(object sender, FireEventArgs e)
        {
            Building firePlace = (Building)sender;
            if (firePlace.buildingName == this.workingPlace && (e.fireLevel == 'A' |
| (e.floor == this.workingFloor)&&e.fireLevel == 'B'))
            {
```

```
                Console.WriteLine ("在{0}层的普通员工逃...",workingFloor);
            }
        }
        // 消防员(类)
        class Fireman
        {
            // 这是消防员对火警事件的响应,即消防员的 Event handler。注意与委托的
匹配。
            public void RushIntoFire(object sender, FireEventArgs e)
            {
                Console.WriteLine("消防员灭火...");
            }
        }
        class Program
        {
            static void Main(string[] args)
            {
                Building sigma = new Building();
                Employee employee1 = new Employee();
                Employee employee2 = new Employee();
                Fireman fireman = new Fireman();
                sigma.buildingName = "Sigma";
                employee1.workingPlace = "Sigma";
                employee1.workingFloor = 2;
                employee2.workingPlace = "Sigma";
                employee2.workingFloor = 3;
                // 事件的影响者"订阅"事件,开始关心这个事件发生没发生
                sigma.FireAlarmRing += new FireAlarmDelegate(employee1.RunAway);
                sigma.FireAlarmRing += new FireAlarmDelegate(employee2.RunAway);
                sigma.FireAlarmRing += new FireAlarmDelegate(fireman.RushIntoFire);
                Console.Write("目前有两名员工,员工 A 在 Sigma 楼 2 层,员工 B 在 Sigma
楼 3 层。\n 请输入着火的楼层:");
                int floor = Convert.ToInt32(Console.ReadLine());
                Console.Write("请输入火的级别(A,B,C):");
                string level = Console.ReadLine().ToUpper();
                sigma.OnFire(floor, level[0]);
            }
        }
```

}

程序运行结果为:

目前有两名员工,员工 A 在 Sigma 楼 2 层,员工 B 在 Sigma 楼 3 层。

请输入着火的楼层:3

请输入火的级别(A,B,C):B

在 3 层的普通员工逃跑...

消防员灭火...

在上面例子中,大楼(Building)类产生事件,将事件参数对象传递给订阅者(普通员工和消防员),由订阅者执行响应方法。这种发布/订阅模式的好处在于发生事件时可以有任意多个类得到关于事件的消息,发布类和订阅类相互独立运行,发布类可以随意修改其触发事件的方式,订阅类也可以独立地对事件做出响应。这样我们就可以编写出更灵活、更健壮、可维护性更高的代码。

6.5　异 常 处 理

6.5.1　异常处理的概念

异常表明程序执行期间发生了问题。之所以叫异常,是源于这样一个事实:尽管问题可能发生,但并不频繁。通过异常处理,程序员创建的应用程序能解决异常。许多情况下,通过对异常进行处理,程序可继续执行,如同从来没有出现过问题一样。当然,严重的问题有可能阻止程序的正常执行。通过异常处理,程序能够以一种可控的方式终止。传统的编程语言没有专门的异常处理机制,程序的错误处理流程通常采用下面的结构:

```
执行一个任务
如果前一个任务未能正确执行
就执行错误处理
执行下一个任务
如果前一个任务未能正确执行
    就执行错误处理
...
```

在上面的伪代码中,首先执行一个任务,然后测试该任务是否已正确执行。如果没有,就执行错误处理。否则,执行下一个任务。尽管这种类型的错误处理从逻辑上讲得通,但把程序逻辑和错误处理逻辑混杂在一起,会令程序(尤其是大型应用程序)难以阅读、修改、维护和调试。事实上,如果许多潜在的问题不会频繁发生,那么把程序逻辑和错误处理混杂在一起也会降低程序的性能,因为程序必须测试额外的条件,才能判断出是否执行下一个任务。

有了专门的异常处理机制,就可以将异常处理代码从程序的执行流程中移除。这样一来,程序的结构会更清楚,而且更易于修改。我们可以决定处理自己选定的任何异常——所有类型的异常、特定类型的所有异常或一组相关类型的所有异常。这样的灵活性减少了错误被忽视的可能性,增强了程序的健壮性。

使用不支持异常处理的编程语言时，通常把编写错误处理代码的工作推迟到最后，有时甚至忘记了这项工作。这样一来，会导致产品的健壮性较差。而利用C#编写程序，能够从项目的开始阶段就轻松地进行异常处理。不过我们必须多下些功夫，将异常处理策略贯彻到软件项目中。

如果没有发生异常，C#的异常处理代码会稍微或根本不会降低性能。实现异常处理操作的程序比整个程序逻辑都执行错误处理的程序更有效。异常处理应该只用于不经常发生的问题。根据经验，特定语句执行时有30%以上机会出现问题，程序应该在内部检测错误，否则异常处理的开销会导致程序执行速度减慢。

6.5.2 异常类

在C#中，如果应用程序在运行过程中出现异常错误，公共语言运行时(CLR)就会创建异常对象。大多数异常对象都是C#提供的异常类的实例。C#的异常处理机制只允许引发和捕捉System.Exception类及其派生类的对象。System.Exception类是C#异常类的基类，它派生于System.Object。通常在编写程序时不会直接使用System.Exception对象，而是使用它的某个派生类对象，因为System.Exception类是一般的基类，它无法确定具体的错误情况。C#提供的异常类的层次结构如图6-1所示。

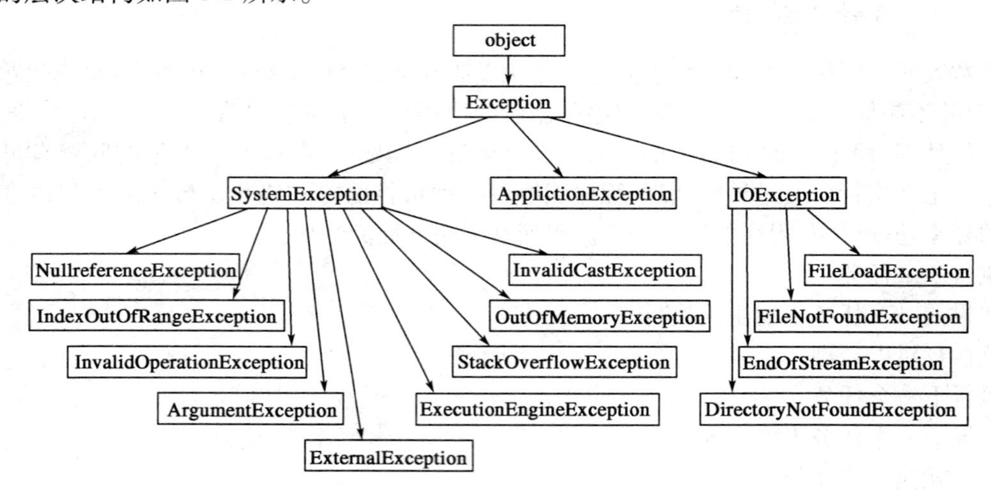

图6-1 异常类的层次结构

System.Exception类提供了若干有助于了解程序异常信息的属性，包括：

(1)StackTrace属性：包含一个代表调用方法的堆栈的字符串。

(2)Message属性：保存与异常对象相关的错误消息。

(3)InnerException属性：表示当前异常对象所嵌入的其他异常对象。

(4)HelpLink属性：用它可以指定有关帮助文档的URL，以便用户查阅异常的更多信息。

在后面将给出代码实例说明以上属性的使用。

Exception类最重要的两个派生类是SystemException和ApplicationException。ApplicationException是一个基类，如果程序需要提供自定义的异常而不使用系统提供的异常类，就必须从ApplicationException类中派生。通过它可以区分应用程序自定义异常和系统提供的异常。

SystemException 是系统提供的各种异常类的基类。由 SystemException 派生了一组在应用程序运行时可以抛出的异常类。例如，如果一个程序试图访问一个超出范围的数组下标，CLR 就会引发一个 IndexOurOfRangeException 异常（继承自 SystemException）。同样，如果一个程序使用类变量引用一个不存在的对象会造成 NullReferenceException 异常。

除此之外，还有一类异常 IOException 及其子类，它们定义在 System. IO 名字空间，用于文件读写时的异常处理。而其他的异常类定义在 System 命名空间。

事实上，大多数的异常类并没有给它们的异常基类添加任何新功能。但是在异常处理过程中使用派生的异常类是为了更准确地定位错误，提供更准确的错误信息。例如 ArithmeticException 是 DivideByZeroException 的直接基类，在进行除零运算时抛出 ArithmeticException 只能说明一般的算术错误，但抛出 DivideByZeroException 能够提出错误的准确特征。

6.5.3　异常处理语句

在 C#中通过 try – catch、try – finally、try-catch-finally 语句捕获并处理异常，语句形式如下（以 try-catch-finally 为例）：

```
try
{
    //try 块，正常执行代码
}
catch(异常类型 标识符)
{
    //catch 块，异常处理代码
}
finally
{
    // finally 块，总是执行的代码
}
```

当程序运行到 try 子句时，执行 try 块中正常操作代码。如果执行到某一条语句时发生错误，程序将不执行 try 块中剩下的语句，转而执行 catch 子句，捕获异常，并在 catch 块中处理异常情况。异常处理结束之后，如果存在 finally 块（finally 块是可选的），程序自然进入 finally 块执行其中的代码。即使在 try 或 catch 块中存在 break、continue、goto 或 return 语句，finally 块的代码总是被执行。

如果在 catch 子句中带有参数，参数必须是从 System. Exception 类派生的对象参数，参数可以只声明类型或说明类型及参数名。如果在参数中指定了类型和参数名，该参数实际上是作用于整个 catch 块的一个局部异常变量，通过它可以在处理异常时获取异常的详细信息。catch 子句也可以不带任何参数，这样的 catch 子句称为一般 catch 子句，它捕获任何类型的异常。

try-catch-finally 语句可以包含多个 catch 子句。如果包含了多个 catch 子句，在产生异常

时系统将按照这些 catch 子句的出现顺序逐个检查 catch 子句中的参数,以找到第一个匹配该异常类型的 catch 子句,该子句相应的 catch 块即是最适合的异常处理。注意:系统不会再匹配该 catch 块之后的 catch 子句,也就是说不会再执行后面的 catch 块。设一个 catch 子句中的异常类型为 A,在它之后的 catch 子句的异常类型为 B,如果 B 和 A 类型相同或者 B 是 A 的派生类,就会发生错误,无法通过编译。因为这样程序永远无法执行与 B 相对应的 catch 子句。类似地,在一个 try - catch - finally 语句中只能有一个一般 catch 子句,而且一般 catch 子句必须在其他 catch 子句之后。这是由于异常类采取了层次结构,好处是 catch 处理程序可以捕捉特定类型的异常,也可以使用基类捕捉相关层次结构中的异常。

finally 块常常用于放置释放资源的代码。程序常常动态地(也就是执行时)请求和释放资源。例如,从硬盘上读取一个文件的程序会请求打开一个文件。如果请求成功,程序就能读取该文件的内容。操作系统一般会阻止多个程序同时操作同一个文件。因此,当程序结束处理文件时必须关闭文件,将资源返回操作系统,以避免资源泄漏(也就是文件资源不能供其他程序使用)。

在 C 和 C + + 这样的程序语言中,要求程序员自己负责动态内存管理,资源泄漏最常见的类型是“内存泄漏”。如果程序分配了内存(就像 C#中使用 new 运算符),但程序不再需要内存时没有回收它,就会发生这种情况。在 C#中这通常不是一个问题,因为 CLR 会对执行程序不再需要的内存自动执行“垃圾回收”。但是,C#中会发生其他类型的资源泄漏(如前面提到的未关闭的文件)。

需要显式释放资源大多会带来一些异常。例如,处理一个文件的程序可能会在处理期间收到 IOException,因此,处理文件的代码通常会放在 try 块中。不管程序是否能成功处理文件,该程序都应该在不需要这个文件时关闭它。假设一个程序将所有资源请求和资源释放代码都放在 try 块中,如果没有出现异常,try 块就会正常执行,并在使用了这些资源之后释放它们。但是如果出现了异常,try 块可能会在资源释放代码能够执行之前终止。我们将在 catch 处理程序中复制所有资源释放代码,但这样会使代码比较难以修改和维护。

C#异常处理机制提供了 finally 块,不管 try 块是成功执行,还是发生了异常,finally 块都会执行。因此,finally 块便成为放置释放资源代码的理想地点,可用它对相应的 try 块中获取并处理的资源进行回收。如 try 块成功执行,finally 块将在 try 块终止之后立即执行。如果 try 块中发生异常,finally 块会在 catch 处理程序结束异常处理之后立即执行。即使 catch 块本身发生异常,finally 块也会被执行。

下面我们通过一个例子说明 try-catch 语句的用法。

【例 6-13】 try-catch 语句的用法。

```
using System;
using System.Collections.Generic;
using System.Linq;
using System.Text;
namespace ExceptionExample
{
    class Program
```

```
    }
        static void Main(string[] args)
        {
            Console.Write("输入被除数:");
            string a = Console.ReadLine();
            Console.Write("输入除数:");
            string b = Console.ReadLine();
            try
            {
                int x = Convert.ToInt32(a);
                int y = Convert.ToInt32(b);
                int result = x / y;
                Console.WriteLine("{0}/{1} = {2}", x, y, result);
            }
            catch (FormatException fe)
            {
                Console.WriteLine("输入数字格式错误");
            }
            catch (DivideByZeroException de)
            {
                Console.WriteLine(de.Message);
            }
            catch (ArithmeticException ae)
            {
                Console.WriteLine(ae.Message);
            }
        }
    }
}
```

在程序正常执行时,运行结果如下:

输入被除数:6

输入除数:2

6/2 = 3

如果我们被除数输入 7.5,除数为 0,运行结果如下:

输入被除数:7.5

输入除数:0

输入数字格式错误

如果我们被除数输入 6,除数为 0,运行结果如下:

输入被除数:6
输入除数:0
尝试除以零。

在上例中,捕获 DivideByZeroException 的 catch 子句和捕获 ArithmeticException 的 catch 子句的位置不能互换,因为 DivideByZeroException 是 ArithmeticException 的派生类。如果互换,程序无法通过编译。

要精心选择 try 块包含的代码部分,其中应有好几个可能引发异常的语句,避免为可能引发异常的每个语句都单独使用一个 try 块。但是,为恰如其分地处理异常,每个 try 块又应该包含尽可能小的代码段,这样就能在发生异常时根据这段代码知道特定的场景,catch 处理程序也能正确处理这个异常。

6.5.4 异常传递

当 catch 子句对异常进行处理后,有可能需要重新把异常抛出。可以重新抛出同一异常,也可以抛出新异常。在新异常中可以嵌入原来的异常对象,使调用者理解整个抛出异常的过程。异常类的 InnerException 属性就表示该异常对象所嵌入的异常对象。在 C#中通过 throw 语句抛出一个异常,语法是:

throw【expression】;

expression 必须是一个系统的或自定义的异常类型的对象。在一个方法中抛出异常意味着该异常在本方法内不作处理,应由调用者处理。如果调用者没有捕获异常,那么该异常会传递到调用者的调用者,从而形成异常传递。下面通过一个例子说明异常的传递。

【例 6-14】 异常的传递。

```
using System;
using System.Collections.Generic;
using System.Linq;
using System.Text;
namespace ExceptionTransfer
{
    class Program
    {
        static void Main(string[ ] args)
        {
            try
            {
                method1( );
            }
            catch (Exception ex)
            {
                Console.WriteLine("在主程序中捕获的异常对象的消息:\n{0}",ex.
```

```
Message);
                    Console.WriteLine("在主程序中捕获的异常对象的堆栈信息:\n {0} ",
ex.StackTrace);
                    Console.WriteLine("在主程序中捕获的异常对象的内部异常对象的消
息:\n {0}", ex.InnerException.Message);
                }
            }
            public static void method1()
            {
                method2();
            }
            public static void method2()
            {
                method3();
            }
            public static void method3()
            {
                try
                {
                    Convert.ToInt32("非整数");
                }
                catch(FormatException error)
                {
                    throw new Exception("错误出现在方法3", error);
                }
            }
        }
    }
```

程序运行结果是:

在主程序中捕获的异常对象的消息:

错误出现在方法3

在主程序中捕获的异常对象的堆栈信息:

在 ExceptionTransfer2.Program.method3() 位置 F:\vsproject\ExceptionTransfer2\ExceptionTransfer2\Program.cs:行号 45

在 ExceptionTransfer2.Program.method2() 位置 F:\vsproject\ExceptionTransfer2\ExceptionTransfer2\Program.cs:行号 31

在 ExceptionTransfer2.Program.method1() 位置 F:\vsproject\ExceptionTransfer2\ExceptionTransfer2\Program.cs:行号 26

在 ExceptionTransfer2. Program. Main(String[] args) 位置 F:\vsproject\ExceptionTransfer2\ExceptionTransfer2\Program. cs:行号 14

在主程序中捕获的异常对象的内部异常对象的消息:

输入字符串的格式不正确。

在上面例子中,程序执行从调用 Main 方法开始,执行 Main 方法时又调用 Method1 方法,执行 Method1 时又调用 Method2 方法,执行 Method2 时又调用 Method3 方法,执行 Method3 时又调用 Convert. ToInt32 方法。此时程序堆栈中的方法为:

Convert. ToInt32

Method3

Method2

Method1

Main

由于 Convert. ToInt32 方法的参数没有采用整数形式的字符串,因此该方法终止执行(退出堆栈),并且抛出一个 FormatException 异常。在 Method3 方法中,由于 Convert. ToInt32 出现异常,因此转入异常处理(catch 块),catch 块捕捉到了 Convert. ToInt32 方法抛出的异常,并且创建了一个异常对象。注意:Exception 构造函数中的第一个参数是本例自定义的错误消息"错误出现在方法 3",第二个参数就是 Convert. ToInt32 方法抛出的 FormatException 异常对象,它将成为 Method3 所创建对象的嵌入对象(即 InnerException 属性)。

Method3 方法执行完毕后退出堆栈,程序控制返回到 Method2 方法,由于在 Method2 中没有捕获异常的语句,因此对异常不作处理。Method2 方法执行完毕后,程序控制返回到 Method1 的同时,异常也传递到 Method1 方法。同样,由于在 Method1 中没有捕获异常的语句,因此对异常不作处理。Method1 方法执行完毕后,程序控制返回到 Main 方法的同时,异常也传递到 Main 方法。在 Main 方法中具有异常处理语句,因此捕捉到了 Method3 抛出的异常,并且输出了异常对象中的信息。

习　题

1. 请从 Employee 类(参见例 6-1)中派生一个新的类,用来描述秘书。除了普通员工的属性外,秘书还有工作的部门、主管的经理和联系电话等特性。另外,秘书计算薪水增长额的方式不同(按普通员工增长比例的 110% 增长)。

2. 从下面的抽象图形类中派生一个三角形类,该类记录三角形三个顶点的坐标和颜色,能计算面积和周长,能用三角形的颜色显示所有数据成员。

```
public abstract class Shape{
    protected ConsoleColor color;
    public shape(ConsoleColor c)
    {
        color = c;
    }
    public abstrct void Show();
```

```
    public abstrct double Area( ) ;
}
```

3. 下面程序运用了虚方法重载技术,仔细阅读写出运行结果。

```
using System;
using System. Collections. Generic;
using System. Linq;
using System. Text;
namespace virtualAndNew
{
    class Car {
        public virtual void DescribeCar( ) {
          Console. WriteLine( " Four wheels and an engine. " ) ;
        }
    }
    class ConvertibleCar : Car {
        public new  void DescribeCar( ) {
          base. DescribeCar( ) ;
          Console. WriteLine( " A roof that opens up. " ) ;
        }
    }
    class Minivan : Car {
        public override void DescribeCar( ) {
          base. DescribeCar( ) ;
          Console. WriteLine( " Carries seven people. " ) ;
        }
    }
    class Program
    {
        static void Main( string[ ] args)
        {
          Car[ ] cars = new Car[3] ;
          cars[0] = new Car( ) ;
          cars[1] = new ConvertibleCar( ) ;
          cars[2] = new Minivan( ) ;
          foreach ( Car vehicle in cars) {
          Console. WriteLine( " Car object: " + vehicle. GetType( ) ) ;
          vehicle. DescribeCar( ) ;
          System. Console. WriteLine( " - - - - - - - - - - - " ) ;
```

```
            }
        }
}
```

4. 下面程序运用了委托对象调用相关方法，阅读程序写出程序的功能。

```
using System;
using System.Collections.Generic;
using System.Linq;
using System.Text;
namespace DelegateExample3
{
    public class DelegateBubbleSort
    {
        public delegate bool Comparator(int element1, int element2);
        public static void SortArray(int[] array, Comparator Compare)
        {
            for (int pass = 0; pass < array.Length - 1; pass++)
                for (int i = 0; i < array.Length - 1; i++)
                    if (Compare(array[i], array[i + 1]))
                        Swap(ref array[i], ref array[i + 1]);
        }
        private static void Swap(ref int firstElement, ref int secondElement)
        {
            int hold = firstElement;
            firstElement = secondElement;
            secondElement = hold;
        }
    }
    class Program
    {
        private static int[] elementArray = new int[10];
        private static bool SortAscending(int element1,int element2)
        {
            return element1 > element2;
        }
        private static bool SortDescending(int element1, int element2)
        {
            return element1 < element2;
        }
```

```
        private static void DisplayArray(int[ ] elementArray)
        {
            for (int i = 0; i < elementArray.Length - 1; i++)
                Console.Write("{0},", elementArray[i]);
            Console.WriteLine("{0}", elementArray[elementArray.Length - 1]);
        }
        static void Main(string[ ] args)
        {
            Random randomNumber = new Random();
            for (int i = 0; i < elementArray.Length; i++)
                elementArray[i] = randomNumber.Next(100);
            Console.WriteLine("程序产生的随机数组如下:");
            DisplayArray(elementArray);
            Console.Write("请选择排序方式(1:升序,2:降序)");
            int c = Convert.ToInt32(Console.ReadLine());
            if (c == 1)
            {
                 DelegateBubbleSort.SortArray(elementArray, new DelegateBubbleSort.
Comparator(SortAscending));
                DisplayArray(elementArray);
            }
            if (c == 2)
            {
                 DelegateBubbleSort.SortArray(elementArray, new DelegateBubbleSort.
Comparator(SortDescending));
                DisplayArray(elementArray);
            }
        }
    }
}
```

5. 下面程序运用了事件机制,仔细阅读写出运行结果。

```
using System;
using System.Collections.Generic;
using System.Linq;
using System.Text;
namespace EventExample
{
    public class StatusChangedEventArgs : EventArgs
```

```
{
    public readonly int status;
    public StatusChangedEventArgs(int i)
    {
        status = i;
    }
}
//发布事件的类,发布的事件时 statusChanged,其他类订阅该事件。
public class publisher
{
    //与事件关联的委托。
    public delegate void StatusChangedHandler(object sender,StatusChangedEventArgs e);
    //要发布的事件。
    public event StatusChangedHandler statusChanged;
    //定义方法以产生事件
    int status =0;
    public void Start()
    {
        for ( ; ; )
        {
            status++;
            if (status % 2 == 0)
            {
                //status 为偶数,延迟 2 秒。
                System.Threading.Thread.Sleep(2000);
            }
            else
            {
                //status 为奇数,延迟 1 秒。
                System.Threading.Thread.Sleep(1000);
            }
            if (statusChanged != null)
            {
                statusChanged(this, new StatusChangedEventArgs(status));
            }
        }
    }
}
```

```
    public class Subscriber1
    {
        public void OnStatusChanged(object sender,StatusChangedEventArgs e)
        {
            Console.WriteLine("当前状态是:{0}",e.status);
        }
    }
    public class Subscriber2
    {
        public void OnStatusChanged(object sender,StatusChangedEventArgs e)
        {
            Console.WriteLine("当前状态的前一状态是:{0}",e.status-1);
        }
    }
    class Program
    {
        static void Main(string[] args)
        {
            publisher p = new publisher();
            Subscriber1 s1 = new Subscriber1();
            Subscriber2 s2 = new Subscriber2();
            // 事件的影响者"订阅"事件
              p.statusChanged += new publisher.StatusChangedHandler(s1.OnStatus-
Changed);
              p.statusChanged += new publisher.StatusChangedHandler(s2.OnStatus-
Changed);
            p.Start();
        }
    }
}
```

第7章 图形用户界面

7.1 概 述

Windows 应用程序(如 Word、Excel、PowerPoint、记事本)通常都具有图形用户界面(GUI),用户通过图形用户界面与程序进行可视化的交互。GUI 可以使程序具有特别的"外观"和"感觉"。GUI 为不同的应用程序提供了统一而直观的用户界面组件,用户可以不必记住哪些键盘操作实现何种功能,而将精力放在高效地使用程序上。

PowerPoint 是一个典型的 Windows 应用程序,图 7-1 展示了 PowerPoint 的用户界面。该界面由一个窗体构成,窗体中又包含了一个菜单栏和一个工具栏,在窗体的客户区显示用户文本。在菜单栏中又包括了很多菜单项,如"文件"、"编辑"、"视图"、"插入"等。工具栏中又包括一组按钮,每个按钮在 PowerPoint 中都具有定义好的任务。在工具栏和菜单栏中还包括了一些组合框,实际上是文本框和下拉列表框的组合,用户既可以在下拉列表框中选择选项输入数据,也可以直接在文本框输入数据。

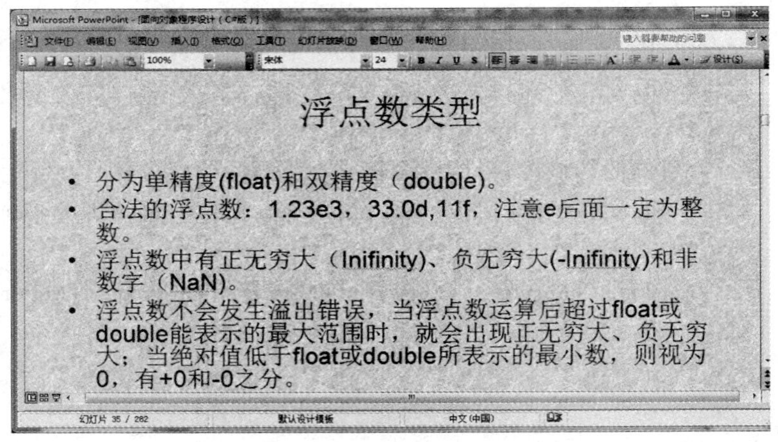

图 7-1 PowerPoint 程序的图形用户界面

通过 PowerPoint 应用程序的用户界面可以看出,图形用户界面由 GUI 组件构成。在 C# 中,组件是一种实现了 IComponent 接口的类,它定义了组件必须实现的行为。控件是带有图形化界面的组件,如按钮或标签,用户可以使用鼠标或键盘与之交互。控件是可视的,而组件是不可视的(因为它没有图形化的部分)。表 7-1 列出了常见的几种 GUI 控件。

基本的 GUI 控件 表 7-1

组 件	描 述
标签(Label)	用于显示图标或文本,不能编辑文本
文本框(TextBox)	可以向应用程序输入数据,也可用于显示文本
按钮(Button)	单击它会触发某个事件,完成某个任务

续上表

组　件	描　述
复选框(CheckBox)	具有选中和不选中两种状态供用户选择
组合框(ComBox)	由一个下拉列表框和文本框组成。既可以通过文本框向应用程序输入数据,也可以通过选择下拉列表框的选项向应用程序输入数据
列表框(ListBox)	具有多个选项的组件,可以选择一个或多个选项向应用程序输入数据
面板(Panel)	放置其他组件的容器

7.2 Windows 应用程序的基本结构和事件处理模型

7.2.1 Windows 应用程序的基本结构

NET 类库提供了图形用户界面所需要的绝大多数 GUI 组件类,如 Form 类、Button 类、TextBox 类和 Label 类,它们都位于 System. Windows. Forms 命名空间。Windows 应用程序直接使用这些类构建自己的图形用户界面。下面通过一个实际的例子说明 Windows 应用程序的基本结构。

【例 7-1】 Windows 应用程序的创建。

在 Visual Studio 2010 中,选【文件】菜单→【新建】命令,出现如图 7-2 所示的对话框。

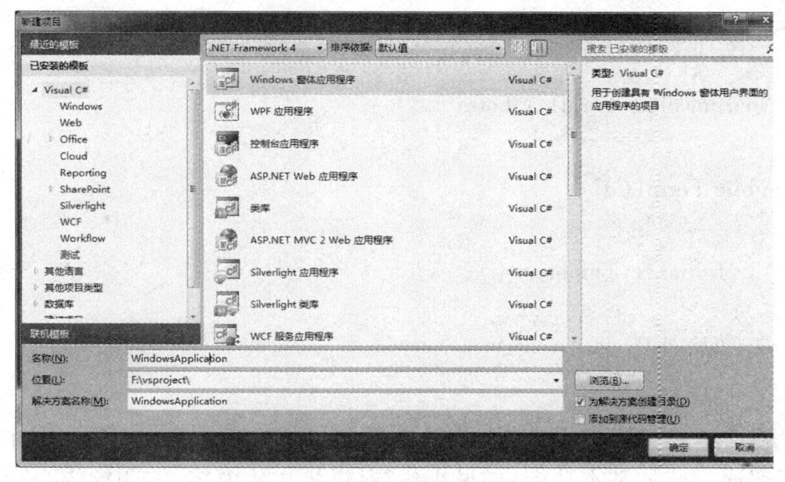

图 7-2 “新建项目”对话框

选择创建“Windows 窗体应用程序”,就创建了一个基本的 Windows 窗体应用程序。在 Visual Studio 2010 中,Windows 应用程序的设计界面如图 7-3 所示。

由图 7-3 可以看出,Windows 应用程序项目主要由两个文件构成:一个是 Form1. cs,另一个是 Porgram. cs。下面分别介绍这两个文件的作用。

1. Form1. cs

Form1. cs 的内容如下:

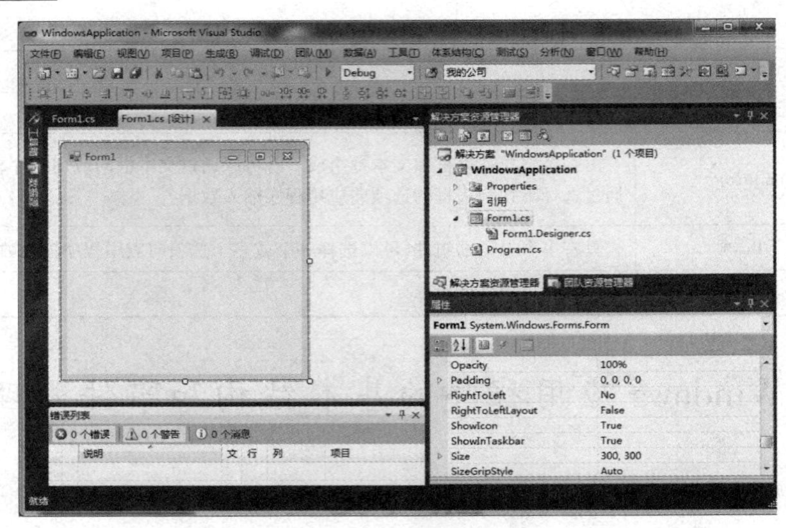

图 7-3　Windows 应用程序的设计界面

```
using System. Data;
using System. Drawing;
using System. Linq;
using System. Text;
using System. Windows. Forms;
namespace WindowsApplication
{
    public partial class Form1 : Form
    {
        public Form1()
        {
            InitializeComponent();
        }
    }
}
```

该文件定义了一个窗体类 Form1(可以更名),Form1 继承自.NET 类库中的基类 Form。Form 类提供了普通窗体的基本功能,如最小化窗体、最大化窗体、关闭窗体、移动窗体、改变窗体大小等。Form1 类描述了该 Windows 应用程序运行时的窗体对象,是 Windows 应用程序的核心。自动生成的 Form1 类非常简单,仅仅包含了一个构造函数。当然,我们可以在 Form1 类中增加新的功能,如添加数据成员和方法成员。

注意 Form1 类前面的修饰符 partial,这说明该类为部分类。部分类的含义是该类的代码不是集中在一个文件中,而是分布在多个文件中。编译时分布在多个文件的代码被整合成一个完整的类,运行时和一个普通类相同。本例中,Form1 类的其余部分定义在 Form1. Designer. cs 中,该文件内容如下:

```
namespace WindowsApplication
{
    partial class Form1
    {
        /// <summary>
        /// 必需的设计器变量。
        /// </summary>
        private System.ComponentModel.IContainer components = null;
        /// <summary>
        /// 清理所有正在使用的资源。
        /// </summary>
        /// <param name = "disposing">如果应释放托管资源,为 true;否则为 false。
</param>
        protected override void Dispose(bool disposing)
        {
            if (disposing && (components != null))
            {
                components.Dispose();
            }
            base.Dispose(disposing);
        }
       #region Windows 窗体设计器生成的代码
        /// <summary>
        /// 设计器支持所需的方法 - 不要
        /// 使用代码编辑器修改此方法的内容。
        /// </summary>
        private void InitializeComponent()
        {
            this.components = new System.ComponentModel.Container();
            this.AutoScaleMode = System.Windows.Forms.AutoScaleMode.Font;
            this.Text = "Form1";
        }
        #endregion
    }
}
```

Form1.Designer.cs 文件的内容通常由窗体设计器自动生成,不需要修改。Form1.Designer.cs 中最重要的内容是 InitializeComponent 方法,实际上就是 Form1 类的构造函数。为了便于设计 Windows 应用程序的图形用户界面,Visual Studio 2010 为我们提供了可视化的界面设计器。在图 7-3 中,我们可以看到 Form1 类的窗体设计器,它以直观的形式展现了 Form1 对象的显示界面。通过窗体设计器,我们可以方便地修改窗体的外观,如改变窗体的背景色、窗体标题栏中显示的文字等,只需要在属性窗口中修改对应的属性即可(窗体背景色属性为 BackColor,窗体标题栏文字的属性为 Text)。操作如图 7-4 所示。

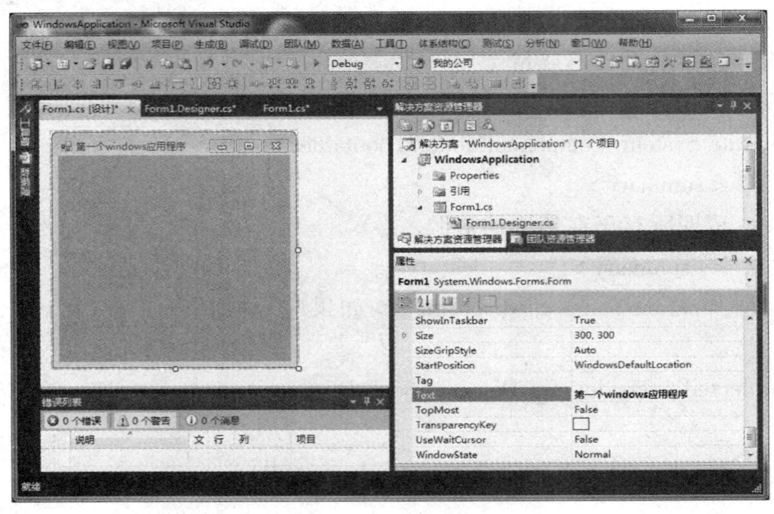

图 7-4　属性窗口的应用

另外,我们还可以使用工具箱在窗体中添加按钮、文本框、标签等控件。工具箱如图 7-5 所示。

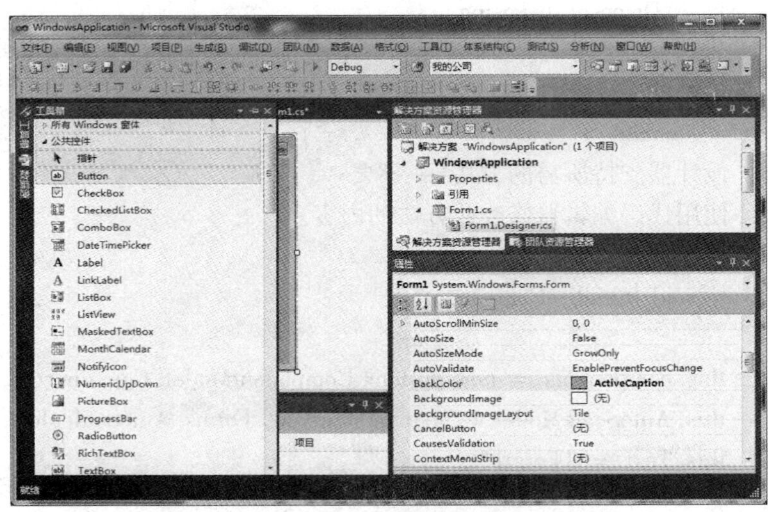

图 7-5　工具箱的应用

在本例中,我们在窗体中添加一个按钮(将工具箱中按钮拖到窗体设计器即可),并将显示的文字改为“弹出消息框”。窗体设计器如图 7-6 所示。

注意,窗体设计器代表了 Form1 类未来运行的界面。我们在窗体设计器中改变 Form1 对象的特性,Visual Studio 2010 将自动在 Form1 类生成相应的代码。针对上面的操作,Visual Studio 2010 在 Form1. Designer. cs 生成如下代码:

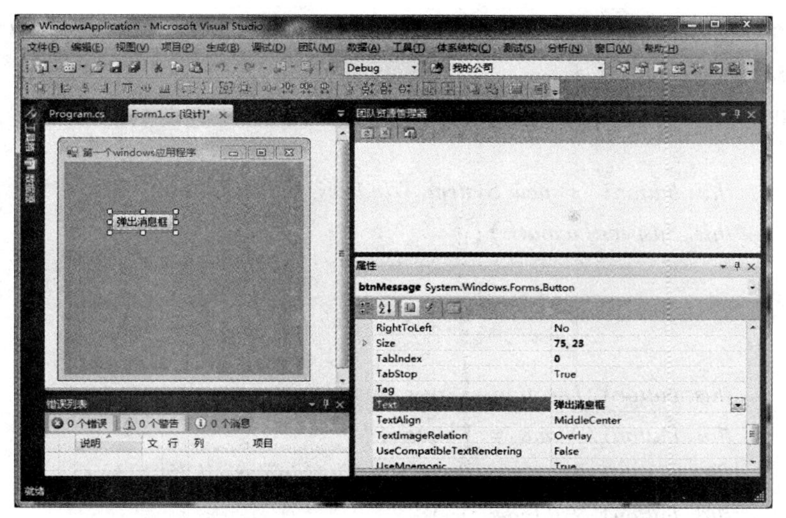

图 7-6 在窗体中添加按钮

```
namespace WindowsApplication
{
    partial class Form1
    {
        /// < summary >
        /// 必需的设计器变量。
        /// < /summary >
        private System. ComponentModel. IContainer components = null;
        /// < summary >
        /// 清理所有正在使用的资源。
        /// < /summary >
        /// < param name = " disposing" > 如果应释放托管资源,为 true;否则为 false。
< /param >
        protected override void Dispose( bool disposing)
        {
            if ( disposing && ( components ! = null) )
            {
                components. Dispose( ) ;
            }
            base. Dispose( disposing) ;
        }
        #region Windows 窗体设计器生成的代码
        /// < summary >
        /// 设计器支持所需的方法 - 不要
```

```
        /// 使用代码编辑器修改此方法的内容。
        /// </summary>
        private void InitializeComponent()
        {
            this.button1 = new System.Windows.Forms.Button();
            this.SuspendLayout();
            //
            // button1
            //
            this.button1.Location = new System.Drawing.Point(56, 63);
            this.button1.Name = "button1";
            this.button1.Size = new System.Drawing.Size(75, 23);
            this.button1.TabIndex = 0;
            this.button1.Text = "弹出对话框";
            this.button1.UseVisualStyleBackColor = true;
            //
            // Form1
            //
            this.AutoScaleDimensions = new System.Drawing.SizeF(6F, 12F);
            this.AutoScaleMode = System.Windows.Forms.AutoScaleMode.Font;
            this.BackColor = System.Drawing.SystemColors.ActiveCaption;
            this.ClientSize = new System.Drawing.Size(284, 262);
            this.Controls.Add(this.button1);
            this.Name = "Form1";
            this.Text = "第一个windows应用程序";
            this.ResumeLayout(false);
        }
        #endregion
        private System.Windows.Forms.Button button1;
    }
}
```

在Form1类中，Visual Studio 2010添加了数据成员button1，它是一个Button类对象，相当于在窗体对象中嵌入一个按钮对象。另外在构造函数InitializeComponent中，Visual Studio 2010添加了初始化代码。这些代码设置了窗体对象的基本属性，生成了窗体内部的按钮对象，设置了按钮对象的基本属性。

2. Program.cs

Program.cs文件提供了Windows应用程序的入口，其程序代码由VS2010自动生成，一般没有必要修改。在例7-1中自动生成的Progam.cs文件内容如下：

```
using System;
using System.Collections.Generic;
using System.Linq;
using System.Windows.Forms;
namespace WindowsApplication
{
    static class Program
    {
        /// <summary>
        /// 应用程序的主入口点。
        /// </summary>
        [STAThread]
        static void Main()
        {
            Application.EnableVisualStyles();
            Application.SetCompatibleTextRenderingDefault(false);
            Application.Run(new Form1());
        }
    }
}
```

通过上面的代码可以看出,Windows 应用程序的程序入口也是 Main 方法。Main 方法相当简单,共三条语句,其中前两句是为了让我们设计的窗体使用操作系统提供的样式,一般都没有必要修改。Main 方法的最后一句十分重要,它由 Form1 类构造了窗体对象,调用了 Application 类的静态方法 Run 启动应用程序消息循环,并让窗体对象显示出来。如果我们希望程序启动后显示的是另一个窗体,直接修改该语句即可。Application 类另一个常用的方法是 Exit 方法,用于停止消息循环并结束程序的运行,其基本用法如下:

```
Application.Exit();
```

7.2.2　Windows 应用程序的事件处理模型

Windows 应用程序是使用事件来驱动的。当程序的用户与 GUI 组件交互时,会产生事件。典型的交互包括移动鼠标、单击窗体或按钮、在文本框中输入内容、从菜单中选择菜单项和关闭窗口等。事件处理程序是对事件进行响应并执行特定任务的方法。例如,我们单击一个按钮改变窗体颜色,产生一个事件,并将这个消息传递给事件处理程序(包含修改窗体颜色的代码),事件处理程序就会执行,从而修改窗体颜色。

GUI 控件支持绝大多数的交互事件,如鼠标单击、鼠标双击、鼠标移动等,一般情况下我们不需要创建自己的事件。对每个事件,GUI 控件都定义了一个与之关联的委托,该委托定义事件处理程序的签名(参数列表)。我们在第 6 章介绍过,委托是引用方法的对象。事件委托属于 MulticastDelegate 类,包含了引用方法的列表,每个方法都必须具有相同的签名(相同的参数列表)。在事件处理模型中,委托可以充当产生事件的对象和处理这些事件的方法之间的媒介。使用委托的事件处理模型如图7-7所示。

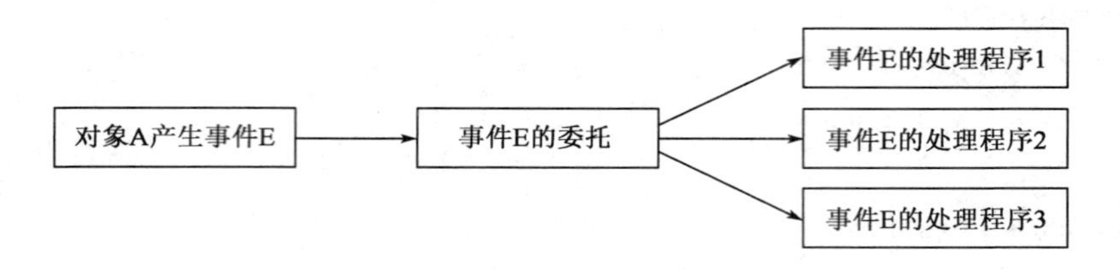

图7-7 使用委托的事件处理模型

.NET控件已经定义好了它们可以产生的所有事件的委托,因此我们可以方便地处理由.NET控件所产生的事件。我们可以创建事件处理程序并使用委托注册它。实际上,在Visual Studio 2010中我们可以不书写注册事件处理程序的代码,Visual Studio 2010可以帮助我们完成这个任务。在下面的例子中,我们对例7－1进行改进,希望单击“弹出消息框”按钮时弹出一个消息框。

【例7-2】 按钮事件的处理。

为了注册和定义按钮的事件处理程序,需要先在Visual Studio 2010中选择按钮,然后在【属性】窗口中单击【事件】图标(黄色闪电型条带,见图7-8)。我们可以在这个窗口中访问、修改并创建控件的事件处理程序。左侧的面板列出了对象可以产生的事件,右侧面板列出了相应的事件处理程序(这个列表最初是空的)。下拉按钮表示一个事件上可以注册多个处理程序。在窗口底部会出现事件的简要描述。

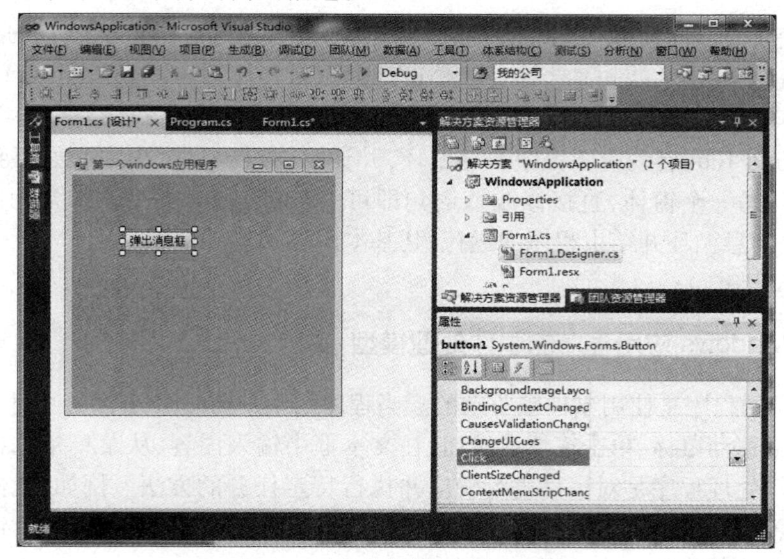

图7-8 按钮单击事件的处理程序

在本例中,双击【属性】窗口中的Click事件,Visual Studio 2010就会在Form1类中创建一个空的事件处理程序。在C#的Windows应用程序中,每个事件处理程序都放在窗体类中,是窗体类的一个私有方法,因此在事件处理程序中可以使用this关键字表示当前窗体对象。本例中Visual Studio 2010为“弹出消息框”按钮生成的Click事件处理程序的模板如下:

```
private void button1_Click(object sender, EventArgs e)
{

}
```

这就是在单击按钮时要调用的方法的代码。作为响应,我们要显示一个消息框,即在方法中插入如下语句:

```
private void button1_Click(object sender, EventArgs e)
{
MessageBox.Show("按钮被单击");
}
```

现在我们就可以编译并执行程序了。如图7-9所示。无论何时单击按钮,都会出现一个消息框。

图7-9　按钮单击事件的执行

我们现在讨论程序的细节。首先,创建了一个事件处理程序。每个事件处理程序必须具有相应的事件委托所指定的签名(参数列表)。事件处理程序要得到两个对象的引用。第一个是产生事件的对象(sender),第二个是事件参数对象(e)。参数e的类型为EventArgs。EventArgs类是包含事件信息类的基类。

为了创建事件处理程序,必须找到相应委托的签名。当双击【属性】窗口中的某个事件名时,Visual Studio 2010会使用正确的签名创建一个方法,命名规范为ControlName_EventName。在我们的例子中,事件处理程序的名称为button1_Click。如果不使用【属性】窗口,必须查询事件委托类。在MSDN帮助文档中查询Button类的Click事件委托,Click事件委托的定义如下:

public event EventHandler Click;//Button类中定义的委托变量

而EventHandler是.NET框架定义的事件处理器委托类型,位于System命名空间,其定义如下:

public delegate void EventHandler(Object sender, EventArgs e);

事件处理方法的格式通常如下:

```
void ControlName_EventName(object sender ,EventArgs e)
{
```

```
    事件处理代码
}
```

事件处理程序的名称默认为控件的名称,随后是一个下划线和事件的名称。事件处理程序返回类型为 void,并接受两个参数——产生事件的对象(sender)和描述事件参数的对象。

在创建了事件处理程序之后,我们必须使用委托对象对程序进行注册,该对象中包含了要调用的事件处理程序的列表。控件对每个需要响应的事件都定义了一个委托变量,名称和事件名称相同。例如,Button 控件响应 Click 事件建立的委托变量为 Click。通常使用如下的代码注册事件处理程序:

```
this.button1.Click += new System.EventHandler(this.button1_Click);
```

等号左侧是 button1 的委托对象。委托对象最初是空的,必须将一个委托对象指定给它。必须为每个事件处理程序都创建一个新的委托对象。使用以下代码可以创建新的委托对象,它返回一个以 methodName 初始化的委托对象。

```
new System.EventHandler(metodName)
```

methodName 是事件处理程序的名称。"+="操作符向当前委托的调用列表中添加一个 EventHandler 委托。因为委托引用最初是空的,所以第一个事件处理程序创建了一个委托对象。一般情况下,我们可以使用下列代码注册事件处理程序:

```
objectName.EventName += new System.EventHandler(methodName);
```

我们可以使用类似的语句添加其他事件处理程序。事件广播能在一个事件上使用多个处理程序。当发生事件时,每个事件处理程序都要调用一次,但调用事件处理程序的顺序是不确定的。使用"-="运算符可以从委托对象中删除事件处理程序。

幸运的是,Visual Studio 2010 可以生成注册事件处理程序的代码。当双击【属性】窗口中的某个事件名时,Visual Studio 2010 使用正确的签名创建事件处理方法的模板,同时在 Form1.Designer.cs 文件中生成注册该事件处理方法的代码。在例 7-2 中,读者可以在该文件的 InitializeComponent 方法中找到如下的代码:

```
this.button1.Click += new System.EventHandler(this.button1_Click);
```

7.3 控件常用属性和事件

Visual Studio 2010 提供了非常多的控件,给界面设计带来了很大方便。这些控件具有相似的基本属性和方法,都支持常见的鼠标事件和键盘事件。本节简要介绍各个控件共有的常用属性和事件。

7.3.1 控件常用属性

图形用户界面所需要的窗体和控件都是从 Control 类(位于 System.Windows.Forms 命名空间)派生出来的。表 7-2 列出了 Control 类的常用属性和方法。Text 属性指定了在控件上显示的文本,这些文本可以根据上下文而变化。例如,Windows 窗体上的文本是标题栏的文字,按钮的文本显示在它的表面上。Focus 方法可以将某个控件设置为焦点。当焦点位于一个控件上时,该控件就会变成活动控件。TabIndex 属性用于设置控件获得焦点的顺序编号,它是一个整数值。当用户按下 Tab 键时,应用程序将按 TabIndex 编号顺序转移操作焦点。这有助于用户在多个位置中输入信息。用户输入信息后,然后按下 Tab 键迅速选择下一个控件。TabIndex 属性可以由 Visual Studio. NET 自动设置,也可以由程序员修改。Enabled 属性表示是否可以使用控件。当某个选项对用户不可用时,程序可以将 Enabled 属性设置为 false。在大多数情况下,当控件无效时,控件的文本都会呈现灰色。可以通过将 Visible 属性设置为 false 或者调用 Hide 方法将控件隐藏起来,而不必禁用控件。当一个控件的 Visible 属性设置为 false 时,控件仍然存在,但不会显示在窗体上。

Control 类的常用属性和方法 表 7-2

常用属性	描述
Name	指定控件的名称,它是控件在当前应用程序的唯一标识
BackColor	控件的背景颜色
BackgroundImage	控件的背景图像
Enabled	表示控件是否可用(用户是否可以与之交互)
Focused	表示控件是否有焦点(当前正在使用的控件)
Font	表示显示控件文本所使用的字体
ForeColor	控件的前景颜色,这个颜色通常用于显示控件的文本
TabIndex	控件的 Tab 顺序。当按下 Tab 键时,焦点要转移到 Tab 顺序的下一个控件上。这个顺序可以由程序员设置
TabStop	如果该属性为 true,用户可以使用 Tab 键选择控件
Text	与控件关联的文本。文本的位置和外观根据控件的类型会有所不同
TextAlign	控件上文本的对齐方式。控件一般使用三种水平位置对齐方式(左、中或右)和垂直对齐方式(上、中或下)中的一种
Visible	表示控件是否可见
常用方法	**描述**
Focus	将控件设置为焦点
Hide	隐藏控件(将 Visible 属性设置为 false)
Show	显示控件(将 Visible 属性设置为 true)

控件的 Name 属性非常重要,通过该名称可以引用控件。由于每个控件都是窗体类中的数据成员,因此 Name 属性实际上就是窗体类中该控件的变量名。Name 属性一般自动生成,但如果为了使控件的变量名更加具有意义,可以修改它。

对窗体而言,由于 Windows 应用程序中没有窗体对象的变量名,因此其 Name 属性并不表示窗体对象的变量名,而是表示窗体的类名。同样可以修改 Name 属性从而修改窗体的类名,但这样做会造成类名和文件名不一致。为了类名和文件名相一致,通常情况下对窗体类所属文件进行重命名,这样 Visual Studio 2010 将自动更改类名,同时在所有引用该类的地方更改类名。操作如图 7-10 所示,在【解决方案资源器】中右击需更名的文件,在出现的快捷菜单中选【重命名】命令。

在 Visual Studio 2010 中,我们可以锚定或停靠控件,这样会有助于安排容器(如窗体)中控件的布局。锚定使控件可以停留在容器中靠近一侧的固定位置上，即使控件的大小发生了变化，控件与容器一侧的距离也不会发生改变。停靠使控件可以沿着容器的边沿扩展。在大多数情况中，父容器是一个窗体，而其他控件也可以作为父容器使用。

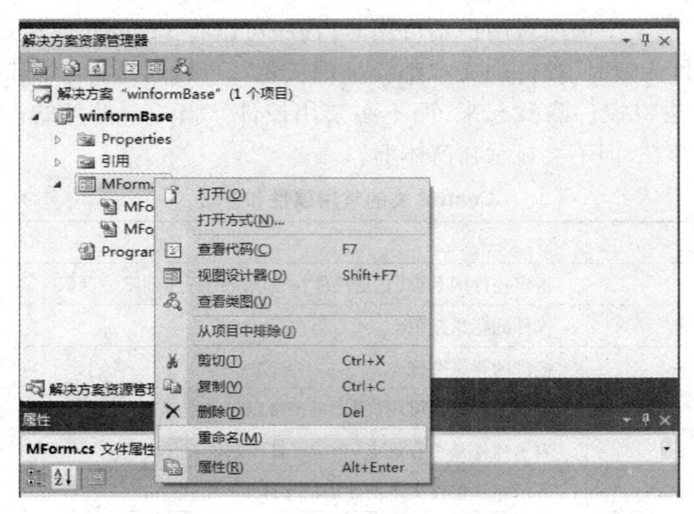

图 7-10　更改文件名和类名

当父容器的大小发生变化时，锚定的控件会与它们锚定的各个边保持相同的距离，而未锚定的控件漂浮在父容器中，则会移动到父容器中相对中间的位置。例如，在图 7-11 中锚定的按钮固定在父窗体的左上部。当调整窗体大小时，锚固的按钮保持与窗体顶端和左侧固定的距离，未锚定的按钮就会在调整窗体大小时改变位置。

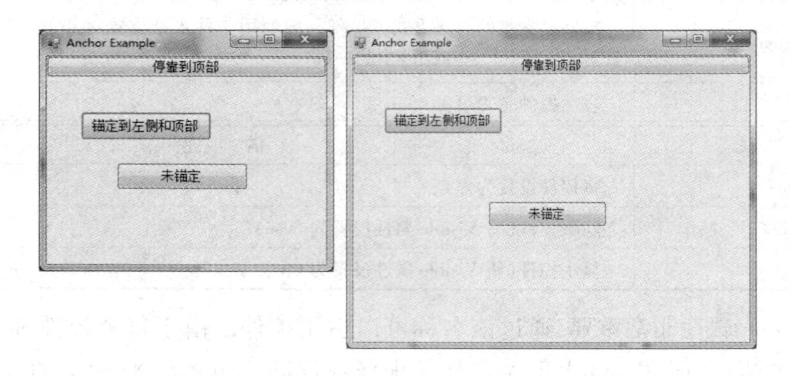

图 7-11　控件在容器中锚定

有时我们需要让控件扩展到与窗体的整个边长相等，并且在调整窗体的时候也保持这种状态。“停靠”可以使一个控件将自身扩展到与其父容器的整个边（上、下、左或右）有相等的长度。当父窗体的大小发生变化时，停靠的控件也会调整大小。在图 7-11 中，最上面的按钮停靠在窗体的顶部。当调整窗体大小时，按钮的大小也发生变化，还是占据窗体的整个顶部。

Windows 窗体还包括了 DockPadding 属性，用于设置停靠的控件和窗体边缘之间的距离。该属性默认值为 0，表示控件可以紧附在窗体的边缘上。表 7-3 对控件的布局属性进行了总结。

Control 类的布局属性　　表 7-3

常用属性	描述
Anchor	控件锚定的父容器的边。该属性可以是组合值,如 Top, Left
Dock	控件停靠的父容器的边。该值不可以是组合值
DockPadding(用于容器)	设置容器内控件的停靠空间,默认为 0
Location	控件相对于其容器左上角的位置,为 Point 结构类型
Size	以 Size 结构表示的控件尺寸。Size 结构具有 Height 和 Width 属性
MinimumSize、MaximumSize（仅用于窗体）	窗体的最小和最大尺寸。两个属性均使用 Size 结构表示窗体的尺寸。如果这两个属性相同,则窗体被设计为固定尺寸

7.3.2 控件常用鼠标和键盘事件

Windows 应用程序的设计是基于事件驱动的。事件是由系统事先设定的、能被控件识别和响应的动作,如单击鼠标、按下某个键等。事件驱动指程序不是完全按照代码文件中代码的排列顺序从上到下依次执行,而是根据用户操作触发相应的事件执行对应的代码。

一个控件可以响应多个事件。设计 Windows 应用程序的很多工作就是为各个控件编写需要的事件代码,但一般来说只需要对必要的事件编写代码。在程序运行时由控件识别这些事件,然后去执行对应的代码。没有编写代码的事件是不会响应任何操作的。

在 Visual Studio 2010 开发平台中,每一个控件都有对应的若干事件,不同的控件所具有的事件也不尽相同。鼠标事件和键盘事件是绝大多数控件都有的两大类事件。常用的鼠标事件有鼠标单击、双击、进入控件区域、悬停于控件区域、离开控件区域等。常用的键盘事件有某个按键的按下、释放等。表 7-4 列出了大多数控件常用的鼠标和键盘事件。

常用的鼠标和键盘事件　　表 7-4

事件类型	事件名称	事件触发条件
常用鼠标事件	Click	单击鼠标左键时触发
	MouseDoubleClick	双击鼠标左键时触发
	MouseEnter	鼠标进入控件可见区域时触发
	MouseMove	鼠标在控件区域内移动时触发
	MouseLeave	鼠标离开控件可见区域时触发
	MouseDown	鼠标键按下时触发
	MouseUp	鼠标键抬起时触发
常用键盘事件	KeyDown	按下键盘上某个键时触发
	KeyPress	在 keyDown 之后 KeyUp 之间触发。非字符键不会触发该事件
	KeyUp	释放键盘上某个键时触发

需要注意的是,很多事件从名称上很难区分不同的含义,如键盘的 KeyDown 和 KeyPress 事件,鼠标的 Click 和 MouseDown 事件。实际上这些事件因为系统提供的事件参数不同,分别对应了不同的应用环境,我们将在后面几节中逐步介绍这些事件的用法。

另外,在 Windows 应用程序中,如果希望键盘消息在到达窗体上的任何控件之前先被窗体接收,需要将窗体的 KeyPreview 属性设置为 true。

7.4 标签、文本框和按钮

标签控件用于显示用户不能编辑的文本或图像。它们用于标识窗体上的对象,如描述单击某控件时应用程序所进行的操作或显示应用程序的输出结果。可以使用标签给文本框、列表框和组合框等添加描述性标题。也可以编写代码,使标签显示的文本为了响应运行时事件而作出更改,如应用程序需要几分钟时间处理更改,则可以在标签中显示处理状态的消息。标签中显示的标题包含在 Text 属性中。TextAlign 属性可以设置文本在标签内的对齐方式。

文本框(TextBox)控件用于获取用户输入的文本或显示文本,是从 Control 类派生来的。TextBox 控件通常用于可编辑文本,不过也可使其成为只读控件。文本框控件显示的文本包含在 Text 属性中,可以在运行时通过读取 Text 属性检索文本框的当前内容。默认情况下,最多可在一个文本框中输入 2048 个字符。如果将 Multiline 属性设置为 true,则最多可输入 32 KB 的文本。表 7-5 列出了文本框的常用属性和事件。

TextBox 类的常用属性和事件 表 7-5

常用属性	描述
AcceptsReturn	如果该属性为 true 且文本框支持跨越多行,那么按下回车键就会创建一个新行。如果属性为 false,按下回车则相当于单击窗体的默认按钮
Multiline	如果该属性为 ture,文本框支持跨越多行。默认值为 false
PasswordChar	代替输入文本显示的单个字符,让文本框成为一个密码框。如果没有指定字符,文本就会显示输入的文本
ReadOnly	如果该属性为 true,文本框就会具有一个灰色的背景,并且不能编辑其中的文本。默认值为 false
ScrollBars	对于多行文本框,该属性表示会出现滚动条(none、horizontal、vertical 或 both)
Text	在文本框显示的文本,类型为 string
常用事件	**描述**
TextChanged	当文本框中文本发生变化时(用户添加或删除字符)引发该事件。当用户双击设计器中这个控件创建事件处理程序,该事件为默认事件

按钮(Button)控件允许用户通过单击执行某种操作。当按钮被单击时,它看起来像是被按下,然后被释放。每当用户单击按钮时,即调用 Click 事件处理程序。可将代码放入 Click 事件处理程序执行相应操作。按钮上显示的文本包含在 Text 属性中。如果文本超出按钮宽度,则换到下一行。但是,如果控件无法容纳文本的总体高度,则将剪裁文本。Text 属性可以包含访问键,允许用户通过同时按 Alt 键和访问键“单击”控件。要设置访问键,在按钮的 Text

属性中输入“& 字母”（字母代表访问键）。按钮控件文本的外观受 Font 属性和 TextAlign 属性控制。

下面通过一个例子说明标签、文本框和按钮控件的用法。

【例 7-3】 标签、文本框和按钮控件的用法。

（1）新建一个名为 TextBoxExample 的 Windows 应用程序项目，在【解决方案资源管理器】中将 Form1. cs 重命名为 MainForm. cs，系统会自动弹出对话框确认是否重命名所有的引用项，选择【是】，则窗体的【Name】属性自动更改为“MainForm”。

（2）设计如图 7-12 所示的窗体界面。

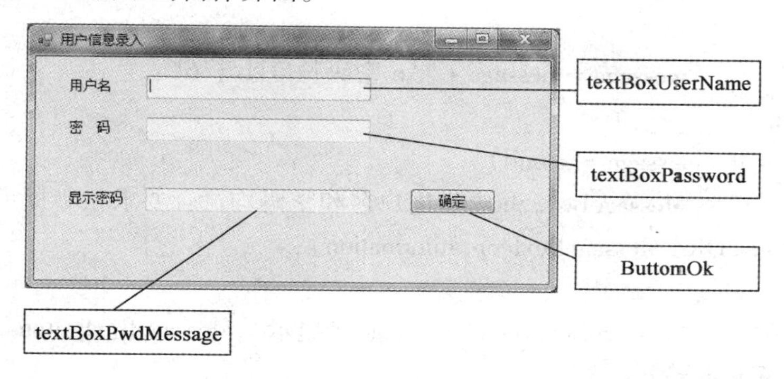

图 7-12 例 7-3 的设计界面

（3）将文本框 textBoxUserName 的【MaxLength】属性设置为 10，文本框 textBoxPassword 的【PasswordChar】属性设置为“ * ”，文本框 textBoxPwdMessag 的【readOnly】属性设置为 true。

程序代码如下：

```
using System;
using System. Text;
using System. Windows. Forms;
namespace   TextBoxExample
{
    public partial class MainForm : Form
    {
        public MainForm( )
        {
            InitializeComponent( ) ;
        }
        private void textBoxPassword_TextChanged( object sender, EventArgs e)
        {
            textBoxPwdMessage. Text  =  textBoxPassword. Text;
        }
        private void buttonOK_Click( object sender, EventArgs e)
        {
```

```
                    string message = null;
                    bool isValid = ValidatingText(textBoxUserName);
                    if (! isValid)
                        message = message + "用户名包含了非汉字、字母和数字的字符";
                    isValid = ValidatingText(textBoxPassword);
                    if (! isValid)
                        message = message + "\n 密码中包含了非汉字、字母和数字的字符";
                    if (textBoxPassword. Text. Length < 6)
                    {
                        message = message + "\n 密码长度小于 6";
                    }
                    if (message = = null)
                        MessageBox. Show("用户名和密码均符合要求", "提示"
,MessageBoxButtons. OK, MessageBoxIcon. Information);
                    else
                        MessageBox. Show(message,"提示",MessageBoxButtons. OK,
MessageBoxIcon. Warning);
                }
                private bool ValidatingText(TextBox textbox)
                {
                    string s = textbox. Text;
                    bool isValid = true;
                    for (int i = 0; i < s. Length; i + +)
                    {
                        if (char. IsLetterOrDigit(s[i]) = = false)
                        {
                            isValid = false;
                            break;
                        }
                    }
                    return isValid;
                }
            }
        }
```

上面程序运行时,用户输入用户名和密码后,单击【确定】按钮,程序就会检查用户名和密码是否符合要求(用户名和密码只能由汉字、字母和数字的字符组成,密码长度不低于6)。如果不符合要求则弹出对话框显示错误信息。

7.5 容器类控件和常用组件

容器类控件用于对控件进行逻辑分组,组件一般用于辅助控件完成指定的功能。本节只介绍常用的容器类控件和组件。

7.5.1 容器类控件

容器类控件用来容纳别的控件,其作用是对其他控件进行分组(将逻辑上相关的控件放置在一个容器之中)。Windows 窗体就是典型的一种容器控件。除此之外,Panel 控件和 GroupBox 控件应用也较为广泛,它们都可以用来容纳别的控件。它们的不同之处在于:Panel 控件不能显示标题但可以有滚动条,而 GroupBox 可显示标题但不能显示滚动条。这两个控件的用法比较简单,不再作过多介绍。

7.5.2 工具提示组件(ToolTip)

ToolTip 组件用于在用户指向控件时显示相应的提示信息。工具提示会弹出一个长方形的小窗口,该窗口在用户将鼠标指针悬停在一个控件上时显示有关该控件用途的简单说明,该控件可以和任何控件相关联。例如,为节省窗体上的空间,可以在按钮上显示一个小图标并用工具提示组件解释该按钮的功能。

如果将一个 ToolTip 组件置于窗体上,则该组件可以同时为多个控件所用。例如,为一个 TextBox 控件显示"在此键入你的姓名",为一个 Button 控件显示"单击此处保存更改"等。表 7-6 列出了 ToolTip 组件的常用属性和方法。

ToolTip 组件的常用属性和方法 表 7-6

常用属性或方法	描　述
InitialDelay 属性	确定用户必须指向关联控件多长时间工具提示字符串才会出现
ReshowDelay 属性	当鼠标从与工具提示关联的一个控件移到另一个控件时,该属性用于设置后面出现的工具提示字符串所需的毫秒数
AutoPopDelay 属性	确定工具提示字符串显示多长时间
Active 属性	该属性为 true 时才显示工具提示,为 false 不显示工具提示
IsBalloon 属性	是否用气球形状显示工具提示字符串。默认为 false
SetToolTip 方法	设置为控件显示的工具提示信息

如果向设计窗体拖放一个 ToolTip 组件(假定命名为 ToolTip1),则该窗体上的其他控件就会自动在属性窗口中添加一个"ToolTip1 上的 ToolTip"属性,可以通过该属性设置各个控件的操作提示信息。除了在属性窗口中设置提示信息外,也可以在代码中利用 ToolTip 组件的 SetToolTip 方法直接设置其他控件的操作提示信息。SetToolTip 方法的原型为:

```
public void SetToolTip(Control control, string caption);
```

7.5.3 定时组件(Timer)

Timer 组件相当于一个定时器,每经过一个时间间隔就触发指定的事件。该组件常用的属性是“Enabled”属性和“Interval”属性。

“Enabled”属性表示是否启用计时,这是一个 bool 类型的属性,false 表示停止计时,true 表示开始计时。设置该属性的作用与该组件的 Start 方法(启动计时)和 Stop 方法(停止计时)相同。

“Interval”属性表示触发 Tick 事件的间隔时间,以 ms 为计时单位,默认为 100ms。

该组件最常用的事件是 Tick 事件,每隔“Interval”属性指定的时间间隔都会触发该事件。程序员常常在该事件中安排需要定期执行的任务。

【例 7-4】 利用 Timer 组件和 Label 控件,在窗体上部显示类似电影字幕不停向上滚动的文本,并在窗体下部显示一个简单的时钟信息。

(1)新建一个名为 TimerExample 的 Windows 应用程序项目。向窗体拖放一个 Panel 控件,并给 Panel 控件添加一个背景图。

(2)在 Panel 控件内放一个 Label 控件,用来显示滚动的字幕。再在 Panel 控件的下方放一个 Label 控件,用来显示时间。两个 Label 控件的“AutoSize”属性均为 false,TextAlign 属性设置为“MiddleCenter”。应用程序界面设计效果如图 7-13 所示。

(3)向窗体拖放两个 Timer 控件。其中第一个 Timer 控件(timer1)用于控制文字滚动速度,第二个 Timer 控件(timer2)用于控制时钟的显示。将 timer1 控件的 Interval 设置为 30ms,将 timer2 控件的时间间隔设置为 500ms。

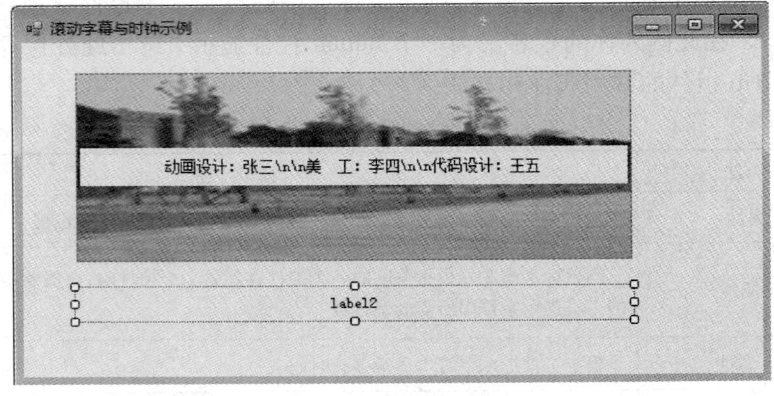

图 7-13　例 7-4 的设计界面

(4)在窗体构造函数中初始化 Label 控件和 Timer 控件的参数,然后分别添加 timer1 和 timer2 的 Tick 事件处理程序。程序代码如下:

```
using System;
using System.Collections.Generic;
using System.Text;
using System.Windows.Forms;
namespace TimerExample
{
```

```
    public partial class Form1 : Form
    {
        public Form1()
        {
            InitializeComponent();
            label1.Text = "动画设计:张三\n\n美  工:李四\n\n代码设计:王五";
            label1.Height = 100;
            label1.BackColor = Color.Transparent;
            label1.ForeColor = Color.Red;
            timer1.Interval = 30;
            timer1.Enabled = true;
            timer2.Interval = 500;
            timer2.Enabled = true;
        }
        private void timer1_Tick(object sender, EventArgs e)
        {
            label1.Location = new Point(0, label1.Location.Y - 1);
            if (label1.Top <= -label1.Height)
            {
                label1.Top = panel1.ClientRectangle.Height + 5;
            }
        }
        private void label1_MouseEnter(object sender, EventArgs e)
        {
            timer1.Stop();
        }
        private void label1_MouseLeave(object sender, EventArgs e)
        {
            timer1.Start();
        }
        private void timer2_Tick(object sender, EventArgs e)
        {
            label2.Text = DateTime.Now.ToString("HH:mm:ss");
        }
    }
}
```

程序运行结果如图7-14所示。

图 7-14　例 7-4 的运行结果

7.6　选择操作类控件

选择操作类控件用于向用户提供多种选择功能，如显示一个列表供用户选择，或者显示一些选项（单选或者复选）供用户选择。

7.6.1　列表控件（ListBox、ComboBox）

列表框控件（ListBox）用于显示一组条目，以便操作者从中选择一条或者多条信息，并对其进行相应的处理。组合框控件（ComboBox）相当于一个文本框和下拉列表框的组合，既可以通过列表框选择条目，也可以通过文本框输入信息。

两个控件的用法基本一样，表 7-7 列出了列表框控件和组合框控件的常用属性、方法和事件。

列表框和组合框控件的常用属性、方法和事件　　表 7-7

属性、方法或事件	描　　述
Items 属性	获取或设置控件中所有列表项的集合
SelectedIndex 属性	获取或设置当前选定的条目在列表中索引
SelectedItem 属性	获取当前选择中的第一项，类型为 object。如果没有选择，则返回 null
SelectedItems 属性	获取当前选择的所有项的集合
Sorted 属性	获取或设置各项是否按字母的顺序排序显示
Items. Count 属性	返回列表项集合中的列表项数量
Items. Add 方法	向控件的列表项集合添加列表项
Items. AddRange 方法	向控件的列表项集合添加一组列表项
Items. Clear 方法	从控件的列表项集合中移除所有列表项
Items. Remove 方法	从控件的列表项集合中移除指定的列表项
Items. Contains 方法	确定指定的列表项是否位于列表项集合内
ClearSelected 方法	取消已选择的控件列表项
SelectedIndexChanged 事件	当 SelectedIndex 属性值更改时触发该事件

SelectedIndex 属性用于获取或设置列表框或组合框控件中选中项的索引，如果未选择任何列表项则 SelectedIndex 值为 -1。如果选择列表中第一项，则 SelectedIndex 值为 0；如果选择列表中第二项，则 SelectedIndex 值为 1；依此类推。SelectedItem 属性和 SelectedIndex 类似，但它返回列表项本身。

列表框或组合框控件的 Items 属性通常用于获取控件中所有列表项的集合。该集合中的元素通常是字符串对象，但也可以是自定义的任意类型的对象。对于自定义的对象，在其所属的类中需要重载 ToString 方法，以便列表框和组合框控件显示该列表项时显示适当的文字。

1. 列表框（ListBox）

除了表 7-6 列出的两个控件共有的属性以外，ListBox 还有以下 3 个常用属性：

MultiColumn 属性：获取或设置一个值（true 或 false），决定是否以多列的形式显示各项。

HorizontalScrollBar 属性：获取或设置一个值（true 或 false），指示是否在控件中显示水平滚动条。

SelectionMode 属性：说明选择列表项的选择模式，有以下 4 种取值：

（1）None：不能选择任何条目。

（2）One：每次只能选择一个条目。

（3）MultiSimple：每次可以选择一个条目或多个条目。单击对应条目即被选中，再次单击取消选中。

（4）MultiExtended：每次可以选择一个条目或者多个条目。仅用鼠标单击一个条目时，每次选中一个条目；使用组合键（如“Ctrl”或“Shift”）配合时，可以选择多个条目。

2. 组合框（ComboBox）

组合框控件的用法和列表框相似。该控件包含了两个部分：顶部的文本框和下方的列表框。文本框允许用户输入文本，也可以用来显示当前选中的条目。顶部下方的列表框显示列表，用户可从中选择一项。

默认情况下顶部下方的列表框是隐藏的，用户单击顶部的文本框旁边带有向下箭头的按钮时弹出列表框，然后使用键盘或者鼠标在列表框中选择条目。

组合框的优点是它可以节约窗体上的空间。由于用户单击顶部右侧的下箭头以前不显示完整列表，所以组合框可以方便地放入列表框放不下的窄小空间。

除了表 7-6 列出的和列表框相同的属性以外，组合框控件还有以下 3 个常用属性：

Text 属性：获取或设置当前选定项的文本。当用户在文本框中输入文本时，该属性表示输入的字符串，功能和文本框的 Text 属性类似。

DropDownStyle 属性：表示组合框的显示样式，可以有 3 种样式：

（1）Simple：同时显示文本框和列表框，文本框可以被编辑。

（2）DropDown：只显示文本框，隐藏列表框，且文本框可以被编辑。

（3）DropDownList：只显示文本框，隐藏列表框，但文本框不可以被编辑。

MaxDripDownItems 属性：设置打开列表框时所显示的最大条目数，其他多出的部分可以通过滚动条显示查看。

下面通过例子说明 ListBox 控件和 ComboBox 控件的用法。例子中演示了如何在代码中向 ListBox 和 ComboBox 控件添加新项,以及如何删除选中的项。

【例 7-5】 设计一个简单的课程选修界面,从组合框的可选项中选择课程添加到选修的课程列表框内。如果可选项中没有提供所选课程,允许用户直接键入新课程,并自动将键入的新课程添加到组合框的可选项中。

(1)新建一个名为 ListBoxComboBoxExample 的 Windows 应用程序项目,窗体设计界面如图 7-15 所示。

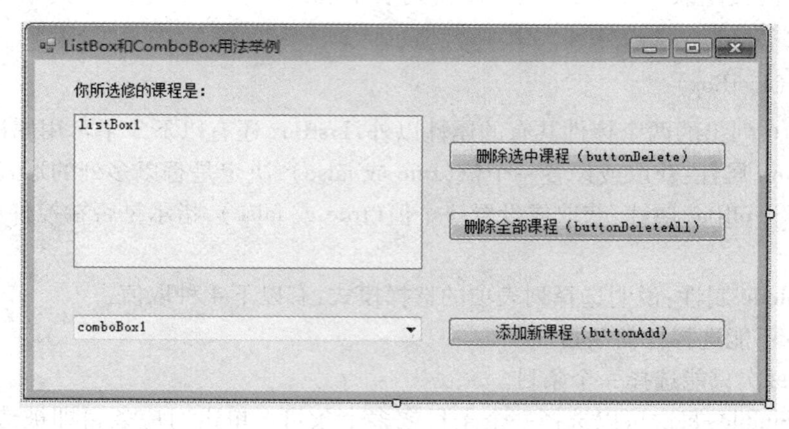

图 7-15　例 7-5 的设计界面

(2)将组合框控件的 SelectionMode 属性设置为 SelecttionMode. MulitiExtended(允许多选)。在【属性】窗口中,单击组合框控件的【Items】属性栏的“...”按钮,弹出“字符串集合编辑器”对话框(如图 7-16),输入组合框初始的列表项集合。

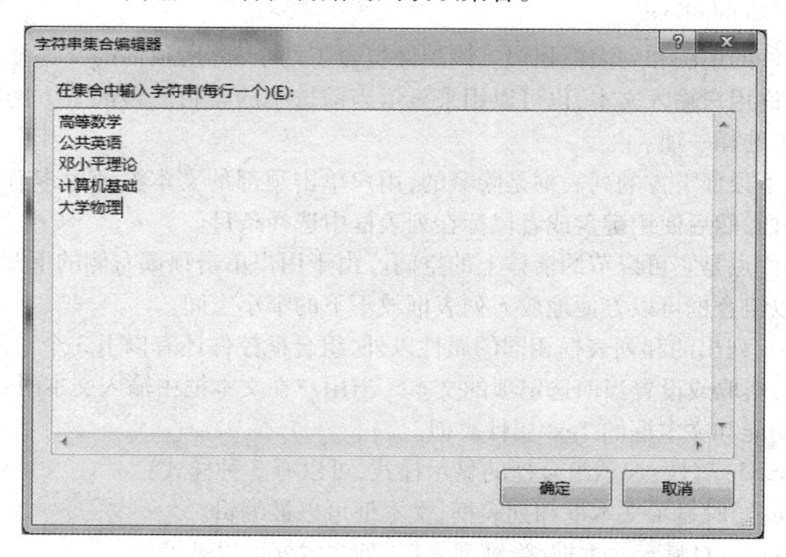

图 7-16　【字符串集合编辑器】对话框

(3)分别给【删除选中课程】按钮、【删除全部课程】按钮、【添加新课程】按钮添加 Click 事件处理程序。完整程序代码如下:

```
using System;
using System.Text;
namespace ListBoxComboBoxExample
{
    public partial class Form1 : Form
    {
        public Form1()
        {
            InitializeComponent();
        }
        private void buttonDelete_Click(object sender, EventArgs e)
        {
            //删除选定的所有课程项
            for (int i = listBox1.SelectedItems.Count - 1; i >= 0; i--)
            {
                listBox1.Items.Remove(listBox1.SelectedItems[i]);
            }
        }
        private void buttonDeleteAll_Click(object sender, EventArgs e)
        {
            //清空课程列表
            listBox1.Items.Clear();
        }
        private void buttonAdd_Click(object sender, EventArgs e)
        {
            //向课程列表中添加新课程
            string s = comboBox1.Text;
            if (s.Length == 0)
            {
                MessageBox.Show("请输入或选择所要添加的课程!");
                return;
            }
            else
            if (!comboBox1.Items.Contains(s))
            {
                //如果是新课程,则自动将其添加到下拉列表中
                comboBox1.Items.Add(s);
            }
```

```
                    //检查当前所要添加的新课程是否已存在于课程列表中
                    //若存在给出提示信息;否则添加新项
                    if (listBox1.Items.Contains(s))
                    {
                        MessageBox.Show("课程<" + s + ">在列表中已存在!");
                    }
                    else
                    {
                        listBox1.Items.Add(s);
                    }
                }
            }
        }
```

程序运行效果如图 7-17 所示。

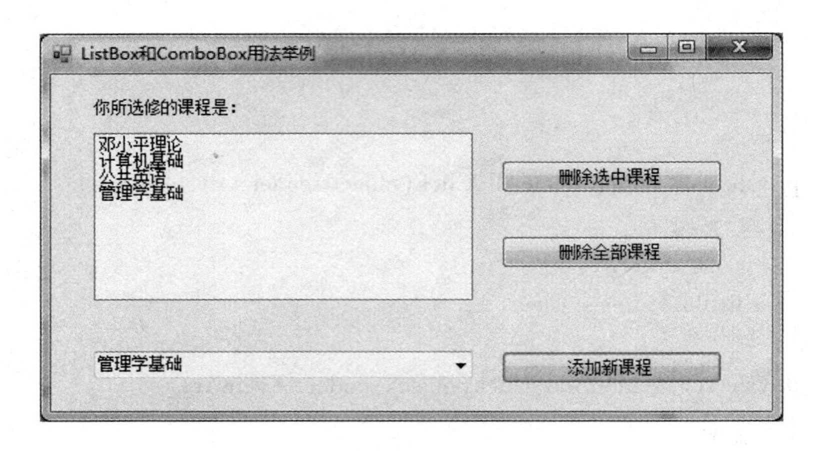

图 7-17　例 7-5 的运行效果

7.6.2　复选框和单选钮

C#中使用了两种状态按钮,即复选框(CheckBox)和单选钮(RadioButton),这些按钮可以处于开/关或真/假状态。CheckBox 类和 RadioButton 类都是从 ButtonBase 类派生而来的。单选钮不同于复选框,因为通常会有多个单选钮组合到一起,且在任何时候按钮组中只能有一个单选钮被选中。

1. 复选框

复选框是一种小白方框,可以是空白,也可以包含一个勾选标记。当选中复选框时,框中就会出现一个黑色的勾选标记。对于复选框的使用没有任何限制,可以同时选择任意数量的复选框。出现在复选框旁边的文本称为复选框的标签。表 7-8 列出了复选框控件常用的属性和事件。

复选框的常用属性和事件 表 7-8

属性或事件	描　述
Checked 属性	该属性表示复选框是否已经被选中
ThreeState 属性	该属性为 true 或 false,指示复选框支持两种状态还是三种状态
CheckState 属性	该属性表示复选框所处状态,一般为 Checked、Unchecked 和 Indeterminate 三种状态之一
Text 属性	显示在复选框右侧的文本
CheckedChanged 事件	每次选中或取消选中复选框的时候引发该事件。当用户双击窗体设计器中的这个控件创建事件处理程序时,该事件为默认事件
CheckStateChanged	当 CheckState 属性发生变化时引发该事件

下面通过一个例子说明复选框的用法。

【例 7-6】设计一个简单的显示不同字形文本的程序,通过选择复选框修改标签上的字形。一个复选框表示以"粗体"显示标签中文本,另一个表示以"斜体"显示标签中的文本。如果两个复选框都被选中,那么标签文本的字形就为"粗斜体"。

(1)新建一个名为 CheckBoxExample 的 Windows 应用程序项目,窗体设计界面如图 7-18。

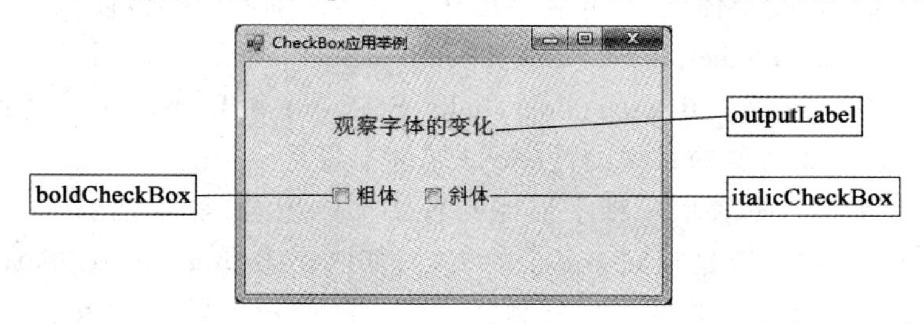

图 7-18　例 7-6 的设计界面

(2)将两个复选框控件的 ThreeState 属性均设置为 false,添加 CheckedChange 事件的处理程序。完整的程序代码如下:

```
using System;
namespace CheckBoxExample
{
        public partial class Form1 : Form
        {
            public Form1()
            {       InitializeComponent();
            }
            private void boldCheckBox_CheckedChanged(object sender, EventArgs e)
            {       outputLabel.Font = new
Font(outputLabel.Font.Name,outputLabel.Font.Size,outputLabel.Font.Style^FontStyle.Bold);
            }
```

```
            private void italicCheckBox_CheckedChanged(object sender, EventArgs e)
            {       outputLabel.Font = new Font(outputLabel.Font.Name, outputLabel.Font.Size,
outputLabel.Font.Style ^ FontStyle.Italic);
            }
        }
    }
```

程序运行结果如图 7-19 所示。

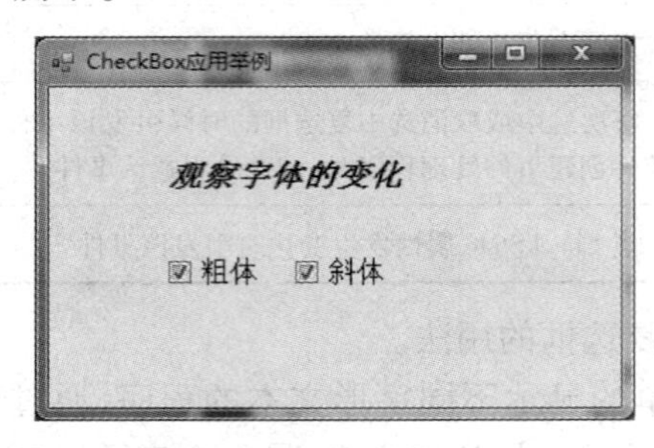

图 7-19　例 7-6 的运行结果

在上面的程序中，为了改变字体，标签对象的 Font 属性必须设置为一个新的 Font 对象，所使用的 Font 构造函数接受字体名、尺寸和字形作为参数。前两个参数使用 outputLabel 的 Font 对象的属性，也就是 outputLabel. Font. Name 和 outputLabel. Font. Size。字形参数属于 FontStyle 枚举类型，该枚举类型包括了 Regular、Bold、Italic、Strikeout 和 Underline 几种值。Font 对象的 Style 属性要在创建 Font 对象的时候设置（Style 属性本身是只读的）。

FontStyle 枚举类型数据表示一种字形或几种字形的组合，如单独的 Regular、Bold、Italic、Strikeout 和 Underline；也可以是它们中多个的组合，如既是 Regular 又是 Bold，既是 Italic 又是 Bold。FontStyle 枚举类型通过将一个二进制整数的不同位设置置为 1 表示不同的字形，例如粗体字形的十六进制为 0x00000001，斜体字形的十六进制为 0x00000002，而既是粗体又是斜体的字形为 0x00000003。

为了表示不同的字形，常常使用位运算符对 FontStyle 类型数据的不同位置的二进制位进行位运算。在本例中，使用了异或运算（^）实现字形的控制，其运算规则是相同为 0，不同为 1。在程序中使用了如下运算：utputLabel. Font. Style^FontStyle. Bold，其作用是：如果原来字形中表示粗体的二进制位为 0，异或运算后该二进制位变为 1；如果原来字形中表示粗体的二进制位为 1，异或运算后该二进制位变为 0。

当然我们也可以通过对当前字形使用 if 语句进行显式测试，并根据需要修改字形。但在字形的组合较多的情况下，测试条件就比较多，不如上面的方法简明高效。

2. 复选框列表控件（CheckedListBox）

复选框列表控件提供一个选项列表。该控件与 ListBox 控件的区别是 CheckedListBox 控件列表中的每一项都是一个复选框。当窗体中所需要的复选框选项较多时，或者需要运行时动态地决定有哪些复选框选项时，使用此控件比较方便。

表 7-9 列出了 CheckedListBox 控件的常用属性、方法和事件。

CheckedListBox 控件常用属性、方法和事件　　表 7-9

属性、方法或事件	描　述
Items 属性	获取控件中所有选项的集合
CheckedItems 属性	获取控件中选中项的集合
MutiColumn 属性	获取或设置是否以多列显示各项
ColumnWidth 属性	获取或设置多列中每列的宽度
CheckOnClick 属性	获取或设置是否在第一次单击某复选框时即改变其状态
SelectedIndex 属性	获取或设置当前选定的条目在列表中的索引
SelectedItem 属性	获取当前选择中的第一项。如果没有选择,则返回 null
SelectedItems 属性	获取当前选择的所有项的集合
Items. Count 属性	返回选项集合中的选项数量
Items. Add 方法	向列表项集合添加一个选项
Items. AddRange 方法	项控件列表项集合添加一组选项
Items. Clear 方法	从控件的选项集合中移除所有选项
Items. Remove 方法	从控件的选项集合中移除指定的选项
Items. Contains 方法	确定指定的选项是否位于选项集合内
ClearSelected 方法	取消已选择的选项
SetItemChecked 方法	设置或取消选中某选项
SetSelected 方法	设置多个选项被选中(设置单个选项被选中使用 SelectedIndex 属性)
SelectedIndexChanged 事件	当 SelectedIndex 属性值更改时触发该事件

【例 7-7】设计一个简单的课程选择界面,演示 CheckedListBox 控件的用法。

(1)新建一个名为 CheckedListBoxExample 的 Windows 应用程序项目,设计如图 7-20 所示窗体界面。

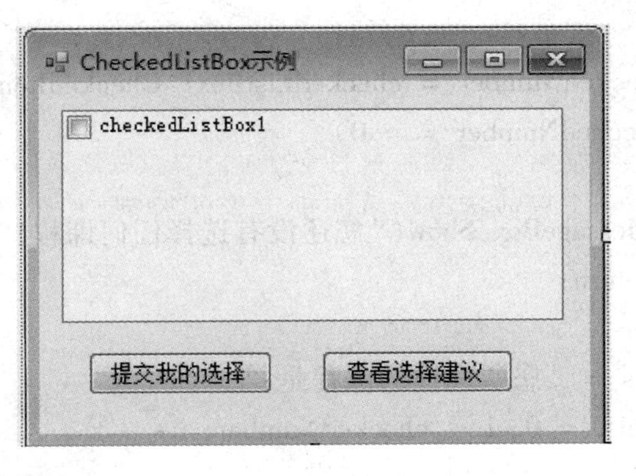

图 7-20　例 7-7 的设计界面

(2)将【提交我的选择】按钮的【Name】属性更改为“buttonOK”,将【查看选择建议】按钮的【Name】属性更改为“buttonReference”。

(3)添加按钮的 Click 事件处理程序和窗体的 Load 事件处理程序。完整的程序代码如下:

```
using System;
using System.Text;
namespace CheckedListBoxExample
{
    public partial class Form1 : Form
    {
        public Form1()
        {
            InitializeComponent();
        }
        private void Form1_Load(object sender, EventArgs e)
        {
            checkedListBox1.MultiColumn = true;
            checkedListBox1.CheckOnClick = true;
            string[] items =
            {
                "C#高级编程","编译原理","操作系统","计算机体系结构",
                "计算机网络","计算机英语","软件工程","数据库技术",
                "通信原理","微机接口技术"
            };
            checkedListBox1.Items.AddRange(items);
        }
        private void buttonOK_Click(object sender, EventArgs e)
        {
            int checkedNumber = checkedListBox1.CheckedItems.Count;
            if (checkedNumber == 0)
            {
                MessageBox.Show("您还没有选择任何课程!");
                return;
            }
            string s = "您所选择的课程是:";
            for (int i = 0; i < checkedNumber; i++)
            {
                string  a = (string) checkedListBox1.CheckedItems[i];
                s += checkedListBox1.CheckedItems[i] + "、";
            }
            MessageBox.Show(s.TrimEnd('、'),"提示");
        }
```

```
        private void buttonReference_Click(object sender, EventArgs e)
        {
            //取消已经选中的项
            for (int i = 0; i < checkedListBox1.Items.Count; i++)
            {
                checkedListBox1.SetItemChecked(i, false);
            }
            //添加建议选中的项
            checkedListBox1.SetItemChecked(0, true);
            checkedListBox1.SetItemChecked(3, true);
            checkedListBox1.SetItemChecked(7, true);
        }
    }
}
```

程序运行结果如图 7-21 所示。

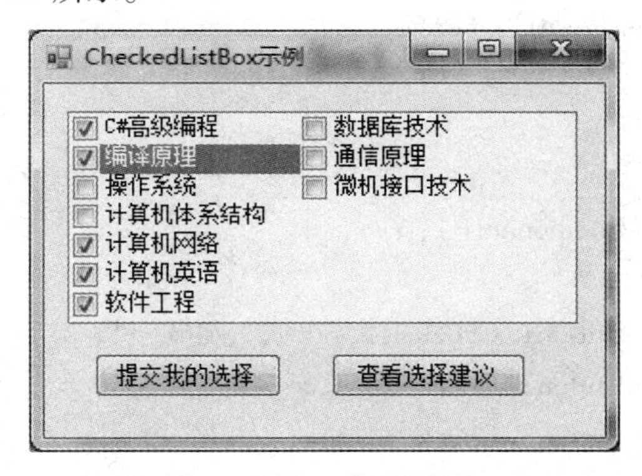

图 7-21 例 7-7 的运行效果

3. 单选钮(RadioButton)

单选钮控件用法与 CheckBox 控件类似,也是用于接受用户的选择,但它是以单项选择的形式出现,即一组单选钮中只能有一个处于选中状态。一旦某一项被选中,则同组中其他单选钮的选中状态自动被清除。单选钮是以各自所在的容器分组的,直接添加在窗体上的多个单选钮默认属于同一组,此时窗体就是容器。如果要在一个窗体上创建多个单选钮组,则需要使用 GroupBox 控件或者 Panel 控件作为容器将其分组。

【例 7-8】 单选钮控件应用举例。

(1)新建一个名为 RadioButtonExample 的 Windows 应用程序项目,窗体界面如图 7-22 所示。

(2)对窗体上每个单选钮控件添加 CheckedChanged 事件的处理程序。由于对每个单选钮的 CheckedChanged 事件的处理过程相同,因此只需要建立一个共用的事件处理程序(Radiobutton_CheckedChanged 方法),然后将所有单选钮的 CheckedChanged 事件全部关联到 Radiobutton_CheckedChanged 方法。

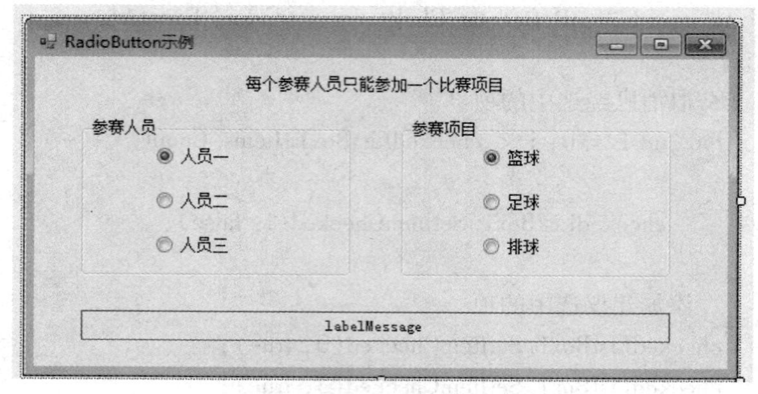

图7-22　例7-8的设计界面

完整的程序代码如下：

```
using System;
namespace RadioButtonExample
{
    public partial class Form1 : Form
    {
        public Form1()
        {
            InitializeComponent();
            string s = "";
            if (radioButton1.Checked) s = "人员一";
            if (radioButton2.Checked) s = "人员二";
            if (radioButton3.Checked) s = "人员三";
            if (radioButton4.Checked) s = s + "选择了" +"篮球";
            if (radioButton5.Checked) s = s + "选择了" + "足球";
            if (radioButton6.Checked) s = s + "选择了" + "排球";
            labelMessage.Text = s;
        }
        private void radioButton_CheckedChanged(object sender, EventArgs e)
        {
           string s = "";
            if (radioButton1.Checked) s = "人员一";
            if (radioButton2.Checked) s = "人员二";
            if (radioButton3.Checked) s = "人员三";
            if (radioButton4.Checked) s = s + "选择了" + "篮球";
            if (radioButton5.Checked) s = s + "选择了" + "足球";
            if (radioButton6.Checked) s = s + "选择了" + "排球";
```

```
                labelMessage. Text  =  s;
            }
        }
}
```

程序运行结果如图 7-23 所示。

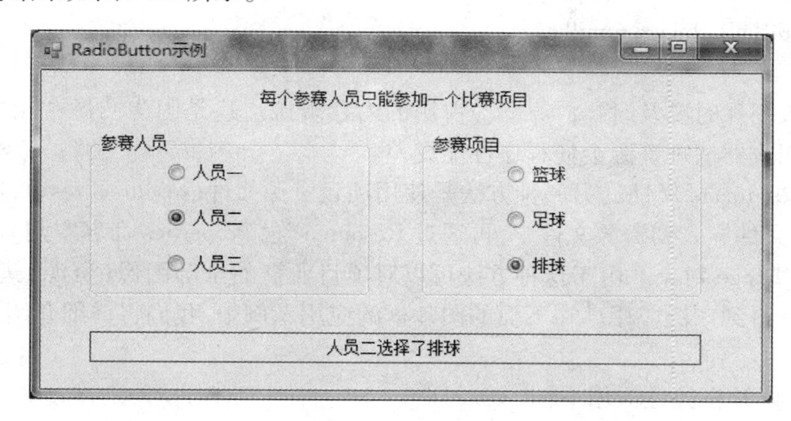

图 7-23　例 7-8 的运行效果

7.7 图　片　框

图片框控件(PictureBox)用于显示图像或 GIF 动画。表 7-10 列出了图片框控件的常用属性。

PictureBox 控件常用属性　　表 7-10

属　性	描　述
Image 属性	获取或设置在图片框显示的图像对象
SizeMode 属性	控制图片框中图像尺寸和位置的枚举类型。可使用的值包括 Normal、StretchImage、AutoSize 和 CenterImage。Normal 将图像放在图片框的左上角,CenterImage 将图像居中放置(这两种方式中,如果图像过大将被截去)。StretchImage 调整图像尺寸以适合图片框显示。AutoSize 调整图片框尺寸以便容纳图像

图片框控件的 Image 属性应使用 Image 对象设置,Image 对象表示内存中的图像。创建 Image 对象的一种方法是使用 Image 类的静态方法 FromFile,它可以读取磁盘上指定位置的图像文件并创建 Image 对象。FromFile 方法的原型为:

```
public static Image FromFile(  string filename);
```

该方法可以读取的文件类型有. bmp、. ico、. gif、. wmf、. jpg. 、png 等。通常使用如下的代码加载或清除图片。

```
//加载图片
if (pictureBox1. Image!  = null)
    pictureBox1. Image. Dispose( );
string fileName = Application. StartupPath + @ " \MyImage. gif" ;
```

```
pictureBox1. Image = Image. Fromfile( fileName) ;
//清除图片
if ( picutureBox1. Image!  = null)
{
    pictureBox1. Image. Dispose( ) ;
    pictureBox1. Image = null;
}
```

注意,加载图片时要及时释放原图像占用的内存资源。这是因为图像占用的内存一般都很大,靠垃圾回收器清理资源会使程序性能变差。

设置图片框 Image 属性的另一种方法是使用项目资源文件(resource. resx),即先将项目所需的全部图像文件导入到资源文件中,再通过 Resource 类(Properties 命名空间)的静态属性得到某个图像的 Image 对象。由于这种方法可以对项目所需的全部图像(资源)进行统一管理,使用简便,因此得到广泛应用。在下面的图片框的应用示例中,我们将详细介绍资源文件的使用方法。

【例 7-9】 图片框控件应用举例。

(1)新建一个名为 PictureBoxExample 的 Windows 应用程序项目。

(2)在【解决方案资源管理器】中,双击项目下面的资源文件(resource. resx),打开资源文件编辑窗口,如图 7-24。在资源文件中添加 Tulips. jpg、Lighthouse. jpg、Penguins. jpg 3 个图像文件,资源名分别设置为 Tulips、Lighthouse、Penguins。

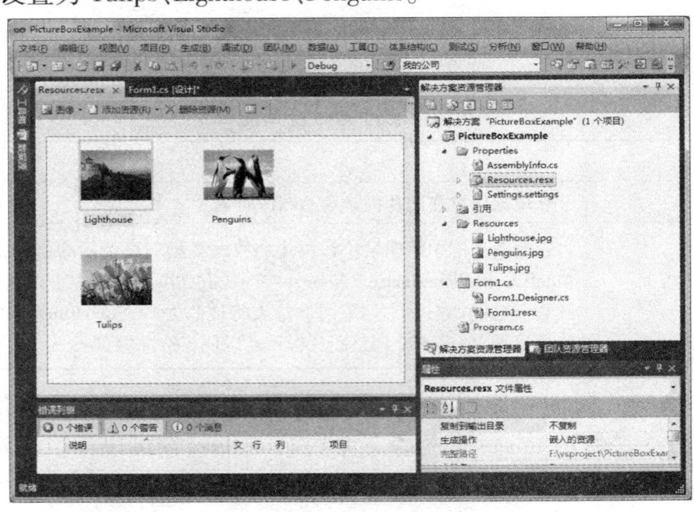

图 7-24　资源文件的编辑

(3)切换到 Form1. cs 的设计界面,从工具箱添加 1 个组合框、3 个单选钮和 1 个图片框控件到设计窗体中,窗体界面如图 7-25 所示。

(4)在窗体设计器中选中图片框(PictureBox1),在【属性】窗口中单击【Items】属性栏的【...】按钮,弹出【选择资源】对话框(图 7-26)。如图所示,资源可以来源于本地资源或项目资源文件。选择本地资源可以即时导入图像文件。图像资源是存储在 Form1. resx 文件中,只能在 Form1. cs 中使用,不能在其他文件中使用。项目资源文件中的资源(图像)可以为整个项目的所有文件使用。此处选择【项目资源文件】,使用 Tulips 图像资源设置图片框的 Image 属性。

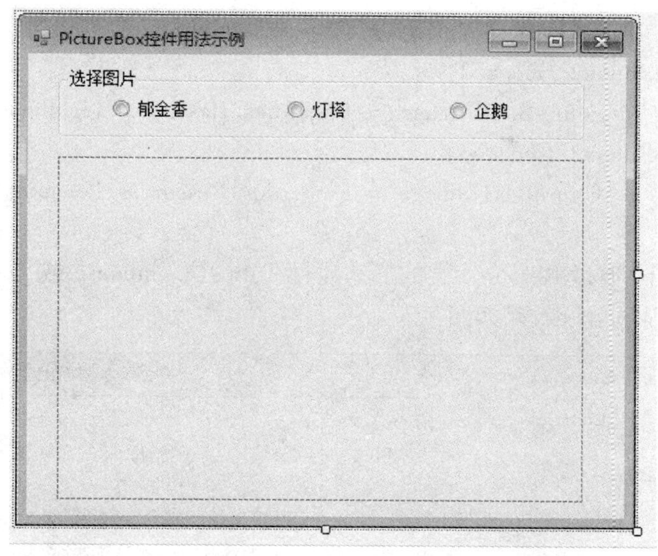

图 7-25　例 7-9 的设计界面

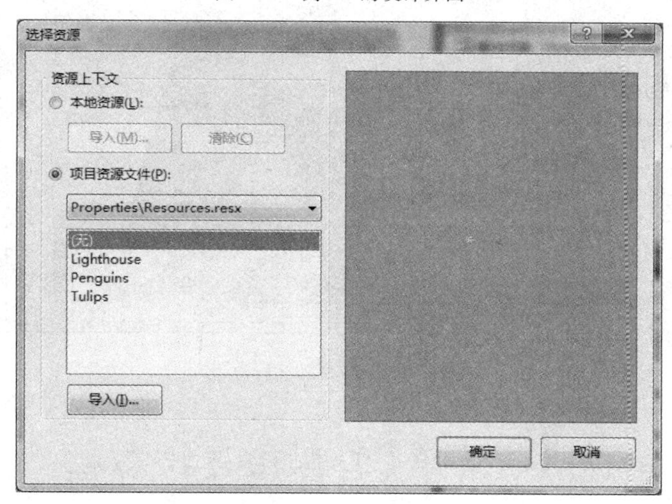

图 7-26　为图片框选择图像资源

(5)对窗体上每个单选钮控件添加 CheckedChanged 事件的处理程序。由于对每个单选钮的 CheckedChanged 事件的处理过程相同,因此只需要建立一个共用的事件处理程序(Radiobutton_CheckedChanged 方法),然后将所有单选钮的 CheckedChanged 事件全部关联到 Radiobutton_CheckedChanged 方法。

(6)在 Radiobutton_CheckedChanged 方法中添加如下代码:

```
private void radioButton_CheckedChanged(object sender, EventArgs e)
{
        if (pictureBox1.Image != null)
```

```
                pictureBox1.Image.Dispose();
        if (radioButton1.Checked)
                pictureBox1.Image = Properties.Resources.Tulips;
        if (radioButton2.Checked)
                pictureBox1.Image = Properties.Resources.Lighthouse;
        if (radioButton3.Checked)
                pictureBox1.Image = Properties.Resources.Penguins;
    }
```

在上面的程序中,通过 Resource 类的静态属性 Tulips(Lighthouse 或 Penguins)得到图像资源的 Image 对象。程序运行效果如图 7-27。

图 7-27　例 7-9 的运行效果

7.8　菜单、工具栏与状态栏

.NET 为菜单、工具栏和状态栏的设计提供了专门的控件,有助于设计具有复杂功能的 Windows 应用程序。本节主要介绍菜单、快捷菜单和工具栏控件的用法。

7.8.1　菜单控件(MenuStrip)

菜单控件用于设计菜单。菜单通常由一个菜单栏构成,菜单栏内包含若干的菜单项(常称为主菜单),主菜单又包含了若干子菜单,如图 7-28 所示。

菜单栏是一个 MenuStrip 类对象。菜单项可以分为 3 种类型:工具栏菜单项(ToolStrip-MenuItem 类)、工具栏分隔条(ToolStripSeparator 类)和工具栏组合框(ToolStripComboBox 类),最常用的是工具栏菜单项。菜单栏对象包含了一个集合,所有菜单项对象都归属该集合。通过菜单栏对象 Items 属性可以返回这个集合。注意:菜单栏不能包含工具栏分隔条对象,也就是说分隔条不能出现在主菜单中。

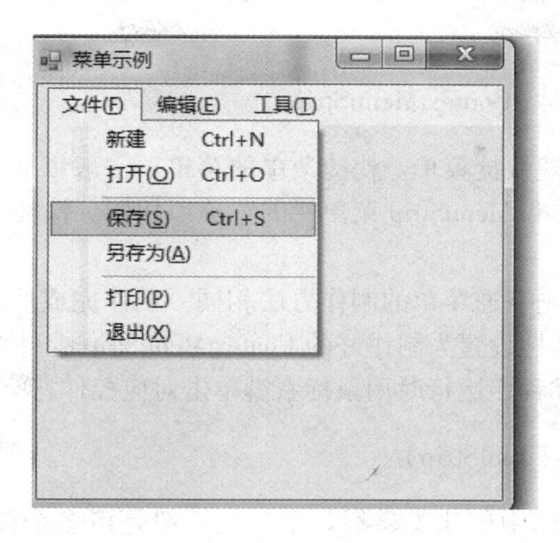

图 7-28 菜单示例

每个菜单项(ToolStripMenuItem 类)又可以包含若干子菜单。每个子菜单可以是 3 种类型的菜单项的任意一种。同菜单栏一样,每个菜单项内部也具有一个集合,用来容纳子菜单项,菜单项的 DropDownItems 属性将返回这个集合。

菜单栏可以显示在窗体的顶部、底部以及窗体的任何一个位置,这可以通过菜单栏(MenuStrip 类)的 Dock 属性和 Anchor 属性设置。例如,单击 Windows 操作系统的【开始】按钮,弹出的菜单栏就是在底部显示菜单栏(Dock 属性为"Bottom")。

在设计窗体中添加 MenuStrip 控件后,会在窗体上显示一个菜单栏,程序员可以直接在菜单栏上编辑各菜单项及对应的子菜单项。在设计界面下编辑各菜单项内容时,可以用符号"&"指定对应菜单项的组合键,如编辑菜单项"E&xit",则会显示"Exit",意思是可以直接用"Alt + x"实现与单击该菜单项相同的功能。在子菜单中输入符号" - "表示创建子菜单之间的分隔条。

工具栏菜单项(ToolStripMenuItem 类)是最为常用的菜单项,表 7-11 列出了 ToolStripMenuItem 类的常用属性。有关工具栏组合框(ToolStripComboBox 类)和工具栏分隔条(ToolStripSeparator 类)的属性,读者可以查阅 MSDN 帮助文档。

ToolStripMenuItem 类的常用属性 表 7-11

属　　性	描　　述
Checked	获取或设置一个值(true 或 false),指示菜单项是否被选中
DisplayStyle	获取或设置菜单项的显示方式,有 None、Text、Image 和 ImageAndText 几种值
Image	获取或设置在 ToolStripMenuItem 上的图像
DropDownItems	获取与此菜单项对象所关联的子菜单项的集合。在属性窗口中单击该属性后的【...】按钮,可以在项集合编辑器对话框中编辑该菜单项对应的子菜单项
ShortcutKeys	获取与此 ToolStripMenuItem 对象关联的快捷键

设计菜单结构时，创建菜单项的所有工作均可以在可视化设计界面下直接完成。当菜单结构创建完毕后，在设计界面下双击每个菜单项，然后在对应的 Click 事件处理程序中添加对应的功能代码即可。

7.8.2 快捷菜单控件(ContextMenuStrip)

快捷菜单控件用于创建快捷菜单。快捷菜单的菜单项一般纵向显示，每个菜单项都是一个 ToolStripMenuItem 对象，和 MenuStrip 菜单栏的菜单项相同。快捷菜单的 Items 属性返回了菜单项对象的集合。

快捷菜单的制作方法与普通菜单的制作方法相同。制作完成后，将需要显示快捷菜单的控件的 ContextMenuStrip 属性设置为制作好的 ContextMenuStrip 控件对象的 ID，使其与快捷菜单关联起来，这样才可以在程序运行时用鼠标右键单击对应控件，弹出该快捷菜单。

7.8.3 工具栏控件(ToolStrip)

工具栏控件用于在窗体中创建工具栏。工具栏一般是由多个按钮(ToolStripButton 类)、标签(ToolStripLabel 类)、分隔条(ToolStripSeparator 类)、文本框(ToolTextBox 类)、组合列表框(ToolStripComboBox 类)等控件排列组成。通过这些控件可以快速执行程序提供的一些常用命令，比使用菜单选择更加快捷。

向窗体设计器添加一个工具栏控件后，窗体顶端会出现一个工具栏。单击工具栏上向下的小箭头，弹出下拉菜单，上面列出了多个选项，常用的有 Button、Label、ComboBox、TextBox、Separator，单击某个选项可以将相应的控件添加到工具栏上。

设计工具栏结构时，创建内部控件的所有工作均可以在可视化设计界面下直接完成。工具栏设计完毕后，对具有特定功能的控件(如 ToolStripButton)添加相应的事件处理程序即可。

7.8.4 状态栏控件(StatusStrip)

状态栏控件用于在窗体中创建状态栏。状态栏一般用于显示应用程序执行过程的提示信息。状态栏一般由若干状态栏标签(ToolStripStatusLabel 类)排列而成。状态栏标签可以显示文本、图像或者同时显示文本和图像。

下面通过一个简单的例子说明菜单栏、工具栏和状态栏控件的用法。

【例 7-10】 菜单栏、工具栏、状态栏控件应用举例。

(1)新建一个名为 MenuStripToolStripExample 的 Windows 应用程序项目。

(2)在【解决方案资源管理器】中，双击项目下面的资源文件(resource. resx)，打开资源文件编辑窗口，在资源文件中添加本项目所需要的全部图像文件(每个工具栏按钮都需要一个图像文件，图片框也需要一个图像文件)。

(3)向 Form1. cs 设计窗体拖放 1 个 MenuStrip 控件、2 个 ContextMenuStrip 控件、1 个 ToolStrip 控件、1 个 StatusStrip 控件、1 个 PictureBox 控件和 1 个 ListBox 控件。窗体界面如图 7-29 所示。

(4)在 menuStrip1 菜单栏中添加 3 个主菜单项：图像、文字、退出。在【图像】菜单下添加 2 个子菜单项：显示图像、旋转图像。在【文字】菜单项下添加 2 个子菜单项：添加文字、删除文字。

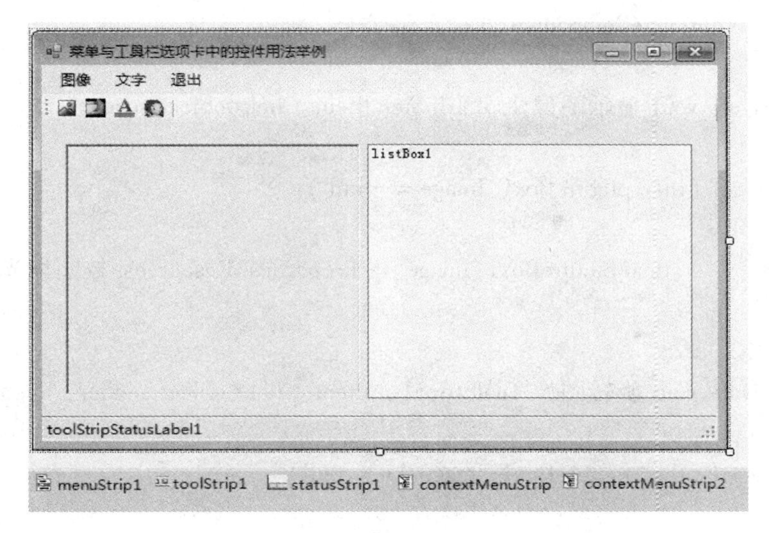

图 7-29 例 7-10 的设计界面

(5)在 toolStrip1 工具栏中添加 4 个按钮控件,功能分别是“显示图像”、“ 旋转图像”、“删除文字”、“添加文字”,给每个控件导入相应的图像。

(6)在 contextMenuStrip1 快捷控件中,添加 3 个菜单项:Normal、StretchImage、CenterImage。然后将 pictureBox1 的【contextMenuStrip】属性设置为 contextMenuStrip1。在 contextMenuStrip2 快捷控件中添加 2 个菜单项:白色背景、蓝色背景,然后将 listBox1 的【contextMenuStrip】属性设置为 contextMenuStrip2。

(7)在 statusStrip1 控件中添加一个 ToolStripStatusLabel 控件,设置该控件的【Spring】属性为“true”,目的是让其扩展至整个 statusStrip1 控件宽度,随后设置该控件的【TextAlign】属性为‘MiddleLeft”,即让其左对齐。

(8)添加菜单项和工具栏中各个按钮的事件处理程序,程序代码如下:

```
using System;
using System. Collections. Generic;
using System. ComponentModel;
using System. Data;
using System. Drawing;
using System. Linq;
using System. Text;
using System. Windows. Forms;
namespace MenuStripToolStripExample
{
    public partial class Form1 : Form
    {
        public Form1()
        {
```

```
        InitializeComponent( ) ;
    }
    private void 显示图像 ToolStripMenuItem_Click( object sender, EventArgs e)
    {
        if (this. pictureBox1. Image = = null)
        {
            this. pictureBox1. Image  =  Properties. Resources. 校园风光;
        }
    }
    private void 旋转图像 ToolStripMenuItem_Click( object sender, EventArgs e)
    {
        if (this. pictureBox1. Image ！ = null)
        {
            pictureBox1. Image. RotateFlip( RotateFlipType. Rotate90FlipNone) ;
            pictureBox1. Refresh( ) ;
        }
    }
    private void 添加文字 ToolStripMenuItem_Click( object sender, EventArgs e)
    {
        listBox1. Items. Add( " 文字"  +  listBox1. Items. Count) ;
    }
    private void 删除文字 ToolStripMenuItem_Click( object sender, EventArgs e)
    {
        if (listBox1. SelectedIndex  > = 0)
        {
            listBox1. Items. Remove( listBox1. SelectedItem) ;
        }
        else
        {
            MessageBox. Show( " 请先选择要删除的行" ) ;
        }
    }
    private void 退出 ToolStripMenuItem_Click( object sender, EventArgs e)
    {
        Application. Exit( ) ;
    }
    private void  旋转图像 toolStripButton_Click( object sender, EventArgs e)
    {
```

```
    旋转图像ToolStripMenuItem.PerformClick();
}
private void 显示图像toolStripButton_Click(object sender, EventArgs e)
{
    显示图像ToolStripMenuItem.PerformClick();
}
private void 删除文字toolStripButton_Click(object sender, EventArgs e)
{
    删除文字ToolStripMenuItem.PerformClick();
}
private void 添加文字toolStripButton_Click(object sender, EventArgs e)
{
    添加文字ToolStripMenuItem.PerformClick();
}
private void menuStrip1_MouseEnter(object sender, EventArgs e)
{
    toolStripStatusLabel1.Text = "您正在对菜单进行操作";
}
private void toolStrip1_MouseEnter(object sender, EventArgs e)
{
    toolStripStatusLabel1.Text = "您正在对工具栏进行操作";
}
private void 白色背景ToolStripMenuItem_Click(object sender, EventArgs e)
{
    listBox1.BackColor = Color.White;
}
private void 蓝色背景ToolStripMenuItem_Click(object sender, EventArgs e)
{
    listBox1.BackColor = Color.LightBlue;
}
private void menuStrip1_MouseLeave(object sender, EventArgs e)
{
    toolStripStatusLabel1.Text = "";
}
private void toolStrip1_MouseLeave(object sender, EventArgs e)
{
    toolStripStatusLabel1.Text = "";
}
```

```
        private void NormalToolStripMenuItem_Click(object sender, EventArgs e)
        {
            pictureBox1.SizeMode = PictureBoxSizeMode.Normal;
        }
        private void StretchImageToolStripMenuItem_Click(object sender, EventArgs e)
        {
            pictureBox1.SizeMode = PictureBoxSizeMode.StretchImage;
        }
        private void centerImagToolStripMenuItem_Click(object sender, EventArgs e)
        {
            pictureBox1.SizeMode = PictureBoxSizeMode.CenterImage;
        }
    }
}
```

程序运行效果如图 7-30 所示。

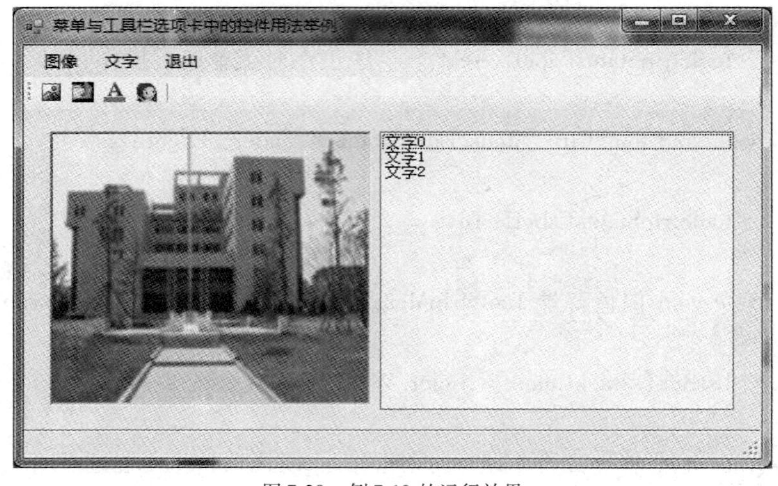

图 7-30　例 7-10 的运行效果

7.9　窗体和对话框

在本章前面几节中,我们介绍的都是单窗体的应用程序,在应用程序中只有一个窗体。实际上,Windows 应用程序可以包含多个窗体,本节将介绍多窗体应用程序的设计方法。

7.9.1　窗体的创建和显示

1. 窗体类的添加

默认情况下,C#的 Windows 应用程序只有一个窗体类,界面设计和程序设计都以该窗体为中心。如果我们需要其他的窗体类,可以在项目中添加多个窗体类。在 Visual Studio 2010

中，在项目中添加窗体类最简便的方法是在【解决方案资源管理器】中，用右键单击项目名，在弹出的快捷菜单中选【添加】→【Windows 窗体】命令，如图 7-31 所示。

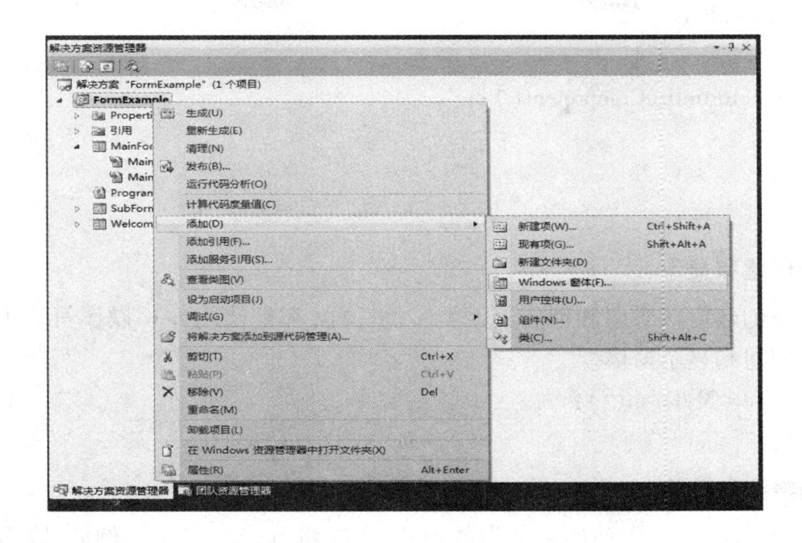

图 7-31　在项目中添加窗体类

接下来，在【添加新项】对话框中输入窗体类的文件名（如图 7-32），就会在项目中添加一个新的文件（Form2. cs）。Visual Studio 2010 在该文件中生成了该窗体类的基本代码，文件内容如下：

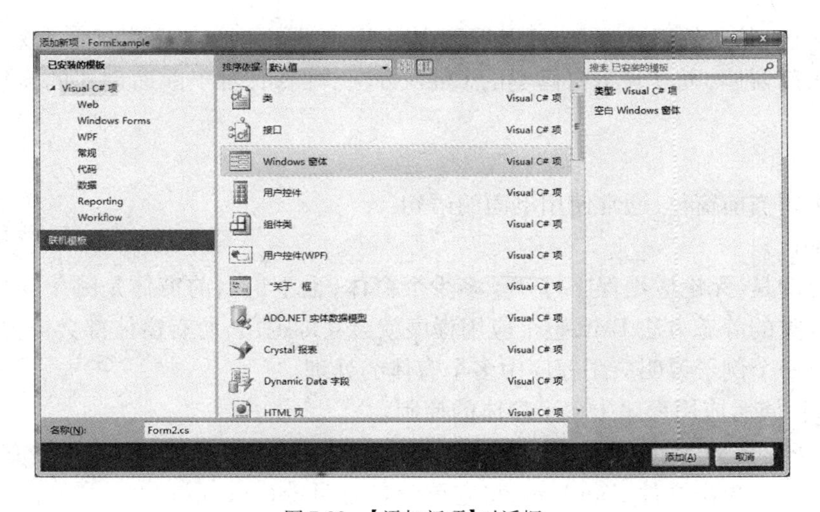

图 7-32　【添加新项】对话框

```
using System;
using System.Text;
using System.Windows.Forms;
namespace FormExample
{
```

```
        public partial class Form2 : Form
        {
            public Form2()
            {
                InitializeComponent();
            }
        }
    }
```

2. 窗体的创建和显示

根据窗体类创建窗体对象和创建其他类实例一样,都是使用 new 操作符。下面的示例代码说明了如何创建和显示窗体。

```
MyForm a = new MyForm( );
a. Show( );
```

3. 窗体的隐藏和关闭

对于已显示的窗体,可以使用窗体类的 Hide 方法将其隐藏起来。例如,隐藏上面已显示的窗体,可以使用如下的语句:

```
a. Hide( );
```

如果要隐藏当前窗体,通常使用下面的语句:

```
this. Hide( );
```

窗体隐藏后,其实例仍然存在,可以重新调用 Show 方法将窗体再次显示出来。

如果要关闭窗体,可以调用窗体类的 Close 方法。例如,对于前面创建的窗体,可以使用如下的语句:

```
a. Close( );
```

如果要关闭当前窗体,通常使用下面的语句:

```
this. Close( );
```

需要注意的是,无论应用程序打开了多少个窗体,也不论当前窗体是哪个窗体,只要调用了 Application 类的静态方法 Exit,整个应用程序就会立即退出,所有窗体都会被关闭。

下面通过一个例子说明应用程序中多个窗体的处理。

【例 7-11】 演示应用程序中多个窗体的控制。

(1)新建一个名为 MultiFormExample 的 Windows 应用程序项目。在【解决方案资源管理器】中,用鼠标右键单击文件 Form1. cs,将它重命名为 MainForm. cs。

(2)在【解决方案资源管理器】中,用鼠标右键单击项目名【MultiFormExample】,在弹出的快捷菜单中选择【添加】→【Windows 窗体】命令,添加一个名为 SubForm 的窗体类。在 SubForm. cs 的设计视图中,将该窗体的 Text 属性设置为“SubForm 窗体”。把窗体的【ControlBox】属性设置为 false,其目的是让窗体显示时不会出现最大化、最小化和关闭按钮。

(3)切换 MainForm. cs 的设计界面,在其中添加两个 Button 控件,分别设置这两个控件的【Name】属性为“buttonShow”和“buttonHide”。MainForm. cs 的设计界面如图 7-33。

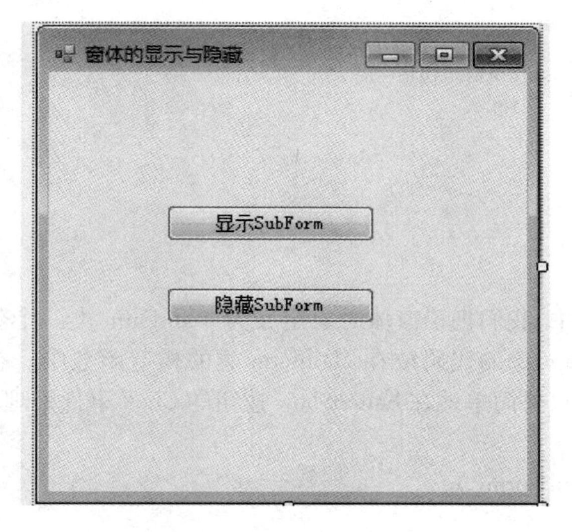

图 7-33 MainForm. cs 的设计界面

(4)在 Mainform. cs 中添加如下代码:

```
using System;
using System.Text;
using System.Windows.Forms;
namespace MultiFormExample
{
    public partial class MainForm : Form
    {
        SubForm subform;
        public MainForm()
        {
            subform = new SubForm();
            InitializeComponent();
        }
        private void buttonShow_Click(object sender, EventArgs e)
        {
            if (subform.Visible == false)
            {
                this.subform.Show();
            }
        }
        private void buttonHide_Click(object sender, EventArgs e)
        {
            if (subform.Visible)
```

```
                {
                    subform. Hide( ) ;
                }
            }
        }
    }
```

注意,在上述代码中,我们把子窗体对象定义为 MainForm 类一个数据成员(subForm),同时把创建 SubForm 窗体对象的代码放在 Mainform 类的构造函数中。有些初学者往往不太理解这样做的原因,以为只要简单地在 buttonShow 按钮的 Click 事件处理程序中添加如下代码即可。

```
SubForm a = new SubForm( ) ;
a. Show( ) ;
```

这样做会出现两个重要的问题:一是由于 a 定义在 Click 事件处理方法之中,因而是局部变量,当该方法执行完毕之后局部变量被收回,将无法再引用已经创建的 SubForm 对象;二是由于 Click 事件处理方法会被反复执行(用户用鼠标单击一次按钮就会执行一次),那么程序就会创建很多 SubForm 对象,实际上并不需要如此之多的窗体对象,仅仅只需要一个窗体对象,实现"显示"和"隐藏"操作而已。

采取我们提供的设计方案则可以避免出现上述问题。由于创建 SubForm 窗体对象的代码被放置在 Mainform 类的构造函数中,因此只会被执行一次,不会产生多个 SubForm 窗体对象。另外,由于 subform 是 MainForm 类的数据成员,在程序执行期间 subform 不会被收回,始终保持对创建的窗体对象的引用。程序执行结果如图 7-34 所示。

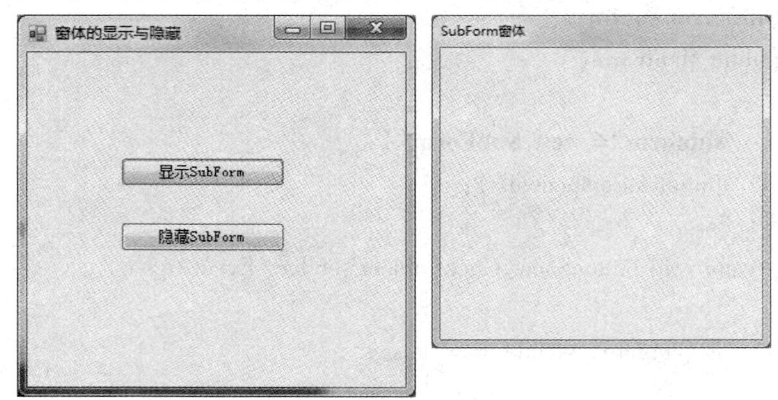

图 7-34　例 7-11 的执行结果

4. 单文档窗体和多文档窗体

从一个窗体是否可以包含多个子窗体的角度,窗体可以分为多文档窗体和单文档窗体两类。多文档窗体(Muliti - Document Interface,MDI)是指在一个主窗体中可以包含一个或多个子窗体的窗体。主窗体称为 MDI 父窗体,子窗体称为 MDI 子窗体,只能在其父窗体内显示,无法移动到父窗体之外。下面通过一个例子说明多文档窗体的应用。

【例 7-12】演示多文档窗体的基本用法。

(1)新建一个名为 MDIExample 的 Windows 应用程序项目,在 Form1. cs 窗体的【属性】窗口中将【IsMDIContainer】属性设置为“true”,该窗体就成为一个 MDI 父窗体。

(2)向 Form1. cs 窗体拖放一个菜单,并添加【层叠窗体】、【平铺窗体】、【退出】菜单项, Form1. cs 的设计界面如图 7-35。

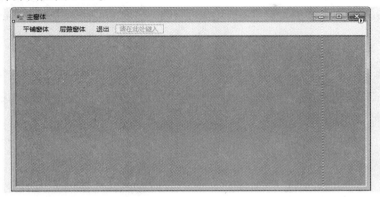

图 7-35 Form1. cs 窗体的设计界面

(3)在项目中依次添加 3 个窗体类:Form2. cs、Form3. cs、Form4. cs。

(4)更改 Form1. cs 类的构造函数,添加各个菜单项的事件处理程序。更改后程序代码如下:

```
using System;
using System. Text;
using System. Windows. Forms;
namespace MDIExample
{
    public partial class Form1 : Form
    {
        public Form1( )
        {
            InitializeComponent( );
            Form2 fm2 = new Form2( );
            fm2. MdiParent = this;
            fm2. Show( );
            Form3 fm3 = new Form3( );
            fm3. MdiParent = this;
            fm3. Show( );
            Form4 fm4 = new Form4( );
            fm4. MdiParent = this;
            fm4. Show( );
```

```
        }
        private void 平铺窗体ToolStripMenuItem_Click(object sender, EventArgs e)
        {
            this.LayoutMdi(MdiLayout.TileHorizontal);
        }
        private void 层叠窗体ToolStripMenuItem_Click(object sender, EventArgs e)
        {
            this.LayoutMdi(MdiLayout.Cascade);
        }
        private void 退出ToolStripMenuItem_Click(object sender, EventArgs e)
        {
            Application.Exit();
        }
    }
}
```

程序运行效果如图7-36所示。

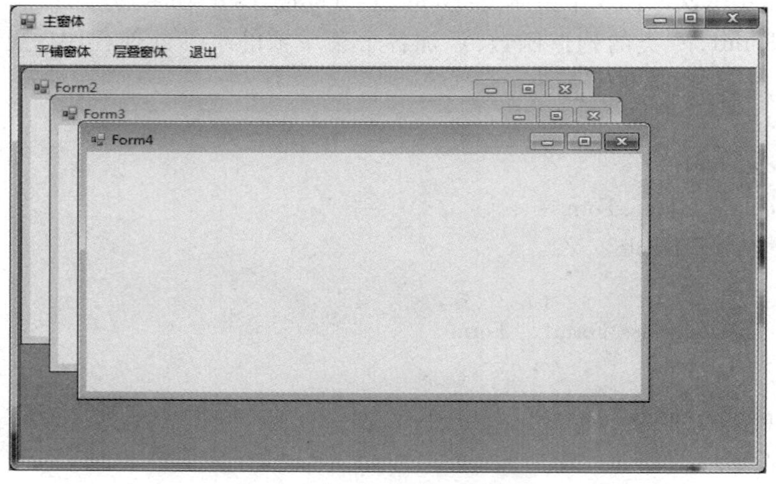

图7-36　例7-12程序的运行效果

7.9.2　对话框

对话框用于与用户交互和检索信息。在C#应用程序中,对话框就是窗体对象,但显示方式和普通窗口略有不同,对话框显示时属于“模式”窗口。所谓“模式”窗口是指窗体显示以后,在该窗口关闭之前,应用程序的所有其他窗口都会被禁用,仅在该窗体关闭之后才能继续其他的操作。一般情况下,窗体显示时都属于“无模式”窗口,打开的窗口不会阻止用户与应用程序的其他窗口交互。要窗体对象以“模式”窗口方式工作,需要使用窗体类的ShowDialog方法,示例代码如下:

```
MyForm a = new MyForm();
```

a. ShowDialog( );

对话框分为标准对话框和自定义对话框。这一小节先介绍几种常用的标准对话框,然后介绍自定义对话框。

1. MessageBox 对话框

MessageBox 对话框也叫做消息对话框,先是一个预定义的标准模式对话框。程序员可以通过调用 MessageBox 类的静态方法 Show 显示消息对话框,并通过检查 Show 方法的返回值确定用户单击了哪个按钮。返回值是 DialogResult 枚举值,其中每个值都对应于消息对话框可以显示的按钮之一。

Show 方法提供了多种重载形式,常用的重载形式有:

```
public static DialogResult show( string text);
public static DialogResult show( string text,string caption);
public static DialogResult show( string text, string caption, MessageBoxButtons buttons, MessageBoxIcon icon);
```

Show 方法中各参数的含义如下:

text:在消息框中显示的文本。

caption:在消息框的标题栏中显示的文本。

buttons:MessageBoxButtons 枚举值之一。指定在消息框中显示哪些按钮。枚举值有 OK、OKCancel、YesNoCancel 和 YesNo。

icon:MessageBoxIcon 枚举值之一,指定在消息框中显示哪个图标。枚举值有 None(不显示图标)、Hand(手形)、Question(问号)、Exclamation(感叹号)、Asterisk(星号)、Stop(停止)、Error(错误)、Warning(警告)和 Information(信息)。

Show 方法的返回值是 DialogResult 枚举值之一。DialogResult 枚举值有 None(消息框未返回值)、OK、Cancel、Yes 和 No。

下面的代码演示了 MessageBox 类的典型用法。

用法 1:

```
MessageBox. Show("输入的内容不正确");
```

用法 2:

```
MessageBox. Show("输入的内容不正确","警告");
```

用法 3:

```
DialogResult result = MessageBox. Show("是否退出应用程序?", "提示", MessageBoxButtons. YesNo, MessageBoxIcon. Question);
if (result = = DialogResult. Yes)
{
    Application. Exit( );
}
```

2. ColorDialog 对话框

ColorDialog 对话框允许用户从调色板选择颜色,以及将自定义颜色添加到调色板,并返回用户选择的颜色。ColorDialog 对话框的显示形式如图 7-37a)所示。

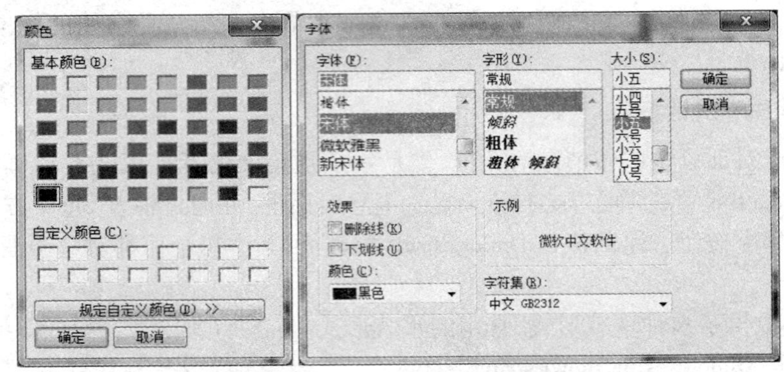

a) ColorDialog 对话框　　b) FontDialog 对话框

图 7-37　颜色对话框和字体对话框

下面的代码演示了如何使用 ColorDialog 对话框。

```
private void button1_Click(object sender, EventArgs e)
{
        ColorDialog colordlg = new ColorDialog();
        colordlg.AllowFullOpen = true;
        colordlg.Color = textBox1.ForeColor;
        if (colordlg.ShowDialog() == DialogResult.OK)
        {
            textBox1.ForeColor = colordlg.Color;
        }
}
```

3. FontDialog 对话框

FontDialog 对话框是标准的 Windows"字体"对话框,用于提示用户从本地计算机上安装的字体中选择一种字体。默认情况下,该对话框显示字体、字体样式和字体大小的列表框,以及删除线和下划线等效果的复选框和字体外观的示例。程序中也是通过调用 ShowDialog 方法显示该对话框。

FontDialog 对话框的显示形式如图 7-37b)所示。下面的代码演示了如何使用 FontDialog 对话框。

```
private void button1_Click(object sender, EventArgs e)
{
        FontDialog fontdlg = new FontDialog();
        fontdlg.ShowColor = true;
        fontdlg.Font = textBox1.Font;
        fontdlg.Color = textBox1.ForeColor;
        if (fontdlg.ShowDialog() == DialogResult.OK)
        {
```

```
            textBox1.Font = fontdlg.Font;
            textBox1.ForeColor = fontdlg.Color;
        }
    }
```

4. 自定义对话框

程序员可以根据自己的具体需要,设计自定义对话框。自定义对话框的设计方法与设计一般窗体基本相同,不同之处是还要对自定义对话框作如下处理:

(1)将窗体的【FormBorderStyle】属性更改为“FixedDialog”。

(2)将窗体的【MaximizeBox】属性、【MinimizeBox】属性和【ControlBox】属性设置为“False”。

(3)在窗体上放置1个“确定”按钮、1个“取消”按钮。然后将窗体的【AcceptButton】属性设置为“确定”按钮,【CancelButton】属性设置为“取消”按钮。

(4)在“确定”和“取消”按钮的Click事件程序中,设置对话框的返回值(为DialogResult类型枚举值),同时让对话框隐藏起来。

作为模式对话框显示窗体时,设置对话框的返回值后,虽然用户看不到对话框窗体,但是实际上该对话框并没有被关闭(可调用Close方法关闭窗体),只是处于隐藏状态,可以重新显示出来。当应用程序不再需要该对话框时,最好调用该窗体的Dispose方法立即释放自定义对话框占用的资源。

【例7-13】 演示自定义对话框的设计方法。

(1)新建一个名为DialogExample的Windows应用程序项目,在【解决方案资源管理器】中将文件Form1.cs换名为Mainform.cs,设计如图7-38a)所示界面。

(2)在项目中添加一个名为DialogForm.cs的窗体,设计如图7-38b)所示界面。

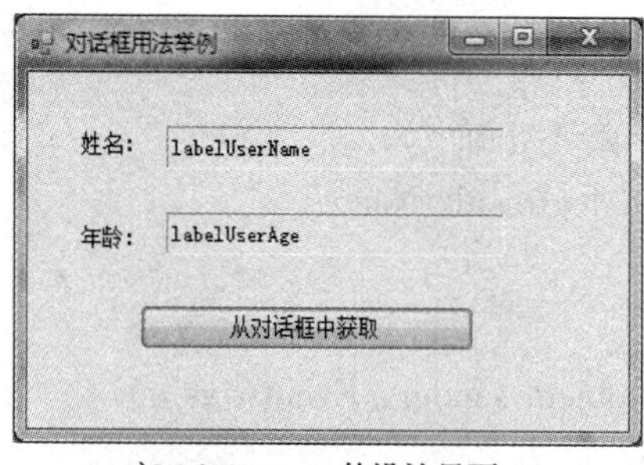

a)MainForm.cs 的设计界面

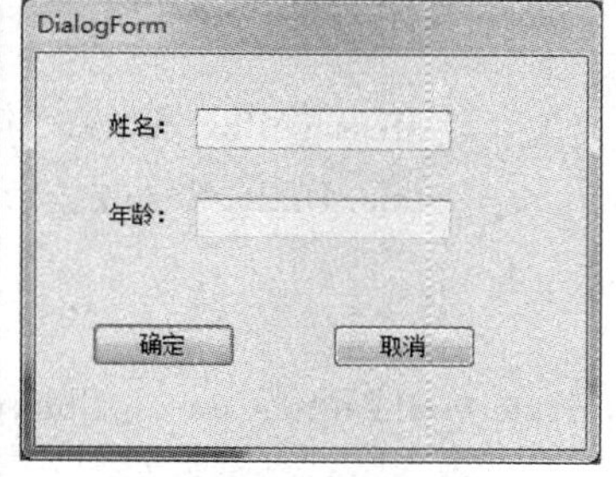

b)DialogForm.cs 设计界面

图7-38 例7-13的设计界面

(3)分别添加DialogForm.cs中按钮的Click事件处理程序,DiaglogForm.cs的程序代码如下:

```
using System;
using System.Drawing;
using System.Text;
using System.Windows.Forms;
```

```
namespace DialogExample
{
    public partial class DialogForm : Form
    {
        public string userName;
        public int userAge;
        public DialogForm()
        {
            InitializeComponent();
            this.FormBorderStyle = FormBorderStyle.FixedDialog;
            this.MaximizeBox = false;
            this.MinimizeBox = false;
            this.ControlBox = false;
        }
        private void buttonOK_Click(object sender, EventArgs e)
        {
            this.userName = textBoxName.Text;
            try
            {
                userAge = int.Parse(textBoxAge.Text);
                this.DialogResult = DialogResult.OK;
            }
            catch
            {
                MessageBox.Show("年龄不正确");
                this.DialogResult = DialogResult.None;
            }
        }
        private void buttonCancel_Click(object sender, EventArgs e)
        {
            this.DialogResult = DialogResult.Cancel;
        }
    }
}
```

(4)在 MainForm.cs 中添加【从对话框获取】按钮的 Click 事件处理程序,程序代码如下:

```
private void button1_Click(object sender, EventArgs e)
{
    DialogForm dialogForm = new DialogForm();
```

```
        DialogResult dr = dialogForm.ShowDialog();
        if (dr == DialogResult.OK)
        {
                labelUserName.Text = dialogForm.userName;
                labelUserAge.Text = dialogForm.userAge.ToString();
        }
        dialogForm.Dispose();
}
```

程序运行效果如图 7-39 所示。

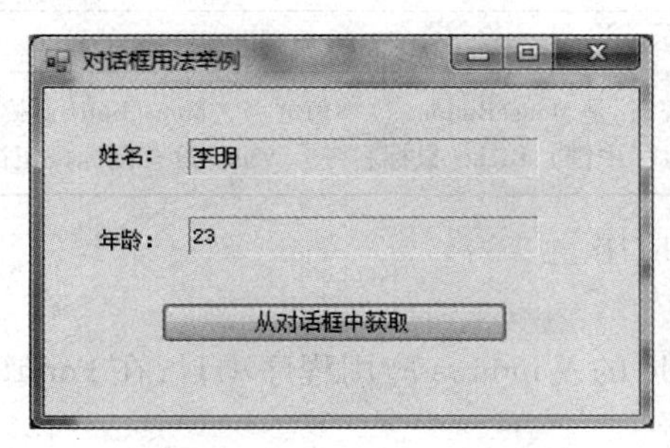

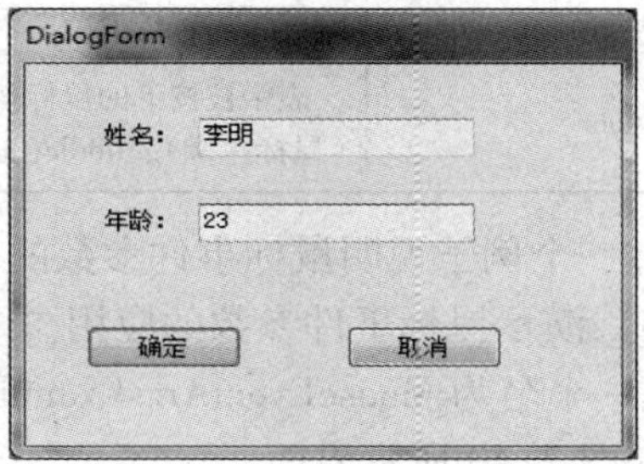

图 7-39 例 7-13 的运行效果

7.10 鼠标事件参数和键盘事件参数

在本章的 7.3 中，我们已经介绍了一般控件所支持的常用鼠标事件和键盘事件，一般在编写事件处理程序时不需要了解鼠标事件（键盘事件）的相关参数。但有时我们需要知道这些事件的具体参数，例如鼠标单击时鼠标指针所处的位置。本节将介绍鼠标事件参数和键盘事件参数的获取和应用。

7.10.1 鼠标事件参数

鼠标事件是鼠标与控件交互时发生的，如在控件上单击、双击、移动等。从提供事件参数的角度，鼠标事件分为两类：第一类事件不提供鼠标事件的详细参数，另一类则提供鼠标事件的详细参数。第一类事件包括 Click、MouseDoubleClick、MouseEnter、MouseLeave，属于 EventHandler 委托。该委托定义如下：

public delegate void EventHandler(Object sender, EventArgs e);

这类鼠标事件发生时，发生事件的控件将提供自身的引用（sender）和 EventArgs 类对象的引用 e。EventArgs 类是所有事件参数类的基类，并没有包含鼠标事件的详细信息，这类鼠标事件的处理程序将无法得到鼠标事件的详细参数。

第二类事件包括 MouseDown、MouseHover、MouseMove、MouseUp，属于 MouseEventHandler 委托。该委托定义如下：

public delegate void MouseEventHandler(Object sender, MouseEventArgs e);

这类鼠标事件发生时，发生事件的控件将提供自身的引用(sender)和 MouseEventArgs 类对象的引用 e。MouseEventArgs 类包含关于鼠标事件的详细信息，如鼠标指针的 X 坐标和 Y 坐标、哪一个鼠标按钮被按下、鼠标按钮的单击数和鼠标轮转过的刻度数。注意，MouseEventArgs 的 X 坐标和 Y 坐标是相对于引发事件的控件而言的坐标。点(0,0)表示控件的左上角的点。表 7-12 列出了 MouseEeventArgs 类的属性。

MouseEventArgs 类的常用属性 表 7-12

属　性	描　述
X	获取鼠标事件发生时鼠标指针的横坐标
Y	获取鼠标事件发生时鼠标指针的纵坐标
Clicks	鼠标按钮按下的次数
Button	表示被按下的鼠标按钮，是 MouseButtons 枚举值之一。MouseButtons 枚举值包含 Left(鼠标左键)、Middle(鼠标中键)、Right(鼠标右键)、None(没有鼠标按钮被按下)

下面通过一个例子说明鼠标事件参数的应用。

【例 7-14】 演示鼠标事件参数的应用。

(1)新建一个名为 MouseEventArgsExample 的 Windows 应用程序项目，在 Form1.cs 的设计视图中设计如图 7-40 所示界面。

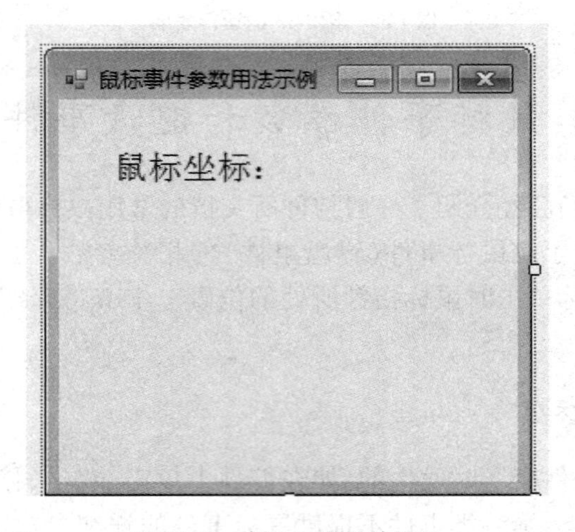

图 7-40　例 7-14 的设计界面

(2)对 Form1.cs 窗体添加 MouseMove 事件，事件处理程序如下：

```
private void Form1_MouseMove(object sender, MouseEventArgs e)
{
    label1.Text = "鼠标坐标:(" + e.X + "," + e.Y + ")";
}
```

(3)对 Form1.cs 窗体添加 MouseDown 事件，事件处理程序如下：

```
private void Form1_MouseDown(object sender, MouseEventArgs e)
{
  if (e.Button == MouseButtons.Left)
```

```
    {
        this.Height = (int)(this.Height * 1.1);
        this.Width = (int)(this.Width * 1.1);
    }
    if (e.Button == MouseButtons.Left)
    {
        this.Height = (int)(this.Height * 0.9);
        this.Width = (int)(this.Width * 0.9);
    }
}
```

程序运行效果如图7-41。当鼠标指针在窗体上移动时标签显示鼠标指针的坐标。当用鼠标左键单击窗体时窗口长度和高度均缩小10%,当用鼠标右键单击窗体时窗口长度和高度扩大10%。

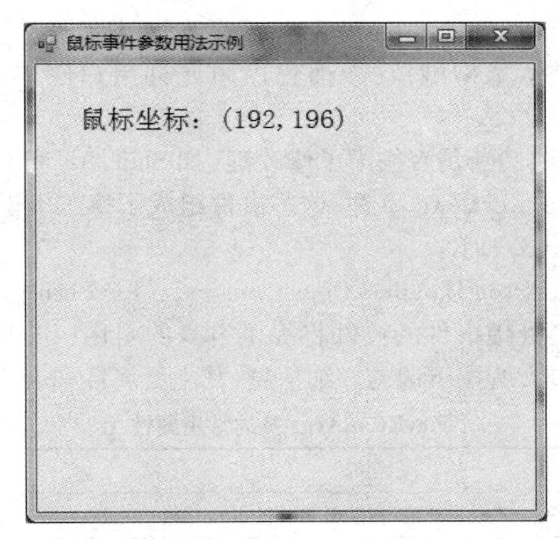

图7-41 例7-14的运行效果

7.10.2 键盘事件参数

当按下或释放键盘上的键时就会产生键盘事件,这些事件可以由任何一个从System.windows.Forms.Control中派生的控件来处理。在Windows应用程序中,操作系统将键盘消息发送到当前活动窗体的焦点控件。如果希望键盘消息在到达窗体上任何控件之前先被窗体接收,需要将窗体的KeyPreview属性设置为true。

键盘事件分为两类。第一类是KeyPress事件,当按下的键表示一个ASCII字符时就会触发这类事件。该类事件属于KeyPressEventHandler委托,定义如下:

```
public delegate void KeyPressEventHandler(Object sender, KeyPressEventArgs e);
```

这类键盘事件发生时,处理事件的控件将提供自身的引用(sender)和KeyPressEventArgs对象(e)。KeyPressEventArgs类包含了所按下键的详细信息,具有以下两个重要的属性:

KeyChar属性:返回所按下的键盘键的ASCII字符。

Handled 属性:获取或设置一个值,指示是否处理过 KeyPress 事件。如果未处理事件,则控件会将键盘消息发送到操作系统进行默认处理。如果在事件处理程序中将该属性设置为 true,则表示该事件已被处理,控件不会将键盘消息发送到操作系统进行默认处理。

下面的程序片段是某个文本框的 KeyPress 事件处理程序,其作用是阻止用户输入非数字字符。

```
private void TextBox1_KeyPress(object sender, KeyPressEventArgs e)
{
    if (e.KeyChar ! = 8 && ! char.IsDigit(e.KeyChar))
    {
            MessageBox.Show("只能输入数字", "提示", MessageBoxButtons.OK,
MessageBoxIcon.Information);
            e.Handled = true;
    }
}
```

ACII 码为 8 的字符表示退格键,在上面程序中允许用户使用退格键删除文本框中的字符。

使用 KeyPress 事件无法判断是否按下了修改键(如 Shift,Alt 和 Control 键)。为了判断这些动作,就要处理 KeyUp 或 KeyDown 事件,这些事件组成了第二类键盘事件。这类事件属于 KeyEventHandler 委托,其定义如下:

public delegate void KeyEventHandler(Object sender, KeyEventArgs e);

这类键盘事件发生时,处理事件的控件将提供自身的引用(sender)和 KeyEventArgs 类对象(e)。KeyEventArgs 类包含所按下键的详细信息,其主要属性如表 7-13 所示。

KeyEventArgs 类的常用属性 表 7-13

属　　性	描　　述
Alt	获取一个值,指示是否曾按下 Alt 键
Control	获取一个值,指示是否曾按下 Control 键
Shift	获取一个值,指示是否曾按下 Shift 键
Handled	该属性表示是否处理了该事件
KeyValue	以整数形式返回键盘键的键码,不包含修改键信息。该整数是 Windows 虚拟键码,为大范围的键盘键和鼠标按钮提供了一个整数值,包括了非 ASCII 键(如 F1、F2 等功能键)
KeyCode	以 Keys 枚举类型值返回键盘键的键码(Windows 虚拟键码),但不包含修改键信息,用于测试指定的键盘键
KeyData	以 Keys 枚举类型值返回键盘键的键码,并包含修改键信息,用于判断所按下的键盘键的所有信息。通常使用来自 Keys 枚举的常数和 KeyData 属性进行按位"与"运算获取用户是否按下某个键的信息
Modifiers	以 Keys 枚举类型值返回所有按下的修改键(Alt、Control 和 Shift)信息,仅用于判断修改键信息

下面通过一个例子说明键盘事件参数的应用。

【例 7-15】 演示键盘事件参数的应用。

(1)新建一个名为 KeyEventArgsExample 的 Windows 应用程序项目,在 Form1.cs 的窗体设计视图中添加 2 个标签控件和 1 个文本框控件,设计如图 7-42 所示界面。

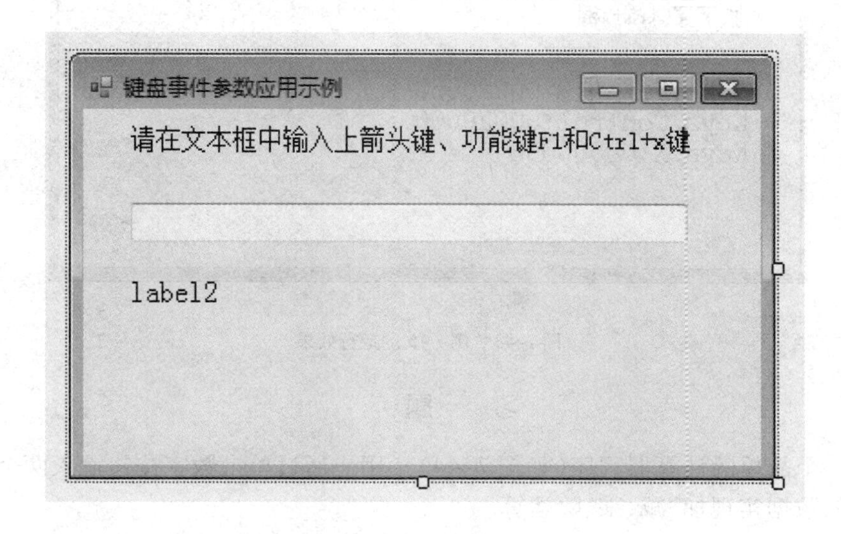

图 7-42 例 7-15 的设计界面

(2)对 Form1.cs 窗体的文本框控件添加 KeyDown 事件,事件处理程序如下:

```
private void textBox1_KeyDown(object sender, KeyEventArgs e)
{
        if (e.KeyCode == Keys.Up)   textBox1.Text = "按下了向上箭头键";
        if (e.KeyCode == Keys.F1)   textBox1.Text = "按下了功能键 F1";
        if ((e.KeyData & Keys.Control) == Keys.Control) textBox1.Text = "按下Ctrl 了键";
        if (e.KeyData == (Keys.Control | Keys.X))   textBox1.Text = "按下了Ctrl + X 键";
        label2.Text = "e.KeyData 值:" + string.Format("{0:x}", e.KeyData);
        if (e.KeyData == (Keys.Control | Keys.X))
            label2.Text = label2.Text + "\nKeys.Control:" + string.Format("{0:x}",
    Keys.Control) + "\nKeys.X:" + string.Format("{0:x}", Keys.X);
}
```

从上面的程序可以看出,测试用户按下的单一键盘键时常使用 KeyEventArgs 类的 KeyCode 属性,而测试用户按下的组合键时则使用 KeyEventArgs 类的 KeyData 属性更为简便。另外,值得注意的是,按下组合键 Ctrl + X 将产生两次 KeyDown 事件,一次表示 Ctrl 键被按下,另一次表示按下 X 键(Ctrl 键仍然被按住)。程序运行效果如图 7-43 所示。

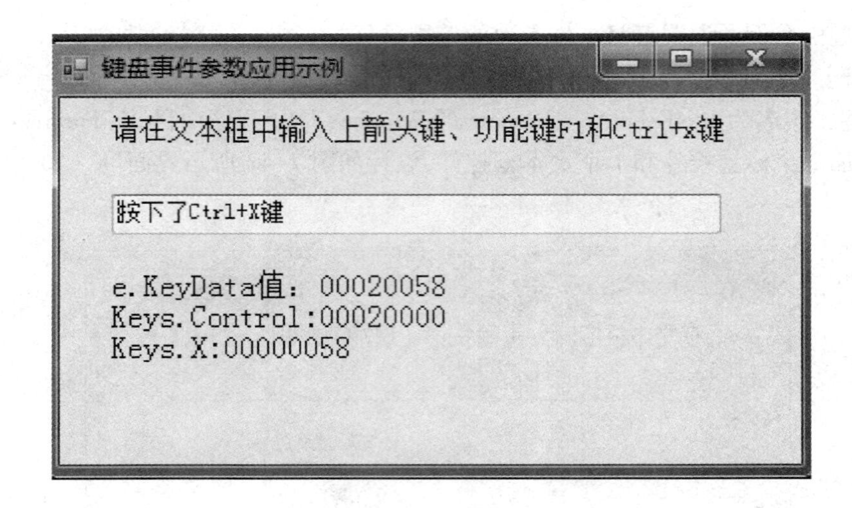

图 7-43　例 7-15 的运行效果

习　　题

1. 编写一个简单的计算器程序(如图 7-44)。用户通过单击数字按钮输入两个数据,程序能够对输入的数据实现加、减、乘、除运算。

图 7-44　简单计算器程序的运行效果

2. 编写一个 Windows 应用程序,该程序运行时可以利用键盘移动窗体。具体要求为:当用户按下各个方向键时,窗体就向相应方向移动;当用户按下 ESC 键时关闭窗体,退出程序。

3. 编写一个 Windows 应用程序,在窗体上布置一个 ListBox 控件,并自动向该控件添加 10 个随机数,每个数占用一行。

4. 编写一个 Windows 应用程序,运行效果如图 7-45 所示。程序运行时用户可在文本框中输入学号,但只能输入数字,若输入其他字符将弹出对话框提示输入错误;对窗体单击时将鼠标指针的坐标显示到相应标签上。

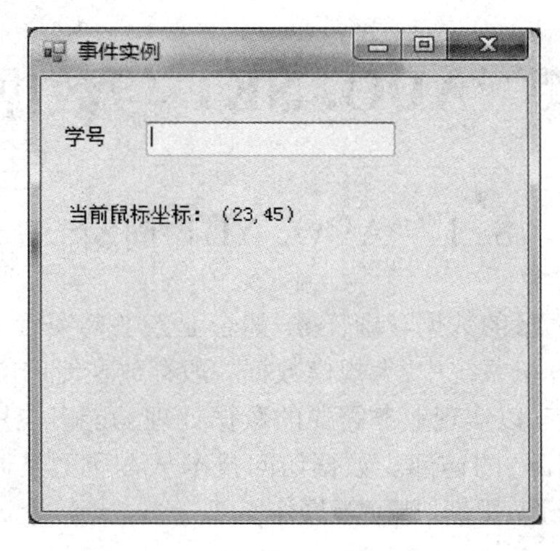

图7-45　习题4应用程序的运行效果

5. 编写一个Windows应用程序,运行效果如图7-46。程序运行时用户可在文本框中输入文字;单击“设置字体”按钮则出现标准的字体对话框,可以由此设置文本框中文字的字体和颜色。

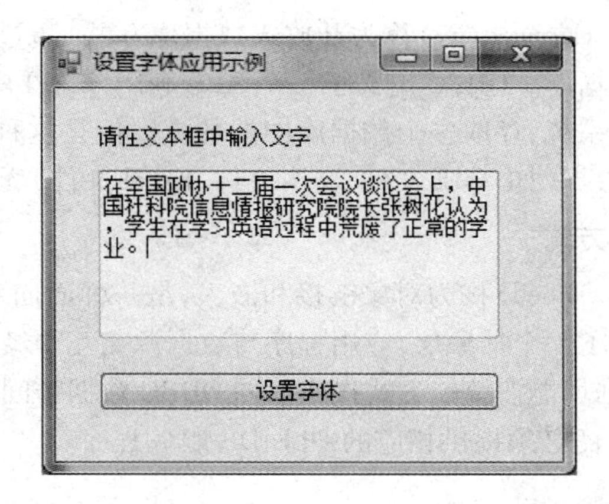

图7-46　习题5应用程序的运行效果

第 8 章　ADO. NET 与数据访问

8.1　ADO. NET 简介

很多应用程序都涉及大量的数据管理任务，如企业人事档案管理系统、航空订票系统、学生成绩管理系统等。在计算机系统中，大规模数据一般存放在专门的数据库中。因此，应用程序就需要和数据库进行交互，以实现业务需要的数据处理功能。应用程序通过数据访问技术实现对数据库（或其他数据源）的访问。数据访问技术从本质上是通过特定的应用程序编程接口（API）对数据库进行查询、更新、删除等操作。

8.1.1　数据访问技术的发展历程

数据访问技术经历以下发展过程。

1. ODBC 数据访问方式

ODBC（Open Database Connectivity）称为开放式数据库互联，通过数据库生产厂商所提供的 ODBC 驱动程序访问数据库。ODBC 定义了一个 API，利用该 API 应用程序可以使用相同的源代码访问不同的数据库系统，存取多个数据库中的数据。但是这种方式只能对结构化数据进行操作，对于非结构化数据（如 XML 文件、文本文件、Excel 文件）无能为力。

2. OLE DB 数据访问方式

OLE（Object Link and Embed）称为对象链接和嵌入，是一种面向对象技术。OLE DB 数据访问方式为数据访问提供了一个抽象层，应用程序与数据源交互须经过抽象层。这样，应用程序对结构化、非结构化数据均能按统一方式操作。同 ODBC 数据访问方式类似，数据源要按照 OLE DB 方式访问，生产厂商必须提供相应的 OLE DB 服务程序。

3. ADO 数据访问模型

ADO（ActiveX Data Objects）数据访问模型是在 OLE DB 基础上重新设计的访问层，可以访问多种数据源。和 OLE DB 数据访问方式相比，ADO 数据访问模型使用起来更加简便。

4. ADO. NET 数据访问模型

ADO. NET 数据访问模型重新整合了 OLE DB 和 ADO，并在此基础上构造了新的对象模型。该模型既提供了保持连接的数据访问方式，又提供了断开连接的、松耦合的、以数据集（DataSet）为中心的数据访问形式。

8.1.2　ADO. NET 数据访问模型

ADO. NET 是微软公司在. NET 平台下提出的新的数据访问模型。简单地说，ADO. NET 就是一系列的中间层组件，开发人员利用这些组件可以方便地对各种数据源进行存取操作。

在 ADO. NET 中,可以使用多种. NET Framework 中的数据提供程序访问数据源。常用的. NET 数据提供程序有以下几种:

(1)SQL Server 数据提供程序:位于 System. Data. SqlClient 命名空间,用于访问 SQL Server 数据库。

(2)Oracle 数据提供程序:位于 System. Data. OracleClient 命名空间,用于访问 Oracle 数据库。

(3)OLE DB 数据访问程序:位于 System. Data. OleDb 命名空间,用于访问按 OLE DB 标准公开的数据源,如 Access 数据库。使用 OLE DB 数据访问程序访问数据源将使用 OLE DB 抽象层。

(4)ODBC 数据访问程序:位于 System. Data. Odbc 命名空间,用于访问按 ODBC 标准公开的数据库,如 Visual FoxPro 数据库。使用 ODBC 数据访问程序访问数据库实际上是按 ODBC 方式访问数据库,必须具备相应数据库的 ODBC 驱动程序。

. NET Framework 自带了 OLE DB 数据访问程序、ODBC 数据访问程序和 SQL Server 数据提供程序,而 Oracle 数据提供程序则需要编程人员到微软官方网站下载。本章以 SQL Server 数据提供程序为例说明如何在 C#应用程序中存取数据库,其他数据访问程序在使用方法上和 SQL Server 数据提供程序基本类似,只是类的名称略有不同。

从形式上讲,. NET 数据提供程序就是一组用于访问数据源的对象(类),常用的对象有连接对象、命令对象、数据阅读器对象、数据适配器对象和数据集对象。在 SQL Server 数据提供程序中这些类分别是 SqlConnection、SqlCommand、SqlDataReader、SqlDataAdapter 和 DataSet,而在 OLE DB 数据提供程序中这些类则是 OleDbConnection、OleDbCommand、OleDbDataReader、OleDbDataAdapter 和 DataSet。这些对象的用法我们将在本章余下几节中详细阐述。

8.1.3　示例数据库

为了便于读者通过具体实例理解 ADO. NET 数据访问模型,本章使用了一个示例数据库。该数据库用于存储学生基本信息,名为 XS. MDF。表 8-1、表 8-2 列出了表名、表结构和假设的数据。数据库及表的名称如此定义仅仅是为了方便记忆。另外,数据库结构与实际业务并不相符,这样定义的目的只是为了将不同类型的数据放在一个表中方便演示。

学院编码对照表结构及数据(XYBM)　　表 8-1

编码(nchar,2,主键)	名称(nvarchar,20)	编码(nchar,2,主键)	名称(nvarchar,20)
01	计算机学院	03	管理学院
02	数理学院	04	土木学院

学生基本信息表结构及数据(XSXX)　　表 8-2

学号 (nchar,8,主键)	姓名 (nvarchar,20)	性别 (nchar,1)	出生日期 (datetime)	学院编码 (nchar,2)	成绩 (int)	照片 (image)
05021101	张波	男	1989-10-6	02	89	
05021102	李明	男	1990-6-7	02	90	
04012129	王小琳	女	1990-7-8	01	78	
04012130	赵勇	男	1988-9-9	01	65	
03041123	李蓉	女	1988-12-23	04	56	
03041124	陈燕	女	1989-6-9	04	92	

8.2 数据库与数据连接

在 Visual Studio 2010 开发环境中,可以手动创建到指定数据库的连接。通过该连接,可以在 Visual Studio 2010 开发环境中直接对数据库进行各种数据操作(如创建表、修改记录、查询记录、删除记录等)。这为数据库应用程序的调试提供了极大的方便。

在 Visual Studio 2010 开发环境中,选择【视图】→【服务器资源管理器】命令,在【服务资源管理器】窗口中用鼠标右键单击【数据连接】,选【添加连接】命令。操作状态如图 8-1 所示。

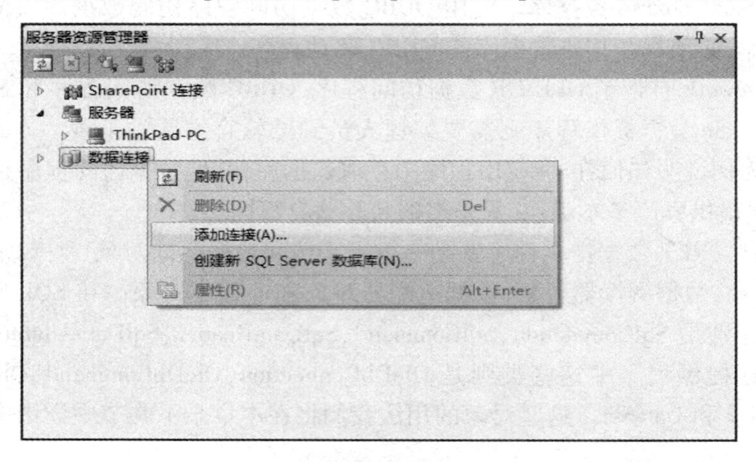

图 8-1 【服务资源管理器】窗口

随后,系统弹出【添加连接】对话框,如图 8-2 所示。可以在文本框中输入数据库的文件名,如“F:\vsproject\xs.mdf”。如果该路径下数据库已经存在,则创建到该数据库的连接;如果该数据库不存在,Visual Studio 2010 就会在该路径下创建新的数据库。

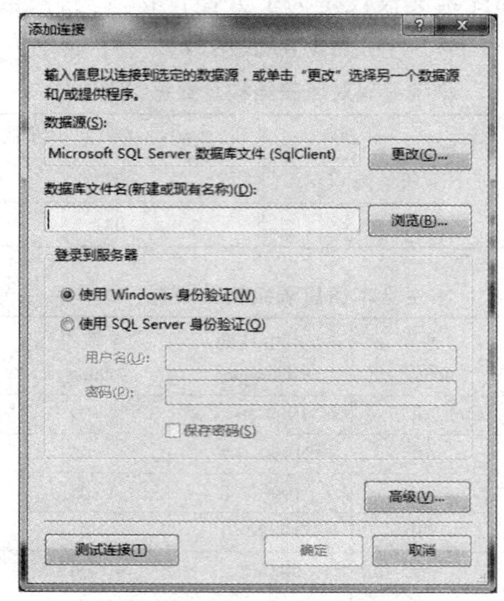

图 8-2 【添加连接】对话框

在图 8-2 中，数据源的类型为“Microsoft SQL Server 数据库文件”，如果要更改数据源的类型，可以单击【更改】按钮，弹出【更改数据源】对话框（如图 8-3），在这个对话框中操作。

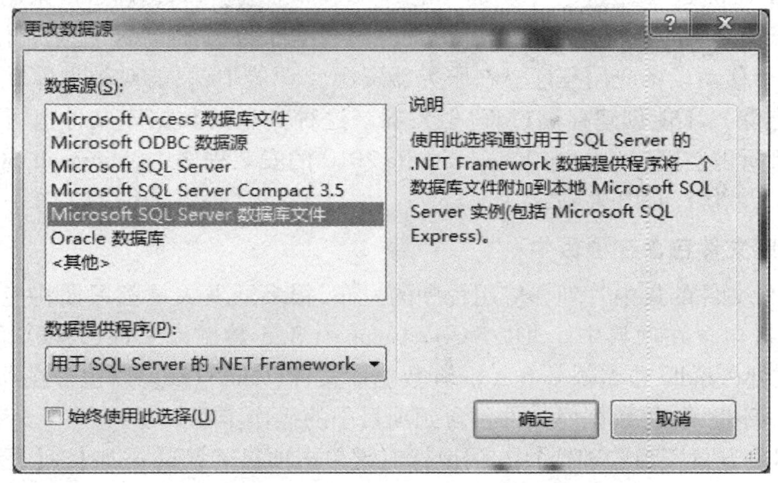

图 8-3 【更改数据源】对话框

如图 8-3 所示，在【更改数据源】对话框中列出了常用的数据源类型。针对不同的数据源，Visual Studio 2010 使用不同的数据提供程序创建连接。应用程序和 SQL Server 数据库的连接方式有 3 种，分别是“SQL Server”、“SQL Server 数据库文件”和“SQL Server Compact 3.5”。下面分别介绍这些选项的含义和相关概念。

1. Microsoft SQL Server

该选项用于和远程数据库服务器上的数据库创建连接。远程数据库服务器一般安装在单独的一台机器上，但是为了方便调试应用程序，也可能安装在与应用程序相同的机器上。

2. Microsoft SQL Server 数据库文件

该选项用于和 SQL Server Express 服务器建立连接。在早期的开发环境中，数据库的配置和管理很不方便。为了简化数据库应用程序的开发难度，从 Visual Studio 2005 开始，微软设计了一种新的数据库服务器——SQL Server Express Edition。它是 SQL Server 的简化版本，可以和 Visual Studio 2005 开发环境实现无缝对接。当应用程序首次与数据库连接时，SQL Server Express 会自动将应用程序所需要的. mdf 数据库文件附加到正在运行的 SQL Server Express 服务器中，成为一个数据库。当用户关闭或退出应用程序时，SQL Server Express 便将数据库分离成多个普通的文件（通常为两个文件：数据文件和日志文件）。这样，使用 SQL Server 数据库就像是使用基于文件的数据库（如 Access 数据库）一样，开发的项目中可以直接包含数据库文件。包含数据库文件的项目可直接复制到另一台计算机中，也可以随应用程序一同发布，而不需要对数据库进行单独的管理。唯一的要求是客户机需要安装 SQL Server Express。

鉴于 SQL Server Express 的方便性，本章的所有例子均用 SQL Server Express 讲解，但实现代码对 SQL Server 服务器同样适用。如果读者希望将调试用的数据库文件改为在 SQL Server 企业版或者标准版上运行，只需要将数据库文件附加到数据库服务器上，然后修改一下程序中的数据库连接字符串即可，而不需要修改其他任何代码。

3. Microsoft SQL Server Compact 3.5

SQL Server Compact 3.5 是一个更简单的 SQL Server 数据库管理软件,采用文件方式管理数据库。SQL Server Compact 数据库是基于文件的数据库,其文件扩展名为. sdf 。这种类型的数据库一般用于移动设备应用程序。在服务器资源管理器中,只能对数据库文件进行表操作(创建、修改、删除),不能创建存储过程、触发器。这种类型的数据库文件也可以与项目文件一同发布,而且所占空间极小。在 Visual Studio 2010 的安装程序中,Microsoft SQL Server Compact 3.5 所占容量为 1.4MB 左右。

4. 将数据库文件包含在项目中

为便于项目文件的集中管理和应用程序的发布,很多开发人员都习惯将应用程序相关的数据库文件直接包含在项目中。SQL Server Compact 3.5 数据库文件(. sdf)、SQL Server Express 数据库文件(. mdf)和 Microsoft Access 数据库文件(. mdb)都可以包含在项目中。在 Visual Studio 2010 环境下,将数据库文件包含到项目中的操作步骤如下:

(1)在【解决方案资源管理器】中,用鼠标右键单击项目名,选【添加】→【现有项】命令,如图 8-4 所示。

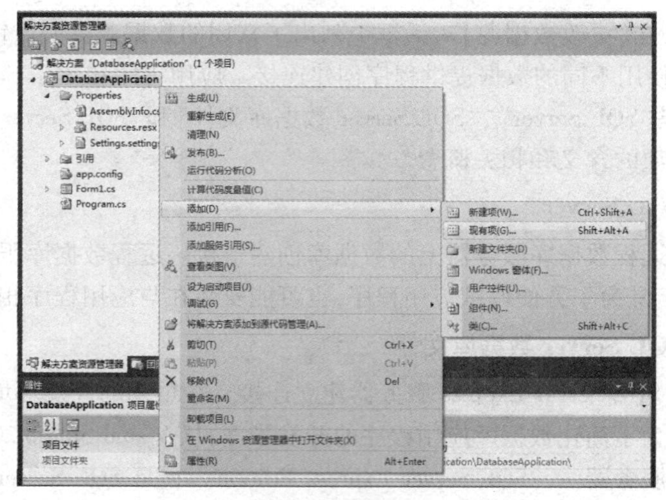

图 8-4 在项目中添加数据库文件

(2)Visual Studio 2010 将打开【添加现有项】对话框,在对话框中可选可择数据库文件,如图 8-5所示。

(3)Visual Studio 2010 打开【数据源配置向导】对话框(如图 8-6),选【数据集】数据库模型,单击【下一步】按钮。

(4)选择数据库对象,一般情况下选择“表”即可(如图 8-7)。另外还需要输入类型化数据集的名称,它是一个类名,此处我们输入 XsDataSet。单击【完成】按钮即完成了项目中数据库文件的添加。

注意,在项目中添加数据库文件时,Visual Studio 2010 提供的向导会自动生成一个数据集文件(上面的操作步骤将生成 XsDataSet. xsd),它实际上是一个新的数据集类。与数据集有关的内容将在本章后面的小节讲述。

图 8-5 【添加现有项】对话框

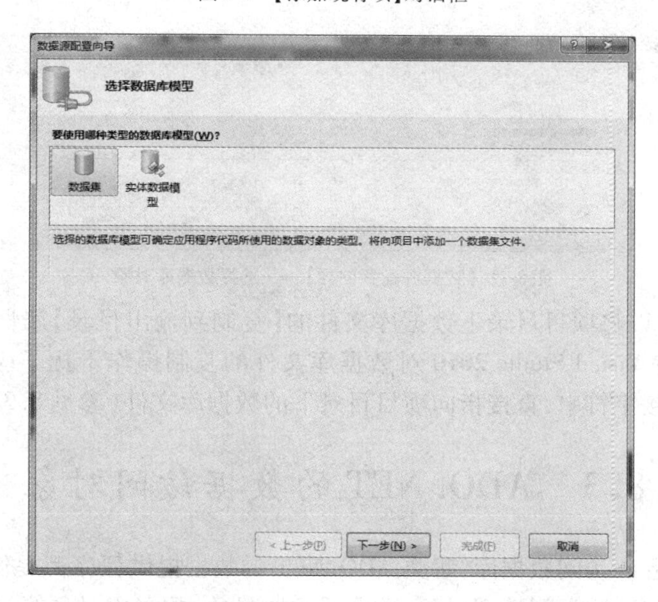

图 8-6 【数据源配置向导】——选择数据库模型

5. 项目中数据库文件的属性设置

当项目中包含数据库文件后,数据库文件的使用方式分为三种:“不复制”、“如果较新则复制”、“始终复制”。这可以通过设置数据库文件的【复制到输出目录】属性设定。“始终复制”表示每次生成应用程序时,数据库文件就从项目目录复制到生成应用程序可执行文件的 bin 目录,应用程序连接的数据库是 bin 目录下的数据库文件。选择“始终复制”选项会覆盖 bin 目录下原来的数据库文件,因此运行应用程序时将看不到上一次运行对数据库所做的更新数据。“不复制”表示生成应用程序时,数据库文件不会从项目目录复制到 bin 目录,因此不会覆盖 bin 目录下原有的数据库文件。“如果较新则复制”表示在生成应用程序时将比较项目目录的数据库文件和 bin 目录下数据库文件的修改日期,如果项目目录下数据库文件较新则会将其复制到 bin 目录下,从而覆盖 bin 目录下数据库文件,反之则不会复制项目目录下数据库文件到 bin 目录下。但这个选项可能造成“误判”,因为如果在【服务器资源管理器】中打开数据库观察数据时,即使没有对数据库进行任何更改,也会修改项目目录下数据库文件的修改日期,从而导致“项目目录的数据库文件比 bin 目录下的数据库文件新”的误判,Visual Studio 2010 就会将数据库文件从项目目录复制到 bin 目录,覆盖掉 bin 目录下原有的数据库文件。

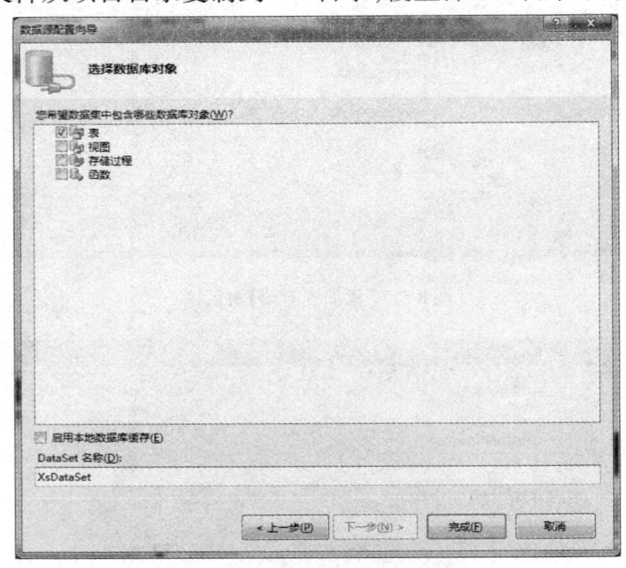

图 8-7 【数据源配置向导】——选择数据库对象

一般情况下,可以将项目目录下数据库文件的【复制到输出目录】属性设置为“如果较新则复制”。如果觉得 Visual Studio 2010 对数据库文件的复制操作干扰了应用程序的调试,可以修改项目中的连接字符串,直接指向项目目录下的数据库文件(参见 8.3.1)。

8.3 ADO. NET 的数据访问对象

为了方便应用程序访问数据库,每类 ADO. NET 的数据提供程序都提供了多种对象模型,如连接对象、命令对象、数据阅读器对象、数据适配器对象、数据集对象等。本节以 SQL Server 提供程序为例介绍这些对象的用法。

8.3.1 SqlConnection 对象

1. 连接字符串

应用程序要与数据库交互,首先必须建立与数据库服务器的连接。SQL Server 提供程序使用 SqlConnection 对象与 SQL Server 数据库建立连接。为了创建 SqlConnection 对象,必须指定一个连接字符串,其格式由一系列关键字和值组成,各关键字之间用分号分隔,关键字不区分大小写。常用的关键字有:

(1) DataSource:也可以用“Server”,其值为提供数据库服务的服务器和实例名,一般形式为“服务器\实例名”。如果使用默认的 SQL Server 实例,也可以只指定服务器名;如果安装

SQL Server 的服务器是本机，可以写成“localhost”或者“.”，否则可以用 IP 地址或域名指定服务器。

(2) Initial Catalog：也可以用“Database”，指定连接的数据库。

(3) AttachDbFilename：指定要附加的数据库文件名。

(4) Integrated Security：指定连接数据库服务器是否使用 Windows 集成安全身份验证。该关键字取值有 True 和 False 两种。值 True 表示使用当前的 Windows 账户进行身份验证。值 False 表示连接时使用 SQL Server 服务器提供的身份验证，这种验证方式要求连接字符串指明登录 SQL Server 服务器的用户名和密码。由于采用 SQL Server 服务器提供的身份验证安全性不高，比较容易受到黑客的攻击，因此一般选用 Windows 集成安全身份验证方式。

(5) User Id：指定登录 SQL Server 服务器的用户名。

(6) Password：指定登录 SQL Server 服务器的用户密码。

(7) Connect Timeout：指定连接超时时间，单位为秒。由于第一次附加数据库文件到 SQL Server Express 中需要的时间比较长，所以此值最好大一些，比如设置为 60s。

(8) User Instance：指定是否创建单实例连接。当设置为 true 时，表示只允许应用程序的单个实例连接到数据库。

与 SQL Server 服务器连接，采用 Windows 集成安全身份验证方式，连接字符串的示例代码如下：

```
string connString = @"Server=localhost; Integrated Security=true; Database=xs;";
```

如果采用 SQL Server 服务器提供的身份验证，上述连接字符串应改为：

```
string connString = @"Server=localhost; User Id=sa; Password=123; Database=xs;";
```

与 SQL Server Express 服务器连接，连接字符串示例代码如下：

```
string connectionString = @"Data Source=.\SQLEXPRESS; AttachDbFilename=|DataDirectory|\xs.mdf; Integrated Security=True; Connect Timeout=60; User Instance=True";
```

其中，字符串中|DataDirectiory|指项目编译后数据库文件所在的目录，默认与可执行文件在同一目录。

确定连接字符串后，就可以创建 SqlConnection 对象，例如：

```
string connectionString = @"Data Source=.\SQLEXPRESS; AttachDbFilename=|DataDirectory|\xs.mdf; Integrated Security=True; Connect Timeout=60; User Instance=True";
SqlConnection conn = new SqlConnection(connectionString);
```

2. 连接字符串的保存

除了在程序中直接书写连接字符串外，还可以将连接字符串保存在项目的配置文件(app.config)中。程序员可以在任何需要的时候直接从配置文件中读取该连接字符串。在 Visual Studio 2010 环境中，将连接字符串保存到配置文件中可以通过以下操作步骤实现：在【解决方案资源管理器】中双击【Properties】文件夹下的【Settings.setings】选项，打开应用程序设置窗口(如图 8-8)。在配置文件中添加一个连接字符串，输入连接字符串的名称(xsConnectionString)。

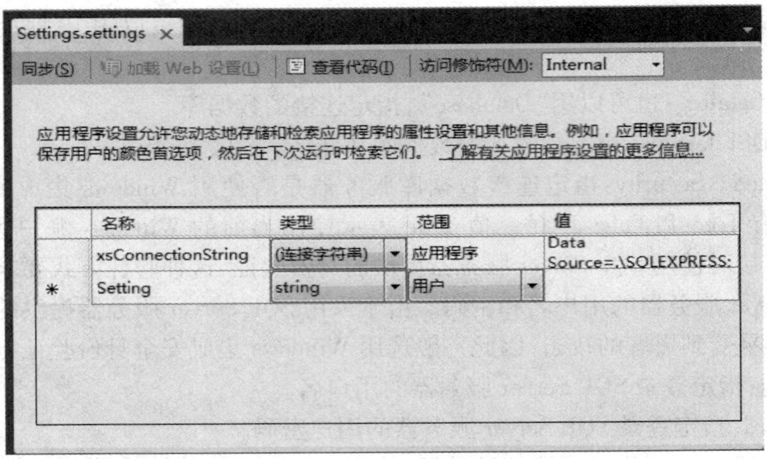

图 8-8 应用程序设置窗口

实际上,在项目中添加数据库文件后,Visual Studio 2010 自动生成了一个连接字符串,并保存到了配置文件中。当在程序中需要创建连接对象时,可以直接从配置文件中读取连接字符串,如:

```
string    connectionStr = Properties.Settings.Default.xsConnectionString;
SqlConnection conn = new SqlConnection(connectionStr);
```

上述代码中,Properties 命名空间的 Settings 类的静态属性 default 返回默认的 Settings 类对象,通过该对象的 xsConnectionString 属性返回连接字符串。

将连接字符串保存在配置文件是一个较好的方法,因为当需要修改连接字符串时,只需要修改应用程序配置文件的连接字符串就可以了。应用程序配置文件是一个 XML 文件,可以用任何文本编辑器修改。如果在应用程序的代码中直接定义连接字符串,当应用程序的运行环境发生变化需要修改连接字符串时,就不得不修改程序代码并重新编译,显然不如直接修改配置文件简便。

8.3.2 SqlCommand 对象

与数据库建立连接后,应用程序就可以对数据库中的表进行插入、删除、查询和更新操作。在 SQL Server 数据提供程序中,SqlCommand 对象代表了对数据库的操作命令,应用程序可以通过该对象执行数据库操作,并得到命令执行的结果。操作命令的类型可以是 SQL 语句,也可以是存储过程。

1. SqlCommand 对象的创建

创建 SqlCommand 对象需要一个连接对象和一条完整的 SQL 命令,如:

```
string    connectionStr = Properties.Settings.Default.xsConnectionString;
SqlConnection conn = new SqlConnection(connectionStr);
SqlCommand comm. = new SqlCommand("select * from xybm", conn);
```

2. SqlCommand 对象的数据操作方法

SqlCommand 对象具有 3 种数据操作方法,分别用于执行不同类型的 SQL 命令。

(1)ExecuteReader 方法

该方法用于执行查询数据库的 SQL 语句,如 Select 语句。ExecuteReader 方法将 SQL 命令传送到数据库服务器,由数据库服务器执行查询语句,查询结果存放在数据库服务器的缓冲区中。ExecuteReader 方法执行完成之后将向调用者返回一个 SqlDataReader 对象,可以使用该对象的 Read 方法依次读取查询结果中的每条记录。在读取结果记录过程中应用程序必须保持与数据库的连接,否则无法读取数据记录。

(2)ExecuteNonQuery 方法

该方法用于执行更新数据库的 SQL 语句,如 Update、Insert 和 Delete 语句。ExecuteNonQuery 方法执行指定的 SQL 语句,返回数据操作所影响的行数。

(3)ExecuteScalar 方法

该方法用于执行查询结果仅为一个值的 SQL 语句,如使用 Count 或 Sum 函数进行统计的 Select 语句。

3. 执行数据库操作命令的基本步骤

(1)创建 SqlConnection 对象;

(2)创建 SqlCommand 对象;

(3)打开连接;

(4)调用 SqlCommand 对象的数据操作方法执行命令;

(5)关闭连接。

下面通过一个例子说明如何执行数据库操作命令。

【例 8-1】 演示 SqlCommand 对象的用法。

(1)创建一个名为 SqlCommandExample 的 Windows 窗体应用程序,设计如图 8-9a)所示的界面。

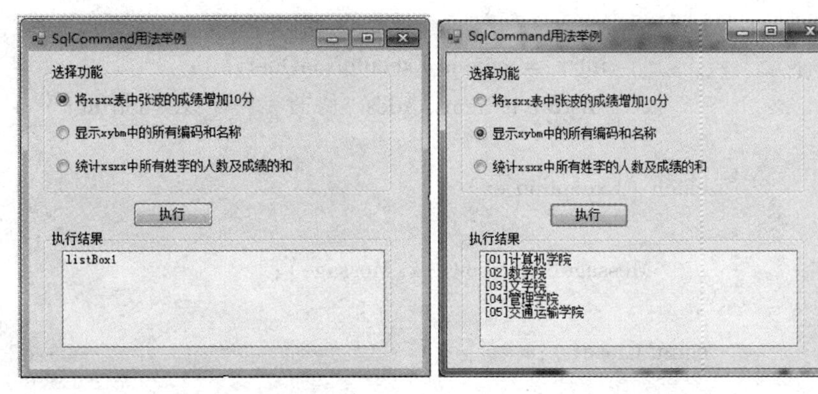

a)例8-1 设计界面　　　　b)例8-1 运行效果

图 8-9　例 8-1 的设计界面和运行效果

(2)将 8.1 介绍的示例数据库添加到项目中,将连接字符串保存在应用程序配置文件中。

(3)添加【执行】按钮的 Click 事件处理程序,程序代码如下:

```
using System;
```

```
using System.Data;
using System.Windows.Forms;
using System.Data.SqlClient;
namespace SqlCommandExample
{
    public partial class Form1 : Form
    {
        string connectionString;
        SqlConnection conn;
        public Form1()
        {
            InitializeComponent();
            connectionString = Properties.Settings.Default.xsConnectionString;
        }
        private void button1_Click(object sender, EventArgs e)
        {
            if (radioButton1.Checked)
            {
                conn = new SqlConnection(connectionString);
                conn.Open();
                listBox1.Items.Clear();
                string strcomm = "update xsxx set 成绩 = 成绩 + 10 where 姓名 = '张波'";
                SqlCommand comm = new SqlCommand(strcomm,conn);
                try
                {       int x = comm.ExecuteNonQuery();
                        listBox1.Items.Add("修改了" + x.ToString() + "项");
                }
                catch (Exception ex)
                {
                    MessageBox.Show(ex.Message);
                }
                conn.Close();
            }
            if (radioButton2.Checked)
            {
                conn = new SqlConnection(connectionString);
                conn.Open();
                SqlCommand cmd = new SqlCommand("select * from xybm", conn);
```

```
                listBox1. Items. Clear( ) ;
                try
                {
                    SqlDataReader r = cmd. ExecuteReader( ) ;
                    while (r. Read( ) )
                    {
                        listBox1. Items. Add( string. Format( "[ {0} ] {1} ", r[0], r[1]));
                    }
                        r. Close( ) ;
                }
                catch (Exception ex)
                {
                    MessageBox. Show( ex. Message) ;
                }
            }
            if (radioButton3. Checked)
            {
              conn = new SqlConnection( connectionString) ;
              conn. Open( ) ;
              listBox1. Items. Clear( ) ;
              SqlCommand cmd = new SqlCommand( ) ;
              cmd. Connection = conn;
              try{
              cmd. CommandText = "select count( * ) from xsxx where 姓名 like'李%'";
              int record = (int)cmd. ExecuteScalar( ) ;
              cmd. CommandText = "select sum(成绩) from xsxx where 姓名 like '李%'";
              double sumValue = Convert. ToDouble( cmd. ExecuteScalar( ) ) ;
              MessageBox. Show( string. Format( "有{0}条姓李的记录,合计成绩为{1}",
record, sumValue) ) ;
                }
                catch (Exception ex)
                {
                  MessageBox. Show( ex. Message) ;
                }
                conn. Close( ) ;
            }
        }
    }
```

```
}
```

程序运行效果如图 8-9b)。

4. 在 SQL 语句中使用参数

某些情况下编写程序时不能写出完整的 SQL 语句。SQL 语句中具有一些待确定值的参数,参数的值只有在程序运行时才能确定。例如,根据用户在某个文本框输入的学生姓名查询学生信息。对于 SQL 语句中的参数通常有两种解决方法。一种是使用连接操作符“ + ”将参数值连接到 SQL 语句中,如:

```
string  connectionString = Properties. Settings. Default. xsConnectionString;
SqlConnection conn = new Sqlconnection(connectionString);
string str = "select 学号,姓名,出生日期 from xsxx where 姓名 ='" + textBox1. Text. Trim() + "'";
SqlCommand cmd = new SqlCommand(str, conn);
```

另一种解决方法是在 SQL 语句中定义参数,然后再通过 SqlParameter 对象为参数提供值,示例代码如下:

```
string  connectionString = Properties. Settings. Default. xsConnectionString;
SqlConnection conn = new Sqlconnection(connectionString);
string str = "select 学号,姓名,出生日期 from xsxx where 姓名 =@name" ;
SqlCommand cmd = new SqlCommand(str, conn);
SqlParameter parameter = new SqlParameter( "@sname", SqlDbType. NVarChar, 20);
parameter. Value = "李蓉";
cmd. Parameters. Add(parameter);
```

在上面代码中@name 就是 SQL 语句中定义的参数。对于 SQL Server 的 SQL 语句中参数,其名字必须以“@”为前缀。构造参数对象时需要指明参数名、参数类型。参数名不区分大小写,参数类型用 SqlDbType 枚举表示。SqlDbType 是.NET 框架所定义的用于表示 SQL Server 数据库数据类型的枚举类型。对于某些参数类型(如 SqlDbType. NVarChar),还需要指明参数长度。参数类型和参数长度应与数据库中对应字段的数据类型一致。参数对象定义完成之后,还要将参数对象添加到命令对象的参数对象集合中。如果 SQL 语句中定义了多个参数,则需要定义多个参数对象并且都添加到命令对象的参数集合中。

5. SqlDbType 枚举

由于 SQL Server 数据类型和 C#数据类型不完全相同,为了使参数的数据类型和数据表中字段类型一致。系统提供了一个 SqlDbType 枚举类型。SqlDbType 枚举用于定义 SQL 语句中的参数数据类型。为参数提供值时要了解 C#数据类型和参数数据类型的对应关系,以避免使用不恰当的数据类型导致错误结果。表 8-3 列出了常用 C#数据类型和 SQL Server 数据类型的对应关系。

C#数据类型和 SQL Server 数据类型的对应关系　表 8-3

C#数据类型	SQL Server 数据类型	SqlDbType 枚举
byte[ ]	binary, image, varbinary	VarBinary
string char[ ]	char nchar varchar nvarchar	Char Nchar VarChar NvarChar
DateTime	datetime, smalldatetime	DateTime
int	int	Int
long	bigint	BigInt
decimal	decimal	Decimal
	money	Money
float	real	Real
double	float	Float
bool	bit	Bit

8.3.3 DataTable 和 DataSet 对象

ADO. NET 数据访问模型一个重要的特点是:应用程序在与数据库断开连接的状态下可以通过 DataSet 对象或 DataTable 对象进行数据处理,当需要更新数据时才重新与数据源进行连接,执行更新操作。DataSet 类和 DataTable 类都位于命名空间 System. Data。

1. DataTable 对象

DataTable 对象表示保存在本机内存中的数据表,它提供了对表中数据进行各种操作的属性和方法。一般情况下,通过数据适配器对象读取数据库中的数据填充到 DataTable 对象中。和关系数据库中表结构类似,DataTable 对象也包括行、列以及各种约束等属性。DataTable 对象的 Columns 属性表示列的集合,每一列用一个 DataColumn 对象表示。DataTable 对象的 Rows 属性表示行的集合,每个数据行用一个 DataRow 对象表示。

(1)创建 DataTable 对象

创建 DataTable 对象十分简单,直接调用 DataTable 的无参构造函数即可,示例代码如下:

```
DataTable   dt = new   DataTable( );
```

(2)在 DataTable 对象中添加列

在 DataTable 对象中添加列的最常用方法是调用 DataTable 对象内列集合对象的 Add 方法。例如:

```
DataTable   dt = new   DataTable( "xybm" );
dt. Columns. Add("年龄",typeof(System. Data. SqlTypes. SqlInt32));
dt. Columns. Add("姓名",typeof(System. Data. SqlTypes. SqlString));
```

(3)在 DataTable 对象中创建行

由于 DataTable 对象的每一行都是一个 DataRow 对象,所以创建行时可以先利用 DataTable 对象的 NewRow 方法创建一个 DataRow 对象，并设置新行中各列的数据，然后利用行集合对象的 Add 方法将 DataRow 对象添加到表中。例如：

```
DataRow  row = dt. NewRow( );
row[ "姓名" ] = "李四";
row[ "年龄" ] = 20;
dt. Rows. Add( row);
```

(4)设置 DataTable 对象的主键

关系数据库中表一般都有一个主键，用来唯一标识表中的每一行记录。我们可以通过 DataTable 对象的 PrimaryKey 属性设置 DataTable 对象的主键。主键由一个或者多个 DataColumn 对象组成的数组表示。例如：

```
DataColumn[ ] key = new DataColumn[1];
key[0] = dt. Clolumns[0];
dt. PrimaryKey = key;
```

2. DataSet 对象

DataSet 相当于内存中的关系数据库。和关系数据库的结构类似，DataSet 也是由表、表与表之间关系和约束的集合组成。DataSet 对象的 Tables 属性返回数据集中多个表的集合，每个表都是一个 DataTable 对象。当多个表之间具有约束关系，或者需要同时对多个表进行处理时，DataSet 对象就显得特别重要了。同 DataTable 对象一样，通常利用数据适配器对象读取数据库中的数据并填充到 DataSet 对象中。

(1)创建 DataSet 对象

一般使用 DataSet 的无参构造函数创建 DataSet 对象，如：

```
DataSet  ds = new  DataSet( );
```

(2)访问 DataSet 对象

在利用数据适配器把数据库数据填充到 DataSet 对象后，就可以访问 DataSet 对象中的数据。示例代码如下：

```
DataRow  row  =  ds. Tables[0]. Rows[1];
int  cj =  Convert. ToInt32( row[4] );
string  xm =  row[ " 姓名" ]. ToString( ) ;
```

3. 强类型数据集

当我们在项目中添加数据库时（如 8.2 在项目中添加数据库文件 xs. mdf），Visual Studio 2010 将在项目中自动生成一个表示强类型数据集的文件（如 XsDataSet. xsd，参见 8.2）。该文件定义了一系列的类，这些类在项目开发中可以直接使用，操作简便。现以 XsDataSet. xsd 为例介绍强类型数据集文件的主要内容。

XsDataSet. xsd 文件中定义了一个强类型数据集和为该数据集服务的两个数据适配器。强类型数据集类的名称是 XsDataSet，位于应用程序命名空间（在本例中为 dataBindingExample）中。在该类中定义了 xsxxDataTable、xybmDataTable 两个表示数据库表的内部类。XsDataSet 类主要的数据成员定义如下：

```
private xsxxDataTable tablexsxx;
private xybmDataTable tablexybm;
```

XsDataSet 类常用的两个属性是 xsxx 和 xybm,该属性返回强类型数据集的数据表对象,其定义如下:

```
public xsxxDataTable   xsxx {
        get {
                return this. tablexsxx;
        }
}
public xybmataTable   xybm{
        get {
                return this. tablexybm;
        }
}
```

为上述强类型数据集服务的强类型数据适配器定义在应用程序命名空间下的 XsDataSet-TableAdapters 子命名空间,主要包括 xsxxTableAdapter、xybmTableAdapter 两个类。

比起一般的数据集和数据适配器对象,强类型数据集和数据适配器使用起来更为简便。以上面介绍的 XsDataSet 为例,可以使用如下代码访问数据库:

```
XsDataSet ds = new XsDataSet( );
dataBindingExample. XsDataSetTableAdapters. xybmTableAdapter   adapter = new
dataBindingExample. XsDataSetTableAdapters. xybmTableAdapter( );
adapter. Fill( ds. xybm);
```

8.3.4 SqlDataAdapter 对象

SqlDataAdapter 对象用于实现数据库和本机 DataTable 或 DataSet 对象之间的交互。该对象通过 Fill 方法将数据库数据填充到本机内存的 DataSet 或 DataTable 对象中,填充完成之后应用程序与数据库的连接就自动断开。当用户对内存中的数据表处理完成之后,如果需要更新数据库,SqlDataAdapter 对象根据内部的连接字符串重新建立到数据库的连接,再利用 Update 方法把内存中数据表更新回数据库。

利用 SqlDataAdapter 对象操作数据库的一般步骤如下:

(1)创建 SqlDataAdapter 对象;

(2)创建 DataTable 或 DataSet 对象;

(3)调用 SqlDataAdapter 对象的 Fill 方法将数据库中数据填充到 DataTable 或 DataSet 对象;

(4)利用 DataGridView 或者其他控件编辑或显示 DataTable 对象中的数据;

(5)根据需要,调用 SqlDataAdapter 对象的 Update 方法更新数据库。

SqlDataAdapter 对象内部包含了 4 个 SQL 命令对象,分别对应了 select、update、delete 和 insert 4 条 SQL 语句。当 SqlDataAdapter 对象读取数据库数据时将执行 select 命令,当 SqlData-

Adapter 对象更新数据库时将会执行 update、delete 和 insert 语句。SqlDataAdapter 对象的 SelectCommand、InsertCommand、DeleteCommand 和 UpdateCommand 属性分别返回对应的 SQL 命令对象。在只涉及到一个表的情况下，创建 SqlDataAdapter 对象时只需要向其构造函数提供 select 语句和连接字符串参数，然后利用 SqlCommandBuilder 对象为 SqlDataAdapter 对象自动生成 UpdateCommand、InsertCommand、DeleteCommand 命令对象。

【例 8-2】 演示 SqlDataAdapter 对象的用法。

(1)创建一个名为 SqlDataAdapterExample 的 Windows 窗体应用程序，设计如图 8-10 所示的窗体界面。

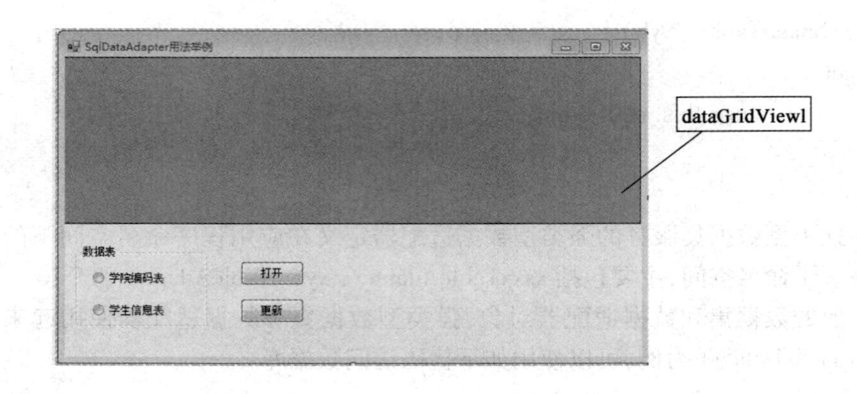

图 8-10　例 8-2 的设计界面

(2)针对本章示例数据库创建连接字符串(xsmdf)，将其保存在应用程序配置文件中。

(3)在 Form1. cs 中添加如下命名空间的引用：

```
using System. Data. SqlClient;
```

(4)分别添加【打开】和【更新】按钮的 Click 事件处理程序。完整的程序代码如下：

```
using System;
using System. Data;
using System. Windows. Forms;
using System. Data. SqlClient;
namespace SqlDataAdapterExample
{
    public partial class Form1 : Form
    {
        SqlDataAdapter adapter;
        DataTable table;
        public Form1()
        {
            InitializeComponent();
        }
```

```
        private void buttonOpen_Click(object sender, EventArgs e)
        {
            string tableName = (radioButtonMyTable1.Checked == true ? "xybm" : "
xsxx");
            string connectionString = Properties.Settings.Default.xsmdf;
            SqlConnection conn = new SqlConnection(connectionString);
            adapter = new SqlDataAdapter("select * from " + tableName, conn);
            SqlCommandBuilder builder = new SqlCommandBuilder(adapter);
            adapter.InsertCommand = builder.GetInsertCommand();
            adapter.UpdateCommand = builder.GetUpdateCommand();
            adapter.DeleteCommand = builder.GetDeleteCommand();
            table = new DataTable();
            adapter.Fill(table);
            dataGridView1.DataSource = table;
        }
        private void buttonSave_Click(object sender, EventArgs e)
        {
            dataGridView1.EndEdit();
            try
            {
                adapter.Update(table);
                MessageBox.Show("保存成功!");
            }
            catch (SqlException err)
            {
                MessageBox.Show(err.Message, "保存失败!");
            }
        }
    }
}
```

注意:上述程序中,为了生成 UpdateCommand、InsertCommand、DeleteCommand 命令对象,SqlCommandBuilder 对象会自动使用数据适配器的 select 命令检索所需的元数据集。select 语句必须至少返回一个主键列或具有唯一约束的列,否则 SqlCommandBuilder 对象无法生成 insert、update 和 delete 语句。如果在检索到元数据后更改数据适配器对象的 SelectCommand 属性,则应调用 SqlCommandBuilder 对象的 RefreshSchema 方法更新元数据,否则数据适配器的 InsertCommand、UpdateCommand 和 DeleteCommand 属性都保留它们以前的值。

例 8-2 应用程序的运行效果如图 8-11。

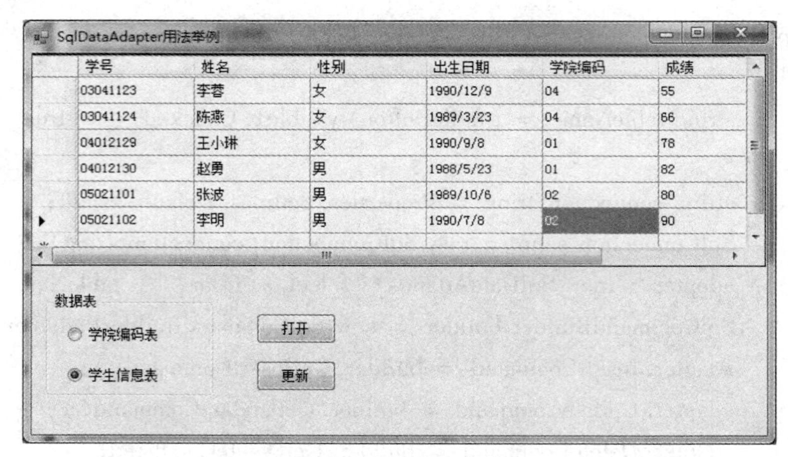

图 8-11　例 8-2 的运行效果

8.4　数据绑定技术

数据绑定是指在程序运行时,窗体上的控件自动将其属性和数据源关联在一起。数据绑定技术是数据操作中使用最频繁的技术,利用该技术能极大地提高项目开发的效率。这一节我们简单介绍与此相关的概念和方法。

8.4.1　绑定源组件(BindingSource)

绑定源组件的作用是绑定内存中数据对象,实现与内存数据的交互,如导航、排序、筛选和更新,再统一向窗体上各个控件提供数据。通常情况下,先将绑定源组件绑定到内存数据表(或数据集),再将各个控件绑定到绑定源组件。

表 8-4 列出了绑定源组件的常用属性、方法和事件。

BindingSource 组件的常用属性、方法和事件　　表 8-4

名　　称	说　　明
DataSource 属性	获取或设置要绑定的数据源。数据源可以是多种类型的对象,如数组、数据集、数据表和实现 IEnumerable 接口的集合。绑定源组件将数据源作为列表进行处理。如果所提供的数据对象包含多个列表或表,则必须设置 DataMember 属性指定要绑定的列表
Filter 属性	获取或设置原始数据记录的筛选条件字符串。字符串使用 SQL 语句语法,相当于 SQL 语句的 Where 条件表达式,例如: BindingSource1. Filter = "姓名 like　'张%'";
Sort 属性	获取或设置原始数据记录的排序字符串。该字符串使用 SQL 语句语法,即每个字段名后面可以用 DESC 表示降序,用 ASC 表示升序,当排序的字段多于一个时,各字段间用逗号分隔。例如: bindingSource1. Sort = "性别 ASC,出生日期 DESC";
Position 属性	获取或设置数据源列表中当前项的索引
Count 属性	获取或设置数据源列表中元素的总数
Current 属性	获取数据源列表的当前项

续上表

名　称	说　明
Item 属性	获取或设置指定索引处的列表元素
Add 方法	将现有项添加到数据源列表中
AddNew 方法	向数据源列表添加新项
CancelEdit 方法	取消当前编辑操作
EndEdit 方法	结束当前编辑操作
Clear 方法	移除数据源列表的所有元素
MoveFirst 方法	将 Position 属性的当前值更改为数据源列表的第一项的索引
MoveLast 方法	将 Position 属性的当前值更改为数据源列表的最后一项的索引
MoveNext 方法	将 Position 属性的当前值更改为数据源列表的下一项的索引
MovePrevious 方法	将 Position 属性的当前值更改为数据源列表的前一项的索引
CurrentChanged 事件	数据源列表的当前项发生更改时触发该事件

8.4.2　简单数据绑定和复杂数据绑定

在 C#中将控件绑定到数据源分为两种类型:简单数据绑定和复杂数据绑定。简单数据绑定是指将一个控件的某个属性绑定到内存中数据集的单个值。这种类型的绑定适用于只显示单个值的控件,一般将这些控件的某个属性绑定到数据表中某个记录的一个字段。例如,将 TextBox 控件或者 Label 控件的【Text】属性绑定到数据集(DataSet)中 xybm 表的“名称”字段,它就能显示数据表中当前记录“名称”字段的值。复杂数据绑定是指将一个控件绑定到数据源的多个值。这种类型的绑定适用于显示多个值的控件,例如 DataGridView 控件、ListBox 控件和 ComboBox 控件等。一般将这些控件绑定到数据集的多个记录,即一次性地将多个记录的某些字段显示出来。

数据绑定的具体实现方式又分为两种:第一种方式是在可视化设计界面下设置控件的 DataBindings 属性实现数据绑定;第二种方式是直接编写代码实现数据绑定。下面通过一个例子说明这两种实现方式。

【例 8-3】 演示常用控件的数据绑定方法。

(1)创建一个名为 DataBindingExample 的 Windows 窗体应用程序项目,设计如图 8-12 所示界面。

(2)将前面介绍的示例数据库(xs. mdf)添加到当前项目中。如前所述,Visual Studio 2010 的向导将会自动在当前项目中生成强类型数据集(设为 XsDataSet. xsd)。如果我们需要在可视化设计界面下实现数据绑定必须使用强类型数据集。

(3)在项目中添加一个绑定源组件(bindingSource1),设置该组件的【DataSource】属性。在 bindingSource1 组件的【属性】窗口中单击【DataSource】属性右边栏的向下三角形按钮,出现如图 8-13 所示对话框。单击强类型数据集 XsDataSet,Visual Studio 2010 将自动在该窗体类定义一个 XsDataSet 类数据成员 xsDataSet,并将绑定源组件的【DataSource】属性设置为 xsDataSet。然后设置绑定源组件的【DataMember】属性,将其设置为 xsDataSet 的 xybm 表,Visual Studio 2010

将自动在该窗体类中定义一个 xybmTableAdapter 对象,并在 Form1_Load 事件处理程序中添加如下代码:

```
this. xybmTableAdapter. Fill( this. xsDataSet. xybm) ;
```

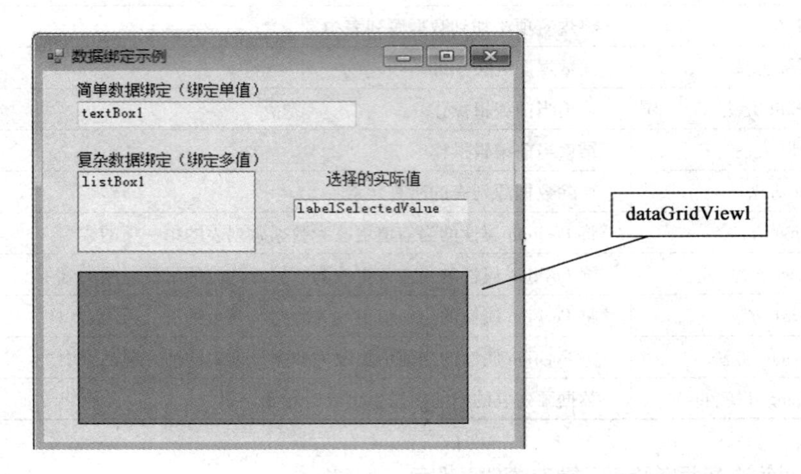

图 8-12　例 8-3 的设计界面

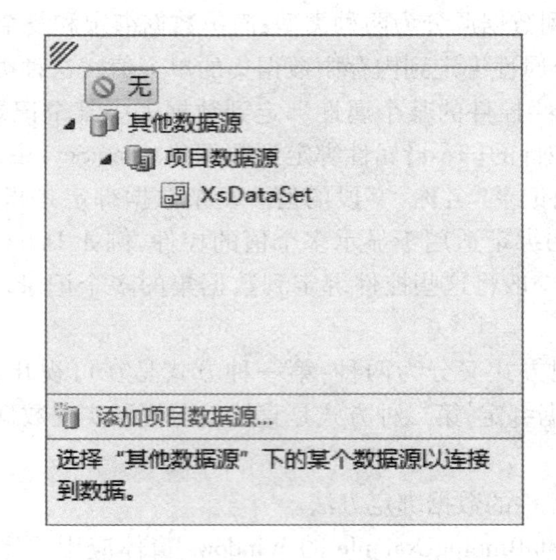

图 8-13　设置 bindingSource1 组件的 DataSource 属性

(4)设置 textBox1 控件的【DataBindings】属性。选择该控件并显示其【属性】窗口,展开【DataBindings】属性,此时即可以看到与该控件对应的默认绑定属性。单击【Advanced】属性右边的【…】按钮,显示【格式设置和高级绑定】对话框(如图 8-14),在此对话框中可以选择要绑定数据源的字段和被绑定控件的属性。

(5)将 listBox1 控件的【DataSource】属性设置为 bindingSource1,将【DisplayMember】属性设置为“名称”,将【ValueMember】属性设置为“编码”。

(6)将 DataGridView1 控件的【DataSource】属性设置为 bindingSource1。

(7)添加 listBox1 控件的 SelectedIndexChanged 事件处理程序,代码如下:

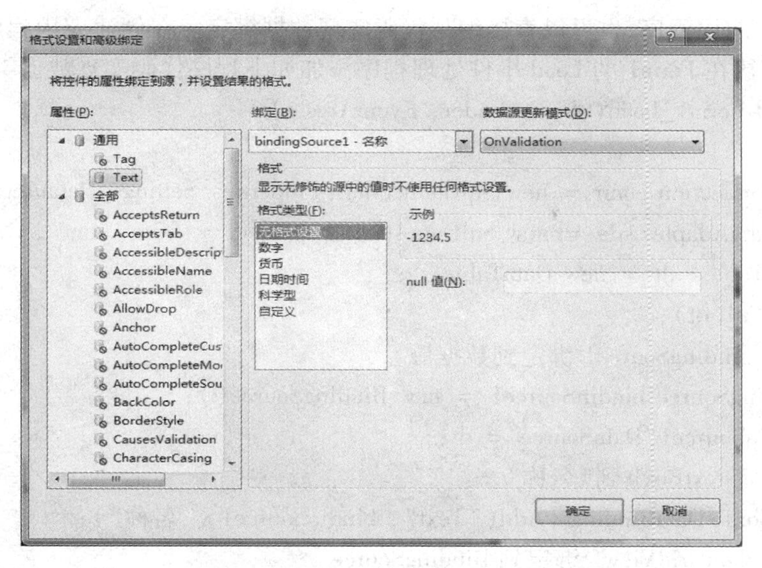

图 8-14 【格式设置和高级绑定】对话框

```
private void listBox1_SelectedIndexChanged(object sender, EventArgs e)
{
    if (listBox1.SelectedValue != null)
    lblSelectedValue.Text = listBox1.SelectedValue.ToString();
}
```

程序运行效果如图 8-15 所示。

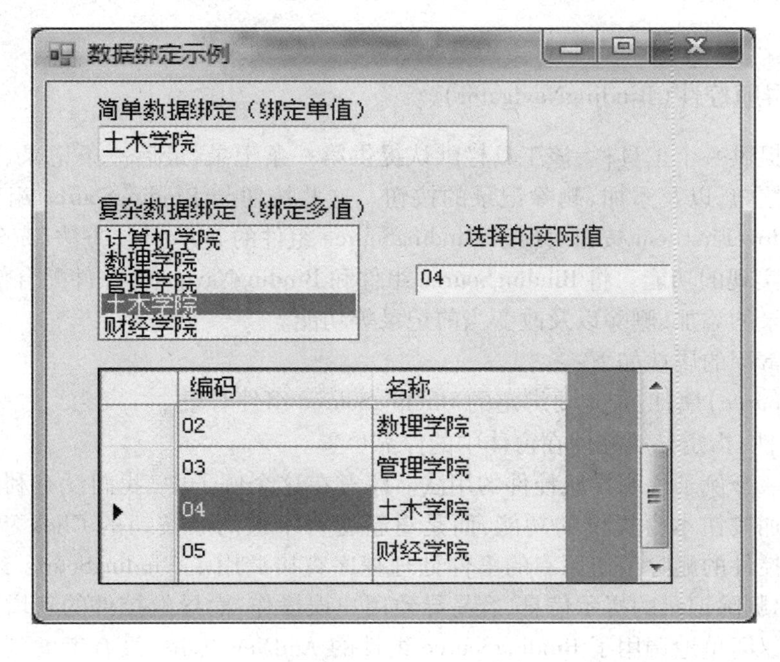

图 8-15　例 8-3 的运行效果

对例 8-3 的应用程序,也可以直接编写代码实现数据绑定。在创建应用程序项目、完成界面设计之后,直接在 Form1 的 Load 事件处理程序添加如下程序代码实现数据绑定。

```
private void Form1_Load(object sender, EventArgs e)
{
    SqlConnection conn = new SqlConnection(Properties.Settings.Default.xsmdf);
    SqlDataAdapter sda = new SqlDataAdapter("select * from xybm", conn);
    DataTable  dt = new DataTable();
    sda.Fill(dt);
    //将 bindingSource1 绑定到数据源
    BindingSource bindinSource1 = new BindingSource();
    bindinSource1.DataSource = dt;
    //绑定 textBox1 到"名称"
    textBox1.DataBindings.Add("Text", bindinSource1, "名称");
    //将 dataGridView1 绑定到 BindingSource
    dataGridView1.DataSource = bindinSource1;
    //将 listBox1 绑定到 BindingSource
    listBox1.DataSource = bindinSource1;
    listBox1.DisplayMember = "名称";
    listBox1.ValueMember = "编码";
    listBox1.SelectedIndex = 0;
    labelSelectedValue.Text = listBox1.SelectedValue.ToString( );
}
```

8.4.3 导航控件(BindingNavigator)

导航控件提供一个工具栏,该工具栏默认提供第一条记录、最后一条记录、上一条记录和下一条记录的按钮,以及添加、删除记录的按钮。这些按钮与 BindingSource 组件提供的方法一一对应,如 MoveFirstItem 按钮对应于 BindingSource 组件的 MoveFirst 方法,充分利用了 BindingSource 组件实现的功能。将 BindingSource 组件和 BindingNavigator 控件配合使用,可以轻松实现对数据记录的添加、删除以及改变当前记录等功能。

导航控件常用的属性如下:

【BindingSource】属性:指定要绑定的 BindingSource 组件对象。

【Dock】属性:指定导航控件在窗体中的停靠位置。

下面通过一个例子说明导航控件的用法。注意在这个例子中,我们没有利用导航控件的删除按钮和增加按钮本身提供的功能,而是重新编写了这两个按钮的 Click 事件处理程序。其原因是导航控件的删除按钮原有的事件处理程序直接调用了 BindingSource 组件的 Remove 方法,没有给出删除记录的提示信息,容易导致用户误操作;而导航控件的新增按钮原有的事件处理程序仅仅简单地调用了 BindingSource 组件的 AddNew 方法,没有考虑到当用户连续单击该按钮时可能出现的异常。

【例 8-4】设计一个 Windows 窗体应用程序，将数据库 xs.mdf 中包含的所有表的名称显示在列表框中。用户单击列表框中的选项，相应的数据表则显示在 DataGridView 控件中。用户可以通过导航工具栏导航、添加、删除记录，并能保存对数据表的修改。

（1）创建一个名为 BindingNavigatorExample 的 Windows 应用程序。

（2）将本章示例数据库 xs.mdf 添加到项目中，在此过程中 Visual Studio 2010 将自动在配置文件中生成连接字符串，并创建强类型数据集 XsDataSet.xsd。修改配置文件中 Visual Studio 2010 中自动生成的连接字符串（名称为 xsmdf），将其中"|DataDirectory|"替换成项目中 xs.mdf 文件所在的具体目录。本例中替换后连接字符串为：

Data Source = .\SQLEXPRESS;AttachDbFilename = F:\vsproject\BindingNavigatorExam ple\BindingNavigatorExample \xs.mdf;Integrated Security = True;User Instance = True

（3）从【工具箱】中向设计窗体拖放 1 个 XsDataSet 组件、1 个 BindingSource 组件、1 个 DataGridView 控件、1 个 BindingNavigator 控件，一个 ListBox 控件，设计如图 8-16 所示窗体界面。

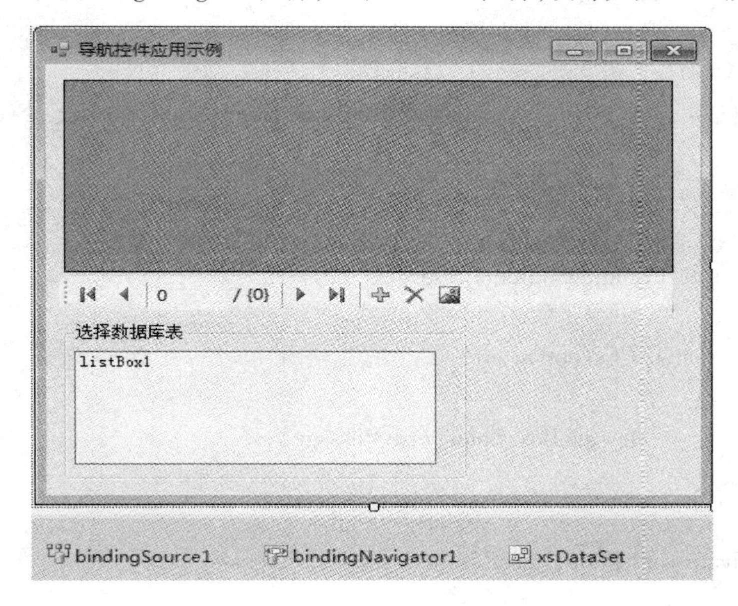

图 8-16　例 8-4 设计界面

（4）在 BindingNavigator 控件中增加一个新的按钮，将【Name】属性更改为"toolStripBtnSave"，该按钮用于提供保存数据表的功能。将 BindingNavigator 控件的【AddNewItem】属性改为"无"，其目的是禁用 BindingNavigator 控件中"添加记录"按钮本身的添加记录功能。同样将 BindingNavigator 控件的【DeleteItem】属性改为"无"，禁用 BindingNavigator 控件中"删除记录"按钮提供的删除记录功能。我们将在后面自行编写这两个按钮 Click 事件处理程序。

（5）添加 Form1 的 Load 事件处理程序，添加 listBox1 控件的 SelectedIndexChanged 事件处理程序，添加导航工具条中"增加"、"删除"和"保存"按钮的 Click 事件处理程序。完整的程序代码如下：

```
using System;
using System.Collections.Generic;
```

```
using System.Data;
using System.Text;
using System.Windows.Forms;
using System.Data.SqlClient;
namespace BindingNavigatorExample
{
    public partial class Form1 : Form
    {
        SqlDataAdapter adapter;
        DataTable selectedTable;
        public Form1()
        {
            InitializeComponent();
        }
        private void bindingNavigatorAddNewItem_Click(object sender, EventArgs e)
        {
            try
            {
                bindingSource1.AddNew();
            }
            catch (Exception err)
            {
                MessageBox.Show(err.Message);
            }
        }
        private void Form1_Load(object sender, EventArgs e)
        {
            for (int i = 0; i < xsDataSet.Tables.Count; i++)
                listBox1.Items.Add(xsDataSet.Tables[i].TableName);
            bindingNavigator1.BindingSource = bindingSource1;
            //不允许用户直接在最下面的行添加新行
            dataGridView1.AllowUserToAddRows = false;
            //不允许用户直接按 Delete 键删除行
            dataGridView1.AllowUserToDeleteRows = false;
            listBox1.SelectedIndex = 0;
        }
        private void bindingNavigatorDeleteItem_Click(object sender, EventArgs e)
        {
```

```
            if (dataGridView1.SelectedRows.Count == 0)
            {
                MessageBox.Show("请先单击最左边的空白列选择要删除的行,可以按住<Ctrl>同时选中多行");
            }
            else
            {
                if (MessageBox.Show("确实要删除选定的行吗?", "小心",
                    MessageBoxButtons.YesNo, MessageBoxIcon.Warning) == DialogResult.Yes)
                {
                    for (int i = dataGridView1.SelectedRows.Count - 1; i >= 0; i--)
                    {
                        bindingSource1.RemoveAt(dataGridView1.SelectedRows[i].Index);
                    }
                }
            }
        }
        private void toolStripBtnSave_Click(object sender, EventArgs e)
        {
            try
            {
                dataGridView1.EndEdit();
                bindingSource1.EndEdit();
                adapter.Update(selectedTable);
                MessageBox.Show("保存成功");
            }
            catch (Exception ex)
            {
                MessageBox.Show(ex.Message, "保存失败");
            }
        }
        private void listBox1_SelectedIndexChanged(object sender, EventArgs e)
        {
            int index = listBox1.SelectedIndex;
            string tablename = "";
            if (listBox1.SelectedIndex != -1)
```

```
                tablename = xsDataSet.Tables[index].TableName;
            string queryString = "select * from " + tablename;
            adapter = new SqlDataAdapter(queryString, Properties.Settings.Default.xsmdf);
            SqlCommandBuilder builer = new SqlCommandBuilder(adapter);
            adapter.InsertCommand = builer.GetInsertCommand();
            adapter.DeleteCommand = builer.GetDeleteCommand();
            adapter.UpdateCommand = builer.GetUpdateCommand();
            selectedTable = xsDataSet.Tables[index];
            dataGridView1.AutoGenerateColumns = true;
            adapter.Fill(selectedTable);
            bindingSource1.DataSource = selectedTable;
            dataGridView1.DataSource = bindingSource1;
        }
    }
}
```

程序运行效果如图 8-17 所示。

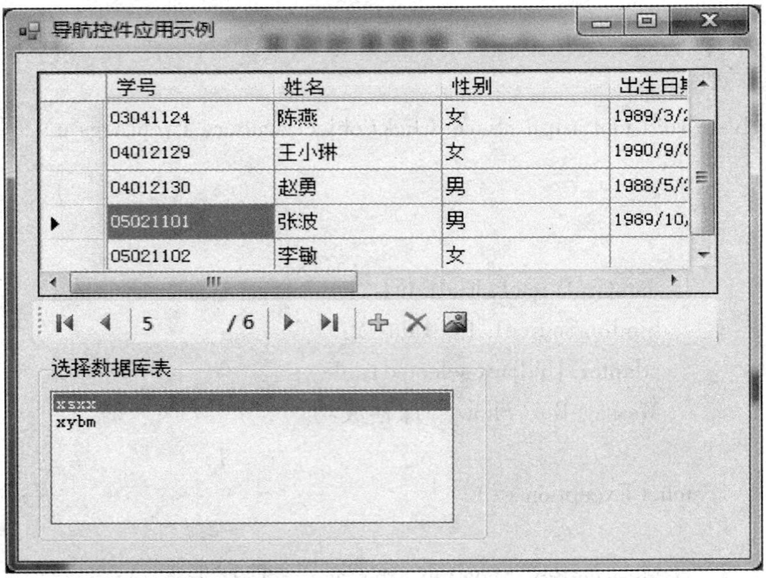

图 8-17　例 8-4 的运行效果

8.5　DataGridView 控件

在前面的例子中,虽然我们多处用到 DataGridView 控件,但也仅仅利用它简单地显示或编辑数据,而并没有涉及该控件的其他用法。实际上,DataGridView 控件是一个非常复杂的控件,除了显示、编辑数据之外,还可以进行灵活的样式控制和数据校验处理。这一节我们主要介绍 DataGridView 控件更多的功能。

8.5.1　默认功能

将 DataGridView 控件从【工具箱】拖放到设计窗体上，如果不做其他处理，则该控件默认具有如下的功能：

(1)将该控件绑定到数据源时，数据源列的名称自动作为该控件的列标题，而且上下移动滚动条时列标题位置固定不变。

(2)支持自动排序。用鼠标单击某个列标题，则对应的列就会自动按升序或降序排序(单击升序，再次单击降序)。排序时字母区分大小写。

(3)单击 DataGridView 控件左上角的矩形块可以选择整个表，单击每行左边的矩形块可以选择整行。

(4)支持自动调整大小功能。在标题之间的列分隔符双击，该分隔符左边的列会自动按照单元格的内容展开或收缩。

(5)默认情况下用户单击单元格时，选中整个单元格，双击单元格时进入编辑状态。如果将 DataGridView 控件的【EditMode】属性更改为"EditOnEnter"时，则单击单元格时直接进入编辑状态。在编辑状态下，可以更改单元格的值，按 <Enter> 键提交更改，或按 <Esc> 键将单元格恢复为原始值。

(6)如果用户滚动至网格的结尾，将会看到用于添加新记录的行。单击此行时，会向 DataGridView 控件添加使用默认值的新行。按 <ESC> 键时，此新行消失。

8.5.2　DataGridView 与数据源之间的绑定

利用 DataGridView 控件操作数据库中数据时，一般都是利用数据绑定技术实现。操作步骤如下：

(1)将数据库中的表数据读入到 DataSet 或者 DataTable 对象中。

(2)创建一个 BindingSource 对象，将 BindingSource 对象绑定到 DataSet 或者直接绑定到 DataTable。

(3)将 DataGridView 绑定到 BindingSource 对象。

下面通过例子说明 DataGridView 控件的用法。在本例中，我们没有使用自动生成的强类型数据集组件，而是使用了普通的数据集和数据适配器对象。请读者自己思考如何使用强类型的数据集组件实现本例应用程序的功能。

【例 8-5】 演示 DataGridView 控件的用法。

(1)创建一个名为 DataGridViewExample 的 Windows 应用程序。

(2)将本章示例数据库 xs.mdf 添加到项目中，在此过程中 Visual Studio 2010 将自动在应用程序配置文件中生成连接字符串，并创建强类型数据集 XsDataSet.xsd。修改应用程序配置文件中 Visual Studio 2010 自动生成的连接字符串(名称为 xsmdf)，将其中"|DataDirectory|"替换成项目中 xs.mdf 文件所在的具体目录，本例中替换后连接字符串为：

Data Source = .\SQLEXPRESS; AttachDbFilename = F:\vsproject\DataGridViewExample\DataGridViewExample\xs.mdf; Integrated Security = True; User Instance = True

(3)从【工具箱】向设计窗体拖放1个BindingSource组件、1个BindingNavigator组件、1个DataGridView控件和若干按钮,设计如图8-18所示的窗体界面。其中导航工具条上的“保存”按钮是利用鼠标右击导航工具条选择【插入标准项】命令得到的。

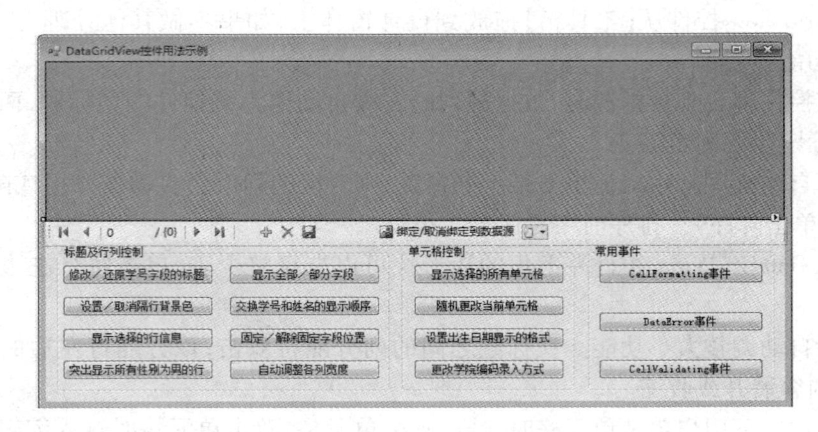

图8-18　例8-5设计界面

(4)在窗体Form1的构造函数中添加初始化代码,添加导航工具条上“保存”按钮的Click事件处理程序,添加【绑定/取消绑定到数据源】按钮的Click事件处理程序。整个程序代码如下:

```
using System;
namespace DataGridViewExample
{
    public partial class Form1 : Form
    {
        DataTable dt;
        SqlConnection conn;
        SqlDataAdapter sda;
        SqlDataAdapter sdaXybm;
        SqlCommandBuilder commBuilder;
        string connstr;
        public Form1()
        {
            InitializeComponent();
            connstr = Properties.Settings.Default.xsmdf;
            dt = new DataTable();
            conn = new SqlConnection(connstr);
            conn.Open();
            sda = new SqlDataAdapter("select 学号,姓名,性别,出生日期,学院编码,成绩,
照片 from xsxx", conn);
```

```
        commBuilder = new SqlCommandBuilder(sda);
        sda.UpdateCommand = commBuilder.GetUpdateCommand();
        sda.InsertCommand = commBuilder.GetInsertCommand();
        sda.DeleteCommand = commBuilder.GetDeleteCommand();
        //使用数据库的表结构信息构建内存中数据表结构
        sda.FillSchema(dt, SchemaType.Source);
        sda.Fill(dt);
        bindingSource1.DataSource = dt;
        dataGridView1.DataSource = bindingSource1;
    }
    private void Form1_Load(object sender, EventArgs e)
    {
        dataGridView1.EditMode = DataGridViewEditMode.EditOnEnter;
    }
    //"绑定/取消绑定到数据源"按钮的 Click 事件处理程序
    private void toolStripButtonBindingDataSource_Click(object sender, EventArgs e)
    {
        if (dataGridView1.DataSource != null)
        {
            bindingNavigator1.BindingSource = null;
            dataGridView1.DataSource = null;
        }
        else
        {
            bindingSource1.DataSource = dt;
            bindingNavigator1.BindingSource = bindingSource1;
            dataGridView1.DataSource = bindingSource1;
        }
    }
    //"保存"按钮的 Click 事件处理程序
    private void toolStripSaveButton_Click(object sender, EventArgs e)
    {
        try
        {
            dataGridView1.EndEdit();
            bindingSource1.EndEdit();
            sda.Update(dt);
            MessageBox.Show("保存成功!");
```

```
                }
                catch (Exception err)
                {
                    MessageBox.Show(err.Message, "保存失败");
                }
            }
        }
    }
```

运行上面的程序,效果如图 8-19 所示。修改数据表中的一些数据,单击“保存”按钮后再重新绑定,观察是否将修改结果保存到数据库中。

图 8-19　例 8-5 的运行效果

注意,上面的程序中在填充 DataTable 对象数据记录之前调用了 SqlDataAdapter 对象的 FillSchema 方法。FillSchema 方法使用数据适配器的 SelectCommand 对象从数据源中检索数据库中表结构信息,然后根据表结构信息向参数指定的 DataTable 对象的 DataColumnCollection 中添加列对象,并且根据数据源中数据列的约束信息设置列对象的相关属性,如可否为空、列数据是否具有唯一性、列数据的最大长度等。FillSchema 方法还配置 DataTable 对象的 主键(PrimaryKey)和约束(Constraints)属性。如果不使用 SqlDataAdapter 对象的 FillSchema 方法,直接使用 Fill 方法填充 DataTable 对象,那么 DataTable 对象中只具有基本的数据记录,不具备数据表的结构信息和约束信息。本例后面的程序需要利用数据表的结构信息,因此此处调用了 SqlDataAdapter 对象的 FillSchema 方法。

为了读者学习方便 ,我们暂时没有实现其他按钮的功能。后面的小节中将逐步介绍相关的技术,再依次实现各个按钮的功能。

8.5.3　标题和行列控制

表格一般都有标题,而且由多行和多列组成。为了满足不同的业务需求,我们可能需要对标题以及行和列进行控制。

DataGridView 对象提供了两个关键集合 Columns 和 Rows,用于处理整个数据表。其中

Columns 是 DataGridViewColumn 对象的集合，Rows 是 DataGridViewRow 对象的集合，每个 DataGridViewRow 对象又包含，组 DataGridViewCell 对象。

一般情况下，使用 DataGridViewColumn 对象来配置列的各种属性，包括格式设置及标题的显示；使用 DataGridViewRow 对象和 DataGridViewCell 对象从表格中获取实际数据。在 DataGridViewCell 中修改数据时，效果和用户直接编辑单元格相同，都会触发 DataGridView 控件的更改事件，并修改对应的 DataTable 对象。

了解了 DataGridView 对象的模型，就可以轻松地创建遍历该表单元格的程序。要选择行、列或单元格，只需要找到对应的 DataGridViewRow、DataGridViewColumn 或 DataGridViewCell 对象，并将 IsSelected 属性设置为 true 即可。

1. 标题控制

对于中文版的 SQL Server 数据库来说，定义表结构时可以直接使用中文的字段名，这会简化很多代码设计工作。但是有些情况下，我们也可能会将表字段名定义为英文，而在 DataGridView 控件显示表的时候，则希望显示中文标题。这可以通过 DataGridViewColumn 对象的 HeaderText 属性控制。在例 8-5 的应用程序中，【修改/还原学号字段的标题】按钮用于演示“学号”字段的标题控制，我们可以在该按钮的 Click 事件处理程序中编写如下代码：

```
private void buttonModifyHeaderText_Click( object sender, EventArgs e)
{
        DataGridViewColumn column = dataGridView1. Columns[ "学号" ];
        if (column. HeaderText ! = column. DataPropertyName)
        {
            //让标题与绑定的字段名称相同
            column. HeaderText = column. DataPropertyName;
        }
        else
        {
            column. HeaderText = "Student ID" ;
        }
}
```

2. 隔行显示背景色

为了容易分辨不同的行，用户可能要求交替行具有不同的背景色或前景色。这可以通过设置 DataGridView 的 RowsDefaultCellStyle 和 AlternatingRowsDefaultCellStyle 属性实现。在例 8-5 的应用程序中，【设置/取消隔行背景色】按钮用于演示隔行背景色的控制，可以为该按钮的 Click 事件处理程序编写如下代码：

```
private void buttonSetAlternatingStyle_Click( object sender, EventArgs e)
{
if ( dataGridView1. AlternatingRowsDefaultCellStyle. BackColor ! = Color. MistyRose)
```

```
{
        //设置偶数行的背景色
        dataGridView1.AlternatingRowsDefaultCellStyle.BackColor = Color.MistyRose;
    }
    else
    {
        //设置偶数行与奇数行的背景色相同
        dataGridView1.AlternatingRowsDefaultCellStyle.BackColor
= dataGridView1.RowsDefaultCellStyle.BackColor;
    }
}
```

3.防止添加和删除行

默认情况下,用户可以直接删除 DataGridView 中的行,也可以通过最后一行(带“*”的行)添加新行。为了防止用户误操作,可能会禁止这些功能,而通过让用户单击提供的按钮实现添加、删除行功能。DataGridView 控件提供了对应的属性,可以通过设置这些属性修改控件的默认行为。例如:

```
dataGridView1.AllowUserToAddRows = false;
dataGridView1.AllowUserToDeleteRows = false;
dataGridView1.AllowUserToOrderColumns = false;
```

4.DataGridView 的行的遍历

通过遍历 DataGridView 控件的 Rows 集合可以访问表格的所有行,通过遍历 DataGridView 控件的 SelectedRows 集合可以获取用户选择了哪些行。在例 8-5 的应用程序中,要实现【突出显示所有性别为男的行】按钮的功能,可以通过遍历 DataGridView 控件的 Rows 集合来实现。该按钮的事件处理程序可以采用如下代码:

```
private void buttonFilter_Click(object sender, EventArgs e)
{
    dataGridView1.CurrentCell.Selected = false;
    dataGridView1.CurrentRow.Selected = false;
    foreach (DataGridViewRow row in dataGridView1.Rows)
    {
        object cellValue = row.Cells["性别"].Value;
        if (cellValue != null)
        {
            if (cellValue.ToString() == "男")
            {
                row.Selected = true;
            }
```

```
            }
        }
    }
```

在例 8-5 的应用程序中，要实现【显示选择的行信息】按钮功能，可以通过遍历 DataGridView 控件的 SelectedRows 集合来实现。该按钮的事件处理程序可以采用如下代码：

```
private void buttonShowSelectedRows_Click(object sender, EventArgs e)
{
        string selectedXueHao = "";
        for (int i = dataGridView1.SelectedRows.Count - 1; i >= 0; i--)
        {
            selectedXueHao += string.Format("第{0}行：学号为{1}\n",
            dataGridView1.SelectedRows[i].Index,
            dataGridView1.SelectedRows[i].Cells["学号"].Value);
        }
        MessageBox.Show(selectedXueHao, "选中的行信息");
}
```

5. 显示/隐藏指定的列

有时我们会希望仅显示部分列，例如照片列只对具有相应权限的用户才显示，对其他用户则隐藏，这可以通过设置列的 Visible 属性实现。在例 8-5 的应用程序中，【显示全部/部分字段】按钮的事件处理程序演示了该属性的用法，其代码如下：

```
private void buttonShowExpectedField_Click(object sender, EventArgs e)
{
dataGridView1.Columns["照片"].Visible = ! dataGridView1.Columns["照片"].Visible;
}
```

6. 将某些列设定为只读

有时我们希望某些列是只读的，比如录入学生成绩时，不允许修改“学号”列，这可以通过设置列的 ReadOnly 属性实现。例如：

```
dataGridView1.Columns["学号"].ReadOnly = true;
```

7. 更改列的显示顺序

使用 DataGridView 控件显示来自数据源的数据时，有时不想按数据源架构中的列顺序显示，这可以通过修改 DataGridViewColumn 类的 DisplayIndex 属性实现。在例 8-5 的应用程序中，可以为【交换学号和姓名的显示顺序】按钮编写如下事件处理程序：

```
private void buttonExchangeColumn_Click(object sender, EventArgs e)
{
    int columnIndex = dataGridView1.Columns["学号"].DisplayIndex;
   dataGridView1.Columns["学号"].DisplayIndex = dataGridView1.Columns["姓名
"].DisplayIndex;
```

```
        dataGridView1.Columns["姓名"].DisplayIndex = columnIndex;
    }
```

程序中使用了列对象的“DisplayIndex”属性,该属性值决定列在DataGridView控件的显示顺序。DisplayIndex值为0的列将自动显示在表格的最左边。如果有多个列具有相同的DisplayIndex,则系统会首先显示最先出现在列集合中的列。

8. 固定左边某些列

如果一行的内容较多,用户查看数据时可能需要左右移动滚动条,同时需要频繁参考一列或若干列,这可以通过冻结控件中的某一列实现。冻结某一列后,其左侧的所有列也被自动冻结。冻结的列保持不动,而其他所有列可以滚动。在例8-5的应用程序中,可以为【固定/解除固定字段位置】按钮编写如下事件处理程序:

```
private void butttonFixFieldPosition_Click(object sender, EventArgs e)
{
    if (dataGridView1.Columns["姓名"].Frozen == false)
    {
        dataGridView1.Columns["姓名"].Frozen = true;
        dataGridView1.Dock = DockStyle.None;
        dataGridView1.Width = 500;      //减小控件的宽度是为了显示水平滚动条
    }
    else
    {
        dataGridView1.Columns["姓名"].Frozen = false;
        dataGridView1.Dock = DockStyle.Top;
    }
}
```

程序中使用了列对象的“Frozen”属性,如果该属性设置为“True”,则该列及其左边的列将始终可见并且固定在表的左侧,即使用户为查看其他列而将滚动条滚动到右侧,“Frozen”属性设置为“True”的列的显示位置也不会发生变化。

9. 自动调整各列的宽度

利用DataGridView控件的AutoResizeColumn方法,可以自动调整整个表所有列的宽度。在例8-5的应用程序中,可以为【自动调整各列宽度】按钮编写如下事件处理程序:

```
private void buttonAutoAdjustWidth_Click(object sender, EventArgs e)
{
    //根据字段和标题的最大长度调整单元格宽度
    dataGridView1.AutoResizeColumns(DataGridViewAutoSizeColumnsMode.AllCells);
}
```

8.5.4 单元格控制

DataGridView控件的目标是创建一个完美的表格式数据处理系统,该系统要能够足够灵活地应用不同级别的格式设置，而对于非常大的表又要保持高效。从灵活性角度来看，最好的方法是允许程序员分别配置各个单元格的显示格式。但是这种方法的效率可能很低，如果一个表包含数千行，表中就会有好几万个单元格，每个单元格都有不同的格式，那么维护单元格肯定会浪费很多内存，也会降低程序执行的速度。

DataGridView 控件通过 DataGridViewCellStyle 对象实现单元格的样式控制。DataGrid-ViewCellStyle 对象表示单元格的样式，包括颜色、字体、对齐方式、换行和数据格式等信息。这样一来，应用程序中可以只创建一个 DataGridViewCellStyle 对象，就可以指定整个表的默认格式。

DataGridView 控件通过一个层次模型控制所有单元格的样式。通过设置不同层次对象的属性控制表格、行、列、单元格的样式。下面按覆盖范围从大到小列出了不同层次对象的样式属性，这些属性值均属于 DataGridViewCellStyle 类。

(1) DataGridView. DefaultCellStyle 属性：所有单元格的样式都采取该属性值设定的样式。

(2) DataGridView. RowsDefaultCellStyle 属性：所有奇数行单元格的样式都采取该属性值设定的样式。

(3) DataGridView. AlternatingRowsDefaultCellStyle 属性：所有偶数行单元格的样式都采取该属性值设定的样式。

(4) DataGridViewRow. DefaultCellStyle 属性：指定的行采取该属性值设定的样式。

(5) DataGridViewColumn. DefaultCellStyle 属性：指定的列采取该属性值设定的样式。

(6) DataGridViewRowCell. Style 属性：指定的单元格采取该属性值设定的样式。

下面介绍在程序中如何控制单元格。

1. 判断用户同时选择了哪些单元格

利用 DataGridView 的 SelectedCells 集合，可以判断用户同时选择了哪些单元格。在例 8－5 的应用程序中，要实现【显示选择的所有单元格】按钮的功能，可以使用如下的事件处理程序：

```
private void buttonShowSelectedCells_Click(object sender, EventArgs e)
{
        string selectedCells = "";
        for (int i = dataGridView1.SelectedCells.Count - 1; i >= 0; i--)
        {
                DataGridViewCell cell = dataGridView1.SelectedCells[i];
                selectedCells += string.Format("第{0}行第{1}列:{2}\n", cell.RowIndex,
cell.ColumnIndex,  cell.Value);
              cell.Style.ForeColor = Color.Red;
        }
        MessageBox.Show(selectedCells, "选中的单元格信息");
}
```

上面程序执行时，用户可以按住 <Ctrl> 键，然后选择多个单元格。

2. 突出显示单元格

设置 DataGridView 控件的 CurrentCell 属性可以将用户操作的焦点定位在指定单元格，该单元格也称为当前单元格。在例 8-5 的应用程序中，要实现【随机更改当前单元格】按钮的功能，可以使用如下的事件处理程序：

```
private void buttonChangeCurrentCell_Click(object sender, EventArgs e)
{
        Random r = new Random();
        int row = r.Next(dataGridView1.Rows.Count);
        int col = r.Next(dataGridView1.Columns.Count);
        dataGridView1.CurrentCell = dataGridView1.Rows[row].Cells[col];
}
```

3. 日期和时间显示格式控制

利用 DataGridViewColumn 对象，可以设置指定列单元格的显示样式。在例 8-5 的应用程序中，要实现【设置出生日期显示的格式】按钮的功能，可以使用如下的事件处理程序：

```
private void buttonFormattedShow_Click(object sender, EventArgs e)
{
        DataGridViewColumn column = dataGridView1.Columns["出生日期"];
        //按年、月的形式显示
        column.DefaultCellStyle.Format = "yy.M";
        column.DefaultCellStyle.BackColor = Color.GreenYellow;
        column.DefaultCellStyle.Font = new Font(dataGridView1.Font, FontStyle.Italic);
        column.DefaultCellStyle.ForeColor = Color.Red;
        column.DefaultCellStyle.Alignment = DataGridViewContentAlignment.MiddleCenter;
}
```

4. 在单元格中嵌入下拉列表框

通常情况下，DataGridView 控件在单元格中利用标签显示数据。除此之外，还可以使用其他控件显示数据源的数据。下面列出了在 DataGridView 控件中用来显示数据的常用控件。

(1) DataGridViewTextBoxColumn 控件；

(2) DataGridViewCheckBoxColumn 控件；

(3) DataGridViewImageColumn 控件；

(4) DataGridViewButtonColumn 控件；

(5) DataGridViewComboBoxColumn 控件；

(6) DataGridViewLinkColumn 控件。

在例 8-5 的应用程序中，【更改学院编码的录入方式】按钮的功能是使用组合框编辑“学院编码”列的数据。要实现该按钮的功能，可以使用如下的事件处理程序：

```
private void buttonUsingComboBox_Click(object sender, EventArgs e)
{
```

```
        //创建组合框对象并添加到 dataGridview1 中
        DataGridViewComboBoxColumn                comboBoxColumn          =          new
DataGridViewComboBoxColumn();
        dataGridView1.Columns.Add(comboBoxColumn);
        //将新对象放在显示学院编码的原来的列位置,并删除原来的列
        comboBoxColumn.DisplayIndex = dataGridView1.Columns["学院编码"].DisplayIndex;
        dataGridView1.Columns.Remove(dataGridView1.Columns["学院编码"]);
        //绑定 xsxx 表中的字段
        comboBoxColumn.DataPropertyName = "学院编码";
        //绑定 xybm 表中的字段供选择用
        sdaXybm = new SqlDataAdapter("select * from xybm", conn);
        DataTable  xybm = new DataTable();
        sdaXybm.Fill(xybm);
        comboBoxColumn.DataSource = xybm;
        //显示的是 xsxx 中编码对应的名称
        comboBoxColumn.DisplayMember = "名称";
        //保存的实际值是 xybm 中名称对应的编码
        comboBoxColumn.ValueMember = "编码";
        //设置显示的标题和 Name 属性
        comboBoxColumn.HeaderText = "所在学院名称";
        //设置 Name 属性的用处是为了在代码中引用该列
        comboBoxColumn.Name = "学院编码";
}
```

例 8-5 应用程序运行时,单击【更改学院编码的录入方式】按钮,“学院编码”列改变成如图 8-20 所示界面。用户在组合框中选择学院名称即可在学生信息表内输入对应的学院编码。

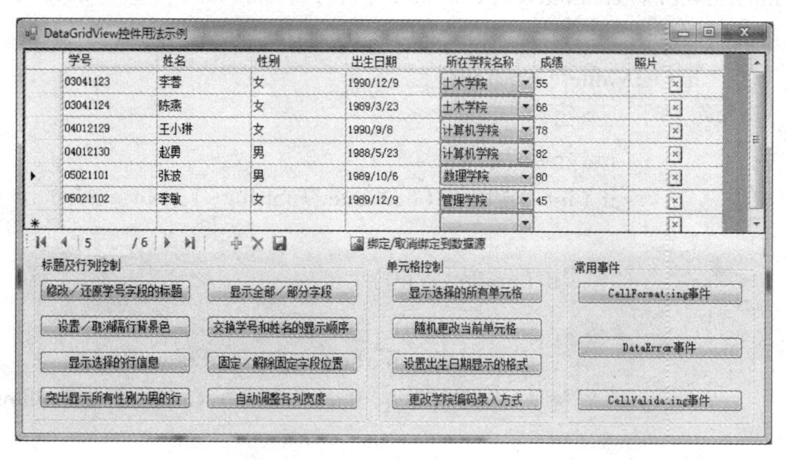

图 8-20　通过组合框输入学院编码

8.5.5 DataGridView 控件的常用事件

DataGridView 控件提供了多种事件,如 CellFormatting、DataError、CellValidating。可以在这些事件处理程序中进行特别的数据处理(显示特殊数据、验证和处理异常)。本小节仅讲解几个比较常用的事件,并通过例子说明其具体用法。

1. CellFormatting 事件

DataGridView 创建表格时,每绘制一个单元格就会自动触发 CellFormatting 事件。利用该事件,可以将一些特殊数据显示为和其他单元格不同的样式,如将不及格的学生成绩用特殊的背景色或者前景色显示出来。在例 8-5 的应用程序中,【CellFormatting 事件】按钮用于演示该事件的用法。

单击【CellFormatting 事件】按钮,程序将动态注册 DataGridView 控件的 CellFormatting 事件的处理程序,然后调用 DataGridView 控件的 Refresh 方法刷新控件,DataGridView 控件将会重新绘制每个单元格,从而触发 CellFormatting 事件。【CellFormatting 事件】按钮的事件处理程序如下:

```
private void buttonSetCellFormat_Click(object sender, EventArgs e)
{
        dataGridView1.CellFormatting += new
DataGridViewCellFormattingEventHandler(CellFormatting);
        dataGridView1.Refresh();
}
```

上面程序中,*CellFormatting* 就是注册的事件处理方法的名称,需要在 Form1 窗体类中直接输入该事件处理方法。该方法的代码如下:

```
private void CellFormatting(object sender, DataGridViewCellFormattingEventArgs e)
{
    if (dataGridView1.Columns[e.ColumnIndex].HeaderText == "成绩")
    {
            if (e.Value != null)
            {
                int grade;
                if (int.TryParse(e.Value.ToString(), out grade) == true)
                {
                    if (grade < 60)
                    {
                        e.CellStyle.ForeColor = Color.Red;
                        e.CellStyle.BackColor = Color.GreenYellow;
                    }
                }
            }
```

```
        }
}
```

例8-5应用程序运行时,单击【CellFormatting 事件】按钮,不及格成绩所在的单元格将显示为红色前景色、黄绿色背景。

2. DataError 事件

当用户在单元格中输入或编辑的数据提交后,DataGridView 控件会按照内存数据表的规定检验数据。当用户输入了不符合数据表结构的数据,如学号位数超过数据库中定义的字段最大长度,DataGridView 控件就会触发 DataError 事件。我们可以在 DataError 事件处理程序中处理各种由于错误数据引起的异常。

在例8-5的应用程序中,【DataError 事件】按钮用于演示该事件的用法。程序运行时,用户单击【DataError 事件】按钮,程序将动态注册 DataGridView 控件的 DataError 事件的处理程序。【DataError 事件】按钮的事件处理程序如下:

```
private void buttonCatchException_Click(object sender, EventArgs e)
{
        dataGridView1.DataError += new DataGridViewDataErrorEventHandler(DataError);
        MessageBox.Show("添加事件成功,可以输入大于8位的学号测试捕获的异常");
}
```

上面程序中,*DataError* 就是用于响应 DataGridView 控件的 DataError 事件的方法名称,需要在 Form1 窗体类中直接输入该事件处理方法。该方法的代码如下:

```
private void DataError(object sender, DataGridViewDataErrorEventArgs e)
{
        MessageBox.Show(e.Exception.Message,"出错了");
}
```

例8-5应用程序运行时,单击【DataError 事件】按钮,再修改一个学号,使其超过8位,然后切换到其他单元格,应用程序将弹出如图8-21所示对话框。

图8-21　DataError 事件处理程序的运行效果

3. CellValidating 事件

通过 CellValidating 事件和 CellValidated 事件,可以添加验证单元格数据的自定义逻辑。当用户输入或修改单元格的数据后,导航到新的单元格提交更改时,DataGridView 控件将触发 CellValidating 事件和 CellValidated 事件。其中 CellValidating 事件是在单元格失去焦点时发生,而 CellValidated 事件则是 DataGridView 控件自身完成验证之后发生。在触发 CellValidating 事件和 CellValidated 事件之后,DataGridView 控件将依次触发 RowValidating 事件和 RowValidated 事件。可以利用这些事件检查用户输入的值是否符合要求,并进行相应的处理。

如果用户输入的值不符合要求,可以使用相应的 DataGridViewRow 和 DataGridViewCell 对象的"ErrorText"属性显示错误文本。

如果设置了 DataGridViewCell 的"ErrorText"属性值,出现错误时将会在对应的单元格中显示一个感叹号图标。用户将鼠标悬停在此图标上时,会自动显示对应的错误信息。

如果设置了 DataGridViewRow 的"ErrorText"属性值,出现错误时将会在对应行的左侧的行选择区中显示一个感叹号图标。用户将鼠标悬停在此图标上时,会自动显示对应的错误信息。

也可以同时设置这两个值,以便更醒目地提示出错信息。如果要清除单元格或行选择区中感叹号图标,可以将"ErrorText"属性置为 null。

在例 8-5 的应用程序中,【CellValidating 事件】按钮用于演示该事件的用法。程序运行时,用户单击【CellValidating 事件】按钮,程序将为 DataGridView 控件的 CellValidating 事件动态注册事件处理程序。【CellValidating 事件】按钮的事件处理程序如下:

```
private void buttonCellValidating_Click( object sender, EventArgs e)
{
    dataGridView1. CellValidating += new
DataGridViewCellValidatingEventHandler( CellValidating) ;
    MessageBox. Show("添加事件成功,可以输入不够 8 位或非数字学号测试捕获的异常");
}
```

上面程序中,*CellValidating* 就是注册的事件处理方法,该方法用于响应 DataGridView 控件的 CellValidating 事件。必须在 Form1 窗体类中直接输入该事件处理方法。其代码如下:

```
private void CellValidating( object sender, DataGridViewCellValidatingEventArgs e)
{
        string errorMessage = "";
        if (dataGridView1. Columns[ e. ColumnIndex]. Name == "学号")
        {
        if (e. FormattedValue == null) {
                errorMessage = "不允许空值";
        }
        else
        {
                string xuehao = e. FormattedValue. ToString( ) ;
                if (xuehao. Length != 8)
                {
                    errorMessage = "学号必须为 8 位数字";
                }
```

```
                else{
                    for (int i = 0; i < xuehao.Length; i++){
                        if (char.IsDigit(xuehao[i]) == false){
                            errorMessage = "学号必须为 8 位数字,不能为字母";
                            break;
                        }
                    }
                }
            }
        }
        if (errorMessage.Length > 0)
        {
            MessageBox.Show(errorMessage, string.Format("第{0}行第{1}列有错",
e.RowIndex, e.ColumnIndex));
            dataGridView1.Rows[e.RowIndex].Cells[e.ColumnIndex].ErrorText = errorMes-
sage;
        }
        else{
            dataGridView1.Rows[e.RowIndex].Cells[e.ColumnIndex].ErrorText = null;
        }
    }
```

例 8-5 应用程序运行时,单击【CellValidating 事件】按钮,再修改一个学号,使学号出现字母,然后切换到其他单元格,应用程序将弹出如图 8-22 所示对话框。

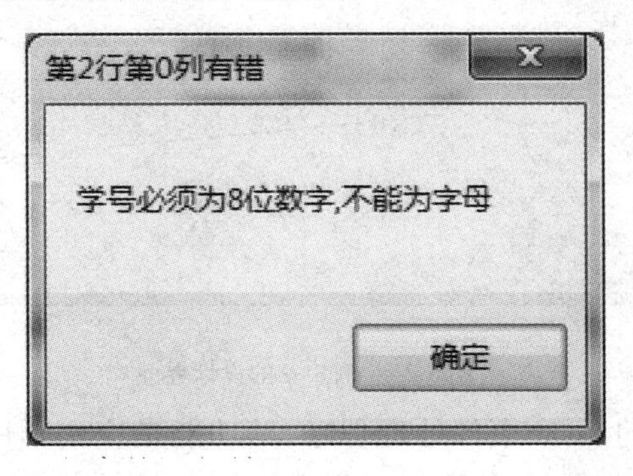

图 8-22 CellValidating 事件处理程序的运行效果

8.6 图像数据处理

数据库除了存储常见的文本和数值数据外,还可以存储各种图像。对于数据库中的图像数据,通常有两种处理方式:一是利用命令对象(SqlCommand)读写数据库的图像数据,二是利用数据适配器对象(SqlDataAdapter)读写数据库中的图像数据。

使用命令对象读写数据库中的图像数据需要提供相应的 SQL 语句,然后调用命令对象的 ExecuteReader 或 ExecuteNonQuery 方法操作数据库。

使用数据适配器对象操作数据库中的图像数据时,一般使用 Fill 方法将数据库中的图像数据读入到内存的数据表(数据集),使用 Update 方法将内存数据表中图像数据更新回数据库。对于内存数据表中图像数据,通常使用 BindingSource 组件绑定数据表的图像字段,再把 PictureBox 控件绑定到 BindingSource 组件。这样,就可以方便地显示和更新图像,而且实现简单又不易出错。特别是对于 GIF 动画,利用 PictureBox 控件,不需要做任何特殊的处理就可以将动画显示出来。

下面我们通过一个例子说明如何处理数据库中的图像数据。

【例 8-6】 演示如何处理数据库中的图像数据。

(1)创建一个名为 PhotoDataExample 的 Windows 应用程序项目。

(2)将本章示例数据库 xs. mdf 添加到项目中,在此过程中 Visual Studio 2010 将自动在应用程序配置文件中生成连接字符串,并创建强类型数据集 XsDataSet. xsd。修改应用程序配置文件中 Visual Studio 2010 中自动生成的连接字符串(名称为 xsConnectionString),将其中"|DataDirectory|"替换成项目中 xs. mdf 文件所在的实际目录。本例中替换后连接字符串为:

Data Source = . \SQLEXPRESS; AttachDbFilename = F: \vsproject \DataGridView Example\PhotoDataExample \xs. mdf;Integrated Security = True;User Instance = True

(3)切换到 Form1. cs 的设计界面,设计如图 8-23 所示的界面。其中左边的虚线框是一个 Panel 控件,右边的虚线框是一个 PictureBox 控件。

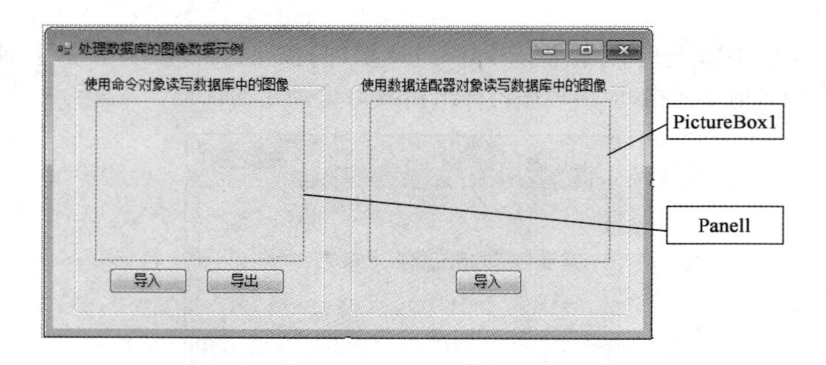

图 8-23　例 8-6 的设计界面

(4)添加 Form1 窗体的 Load 事件处理程序,其功能是应用程序运行时马上在 PictureBox1 中显示学生数据库中某个学生("李蓉")的照片。再分别添加 3 个按钮的 Click 事件处理程序,整个程序代码如下:

```
using System;
using System. Drawing;
using System. Windows. Forms;
using System. Data. SqlClient;
```

```
using System. IO;
using System. Data;
namespace PhotoDataExample
{
    public partial class Form1 : Form
    {
        private string fileName;
        private Stream stream;
        private SqlDataAdapter adapter;
        private DataTable table;
        private BindingSource bindingSource = new BindingSource( );
        public Form1( )
        {
            InitializeComponent( );
            this. StartPosition = FormStartPosition. CenterScreen;
            pictureBox1. SizeMode = PictureBoxSizeMode. Zoom;
        }
        private void Form1_Load( object sender, EventArgs e)
        {
            string connString = Properties. Settings. Default. xsConnectionString;
            string sql = "select 学号,照片 from xsxx where 姓名 ='李蓉'";
            adapter = new SqlDataAdapter( sql, connString);
            SqlCommandBuilder builder = new SqlCommandBuilder( adapter);
            adapter. UpdateCommand = builder. GetUpdateCommand( );
            table = new DataTable( );
            adapter. Fill( table);
            bindingSource. DataSource = table;
             pictureBox1. DataBindings. Add( new Binding( "Image", bindingSource, "照
片", true));
        }
        private void GetFile( )
        {
            OpenFileDialog openFileDialog1 = new OpenFileDialog( );
            if (openFileDialog1. ShowDialog( ) = = DialogResult. OK)
            {
                fileName = openFileDialog1. FileName;
                stream = openFileDialog1. OpenFile( );
            }
```

```
}
//利用命令对象把图像文件存储到数据库中。
private void buttonIn1_Click(object sender, EventArgs e)
{
    GetFile();
    string connString = Properties.Settings.Default.xsConnectionString;
    string sql = "update xsxx set 照片 =@Photo where 姓名 ='李蓉'";
    using (SqlConnection conn = new SqlConnection(connString))
    {
        SqlCommand cmd = new SqlCommand(sql, conn);
        //根据文件大小创建字节数组
        byte[] bytes = new byte[stream.Length];
        //将流写到字节数组中
        stream.Read(bytes, 0, (int)stream.Length);
        cmd.Parameters.Add("@Photo", SqlDbType.Image).Value = bytes;
        conn.Open();
        cmd.ExecuteNonQuery();
        MessageBox.Show("导入数据库成功,请利用导出功能查看导入的图像");
    }
}
//利用命令对象读取数据库的图像数据
private void buttonOut1_Click(object sender, EventArgs e)
{
    string connString = Properties.Settings.Default.xsConnectionString;
    string sql = "select 照片 from xsxx where 姓名 ='李蓉'";
    using (SqlConnection conn = new SqlConnection(connString))
    {
        SqlCommand cmd = new SqlCommand(sql, conn);
        conn.Open();
        SqlDataReader dr = cmd.ExecuteReader();
        if (dr.Read())
        {
            if (dr[0].GetType() != typeof(DBNull))
            {
                byte[] bs = (byte[])dr[0];
                MemoryStream memoryStream = new MemoryStream(bs);
                Bitmap image = new Bitmap(memoryStream);
                Graphics g = this.panel1.CreateGraphics();
```

```
                    g.DrawImage(image, panel1.ClientRectangle);
                    g.Dispose();  //释放画布对象
                    memoryStream.Dispose();
                }
            }
        }
    }
    //利用数据适配器对象把图像存储到数据库
    private void buttonIn2_Click(object sender, EventArgs e)
    {
        GetFile();
        //图片占用的内存资源较大,不用时要及时释放
        if (pictureBox1.Image != null) pictureBox1.Image.Dispose();
        pictureBox1.Image = Image.FromFile(fileName);
        bindingSource.EndEdit();
        adapter.Update(table);
    }
  }
}
```

程序运行效果如图 8-24 所示。

图 8-24　例 8-6 的运行效果

8.7　调用存储过程

8.7.1　存储过程的创建

存储过程是用 SQL 语句编写的、存储在数据库中的程序。存储过程具有指定的名称,调用时需要指定存储过程的名称和参数。通常情况下,使用 SQL 语句把常用的或复杂的数据库操作编写成存储过程保存到数据库中,当需要执行这些数据库操作时,只需在应用程序中调用

相应的存储过程即可。存储过程具有以下优点：

(1)存储过程编辑器事先对存储过程进行了语法检查，避免了因 SQL 语句语法不正确引起运行时出现异常。

(2)使用存储过程可提高数据库执行效率。这是因为在保存存储过程时，数据库服务器就已经对存储过程进行了编译，以后每次执行存储过程都不需要再重新编译，而一般的 SQL 语句每执行一次就需要数据库引擎重新编译一次。

(3)在定义或编辑存储过程的时候，可以直接检查运行结果是否正确，提高开发效率。

(4)一个项目中可能会多处用到相同 SQL 语句，使用存储过程便于重用。

(5)可以避免查询语句中包含单引号等特殊符号可能会出现的问题。

(6)修改灵活方便，当需要修改完成的功能时，只需要修改定义的存储过程即可，而不必单独修改每一个引用。

在 Visual Studio 2010 开发环境下，除了可以直接创建 SQL Server 数据库和数据库中的表以外，还可以直接创建或修改存储过程，操作步骤如下：

在【服务器资源管理器】中，用鼠标右键单击某个数据库的【存储过程】选项(如图 8-25 所示)，选【添加新存储过程】命令。

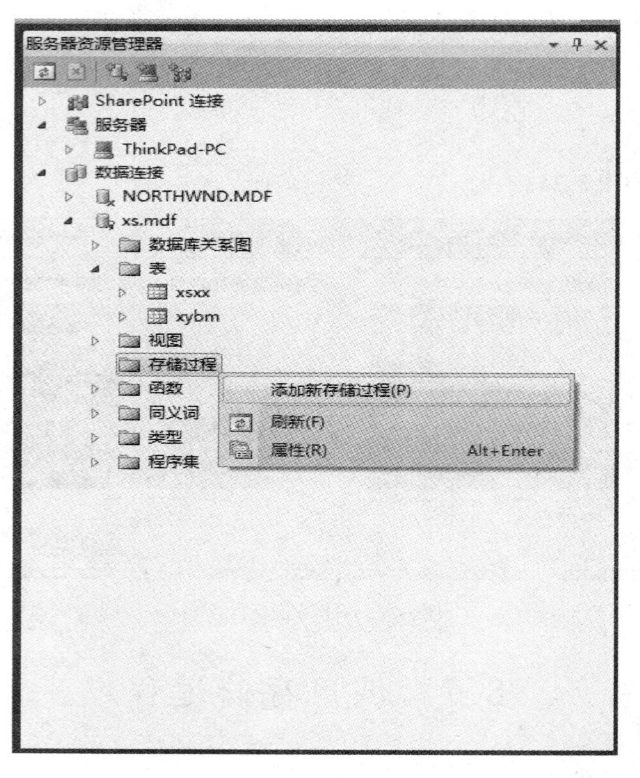

图 8-25　创建存储过程

Visual Studio 2010 将打开存储过程的编辑窗口，在编辑窗口中 Visual Studio 2010 自动生成了创建存储过程的基本 SQL 语句，其内容如下：

CREATE PROCEDURE dbo. StoredProcedure1

```
    /*
    (
    @parameter1   int = 5,
    @parameter2   datatype OUTPUT
    )
    */
AS
    /* SET NOCOUNT ON */
RETURN
```

其中,StoredProcedure1 表示存储过程名,程序员可以根据自己的习惯改变存储过程名字。注释部分说明了在存储过程中定义参数的格式。SQL Server 存储过程可以带参数,也可以不带参数。如果带参数,参数名必须以"@"为前缀,如:

```
CREATE PROCEDURE MyStoredProcedure
(
@surname nvarchar(2),
@RecourdCount int output,
@AverageResult float outpoug
)
AS
    select @RecordCount = count( * ) from xsxx where  姓名 like @surname + '%'
    select @AverageResult = avg(成绩) from xsxx
RETRURN
```

在这个存储过程中,@surname 是输入参数,@AverageResult 是输出参数。有以下几个关键字说明参数的方向。

(1)Input:参数是输入参数,可省略。

(2)Output:参数是输出参数。

(3)InputOutput:参数既能输入数据,也能输出数据。

(4)ReturnValue:参数表示存储过程的返回值。

除了输入参数可以省略参数方向关键字之外,其他均不能省略。

8.7.2　调用存储过程

在 C#程序中,可以利用 SqlDataAdapter 或者 SqlCommand 调用存储过程。调用带参数的存储过程时,必须指明参数名、参数类型和参数方向。如果参数方向是输入参数,可以省略参数方向,其他情况均不能省略。参数名不区分大小写,参数类型用 SqlDbType 枚举表示。有关 SqlDbType 的详细内容,可以参看 8.3。

下面的代码演示了如何利用 SqlCommand 对象调用存储过程并给存储过程传递参数。

```
SqlConnection conn = new SqlConnection( );
SqlCommand cmd = new SqlCommand("MyStoredProcedure", conn);
```

```
//设置 SQL 语句为存储过程名,命令类型设置为存储过程
cmd.CommandType = CommandType.StoredProcedure;
//添加存储过程中参数需要的初始值,注意参数名要和存储过程定义的参数名相同
cmd.Parameters.Add("@surname", SqlDbType.NVarChar).Value = "王";
cmd.Parameters.Add("@RecordCount", SqlDbType.Int).Value = 0;
cmd.Parameters["@RecordCount"].Direction = ParameterDirection.Output;
cmd.Parameters.Add("@AverageResult", SqlDbType.Float).Value = 0;
cmd.Parameters["@AverageResult"].Direction = ParameterDirection.Output;
try{
    conn.Open();
    cmd.ExecuteNonQuery();
    MessageBox.Show(String.Format("有{0}条姓王的记录,全体学生的平均成绩为{1}",cmd.Parameters["@RecordCount"].Value ,cmd.Parameters["@AverageResult"].Value );
 }
 catch (SqlException ex)
 {
     MessageBox.Show(ex.Message);
}
```

下面通过一个例子说明存储过程的调用方法。

【例8-7】 演示如何调用数据库的存储过程。

(1)创建一个名为 StoredProcedureExample 的 Windows 应用程序项目。

(2)将本章示例数据库 xs.mdf 添加到项目中,Visual Studio 2010 将在配置文件中自动生成相应的连接字符串。将连接字符串名改为“xsmdf”。

(3)在数据库 xs.mdf 中添加名为 StatStoredProdure 的存储过程,其代码如下:

```
CREATE PROCEDURE StatStoredProdure
(@StatType int )
AS
    if @StatType =0
        select distinct substring(学号,1,2) as 年级, AVG(成绩) as 平均成绩
        from xsxx
        group by substring(学号,1,2)
    else
        select 性别,count(*) as 人数
        from xsxx
        group by 性别
RETURN
```

(4)切换到 Form1.cs 的设计窗体,设计如图 8-26 所示的窗体界面。

(5)分别为两个按钮添加 Click 事件处理程序。完整的程序代码如下:

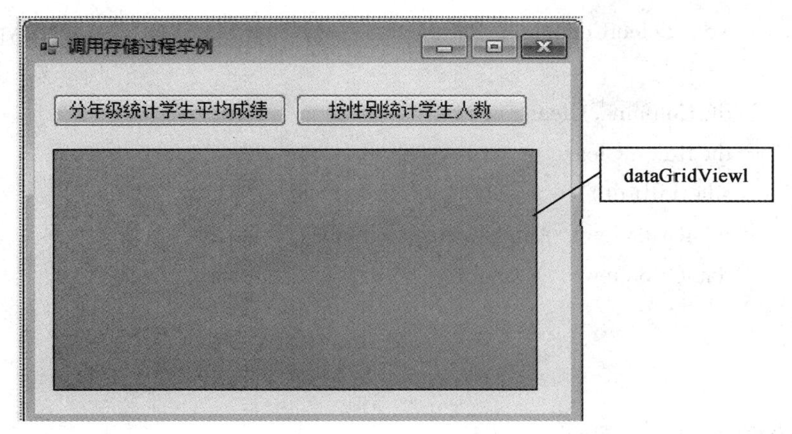

图 8-26　例 8-7 的设计界面

```
using System. Data;
using System. Data. SqlClient;
namespace StoredProcedureExample
{
    public partial class Form1 : Form
    {
        DataTable dt = new DataTable();
        string connstr = Properties. Settings. Default. xsmdf;
        public Form1() {
            InitializeComponent();
        }
        private void button1_Click(object sender, EventArgs e)
        {
            SqlDataAdapter sda = new SqlDataAdapter("StatStoredProcedure", connstr);
            sda. SelectCommand. CommandType = CommandType. StoredProcedure;
            sda. SelectCommand. Parameters. Add("@StatType", SqlDbType. Int). Value
= 0;
            dt. Columns. Clear();
            dt. Rows. Clear();
            sda. Fill(dt);
            dataGridView1. AutoGenerateColumns = true;
            dataGridView1. DataSource = dt;
        }
        private void button2_Click(object sender, EventArgs e)
        {
            SqlDataAdapter sda = new SqlDataAdapter("StatStoredProcedure", connstr);
            sda. SelectCommand. CommandType = CommandType. StoredProcedure;
```

```
                sda.SelectCommand.Parameters.Add("@StatType", SqlDbType.Int).Value
= 1;
                dt.Columns.Clear();
                dt.Rows.Clear();
                sda.Fill(dt);
                dataGridView1.AutoGenerateColumns = true;
                dataGridView1.DataSource = dt;
            }
        }
    }
```

程序运行效果如图 8-27 所示。

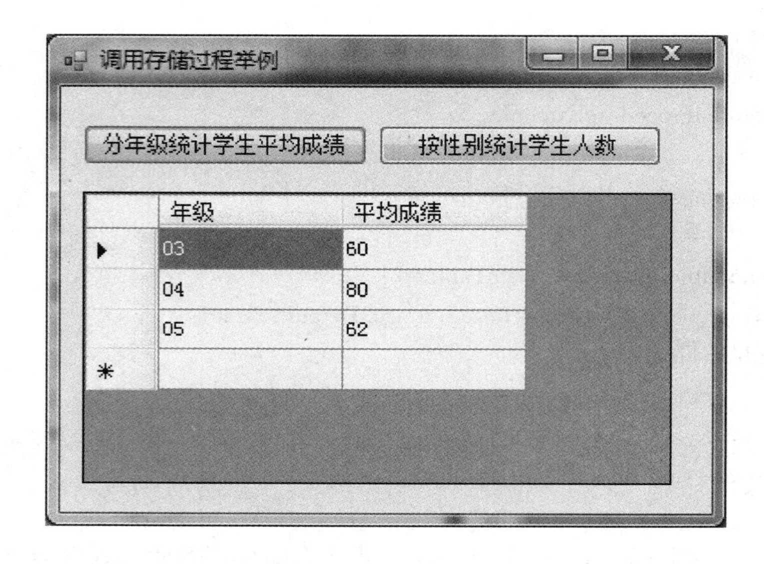

图 8-27　例 8-7 的运行效果

8.8　关联表处理

在实际项目开发中,除了对数据库的单表进行处理外,还可能同时处理多个关联表。这一节我们将通过一个例子说明如何处理数据库中的关联表。

【例 8-8】 关联表处理示例。

(1)创建一个名为 RelatedTableExample 的 Windows 应用程序项目。

(2)在本章示例数据库(xs.mdf)中添加一个新的表——家庭成员情况表,其结构及示例数据见表 8-5。

(3)将示例数据库添加到项目中,在此过程中 Visual Studio 2010 将在配置文件中自动生成相应的连接字符串,并且自动生成一个与该数据库对应的数据集文件(设为 XsDataSet.xsd)。

家庭成员情况表结构及数据(JTCY) 表 8-5

学号(nchar,8)	成员姓名(nvarchar,20)	成员性别(nchar,1)	与本人关系(nvarchar,10)	id(int,主键,自动增量)
05021101	张小明	男	父子	1
05021101	胡燕	女	母子	2
05021102	李勇	男	父子	3
05021102	李小兰	女	兄妹	4
04012129	王永盛	男	父女	5
04012129	侯玲	女	母女	6
04012130	赵丽	女	母子	7
03041123	李华	男	父女	8
03041124	陈诚	女	母女	9

(4)在生成的数据集文件(XsDataSet. xsd)中建立 xsxx 表和 jtcy 表之间的关联。双击【解决方案资源管理器】中的 XsDataSet. xsd 文件,打开数据集设计器,选中 xsxx 表中"学号"字段,将其拖到 jtcy 表的"学号"字段,系统将弹出如图 8-28 所示对话框。注意,在对话框中父表为 xsxx,子表为 jtcy,键列为 xsxx 表的"学号"字段,外键列为 jtcy 的"学号"字段,要创建的内容为"仅关系"。单击【确定】按钮,xsxx 表和 jtcy 表即按照"学号"建立了关联。

(5)生成解决方案,以便工具箱中自动生成对应的组件。用鼠标单击菜单【生成】→【生成解决方案】命令,Visual Studio 2010 即在工具箱中生成了 XsDataSet、jtcyTableAdapter、xsxxTableAdapter、xybmTableAdapter、TableAdapterManager 组件类。

(6)向设计窗体拖入一个绑定源组件和导航条控件,将绑定源组件改名为"xsxxBindingSource"。将 xsxxBindingSource 组件的【DataSource】属性设置为数据集类 XsDataSet 类的实例 xsDataSet,【DataMember】属性设置为"xsxx"。将导航条控件的【BindingSource】属性设置为"xsxxBindingSource",【Dock】属性设置为"Bottom",【DeleteItem】属性改为"无",禁止导航条控件本身提供的删除记录功能。

(7)从工具箱向设计窗体拖入 1 个组合框、6 个文本框、3 个按钮和 1 个图片框,用来显示学生的基本信息,设计如图 8-29 所示窗体界面。将各个文本框的 Text 属性分别绑定到 xsxxbindingSource 组件的相关字段,图片框控件(pictureBox1)的 Image 属性绑定到 xsxxbindingSource 组件的"照片"字段。将【导入】按钮的【Name】属性设置为"buttonImport",【旋转】按钮的【Name】属性设置为"buttonRotate",【清除】按钮的【Name】属性设置为"buttonClear",这些按钮用来操作图片框中的图像。

(8)选择【数据源】窗口(若没有出现该窗口,单击【数据】菜单→【显示数据源】命令),展开 xsxx 表,如图 8-30 所示。可以看到 xsxx 表下面有一个 jtcy 表,这是两个表建立关联后系统自动添加的。将这个 jtcy 表拖放到设计窗体的适当位置。

在上述操作中,系统将自动生成 1 个 DataGridView 控件(jtcyDataGridView)、1 个绑定源组件(jtcyBindingSource),1 个数据适配器组件(jtcyTableAdapter)和 1 个表适配器管理器组件(tableAdapterManager)。注意,jtcyBindingSource 组件用于向 DataGridView 控件提供数据,其【DataSource】属性为"xsxxBindingSource",【DataMember】属性为"xsxx_jtcy",表示其数据是通过 xsxx 表和 jtcy 表之间的关联取得。

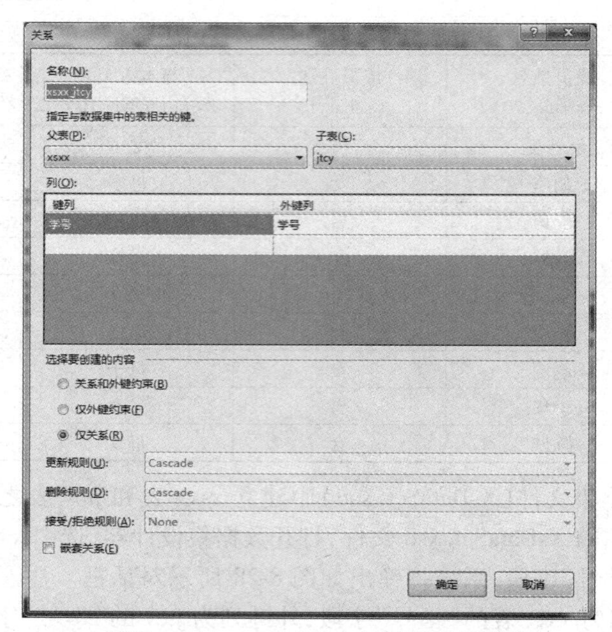

图 8-28　在 xsxx 表和 jtcy 表之间建立关联

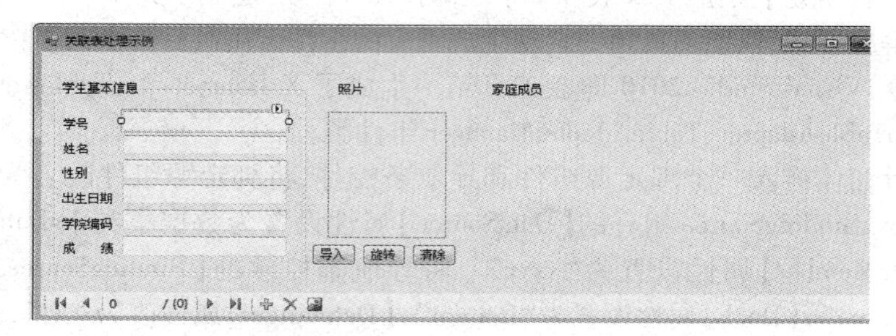

图 8-29　显示学生基本信息的控件

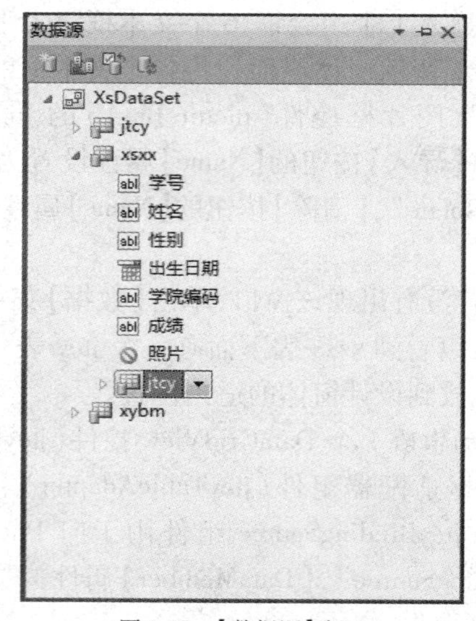

图 8-30　【数据源】窗口

(9)用鼠标右键单击 jtcyDataGridView 控件,选择【编辑列】命令,删除不希望在控件中显示的家庭成员表的字段列,并调整各列宽度和标题对齐方式。完整的应用程序窗体界面如图 8-31所示。

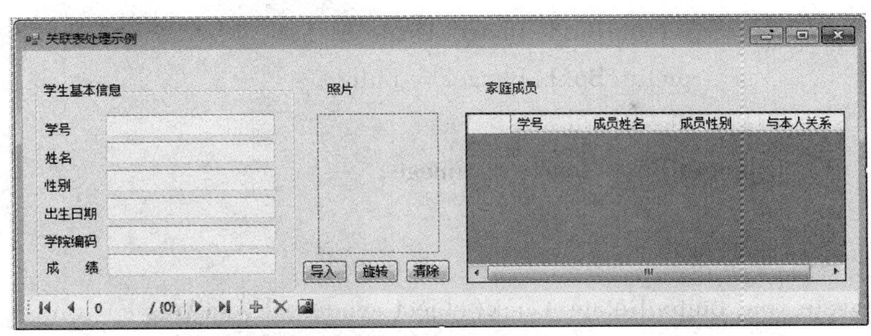

图 8-31　例 8-8 的设计界面

(10)添加各个控件对应的事件处理程序。完整的程序代码如下:

```
using System. Data;
using System. Text;
using System. Windows. Forms;
namespace RelatedTableExample
{
    public partial class Form1 : Form
    {
        public Form1( )
        {
            InitializeComponent( );
        }
        private void Form1_Load( object sender, EventArgs e)
        {
            // 这行代码将数据加载到表“xsDataSet. jtcy”中。您可以根据需要移动或
删除它。
            this. jtcyTableAdapter. Fill( this. xsDataSet. jtcy) ;
            // 这行代码将数据加载到表“xsDataSet. xsxx”中。您可以根据需要移动或
删除它。
            this. xsxxTableAdapter. Fill( this. xsDataSet. xsxx) ;
        }
        //从文件中读出图像文件,以便存储到数据库
        private void buttonImport_Click( object sender, EventArgs e)
        {
            OpenFileDialog fd = new OpenFileDialog( ) ;
            if (fd. ShowDialog( ) = = DialogResult. OK)
            {
```

```
                Bitmap image = new Bitmap(fd.FileName);
                if (pictureBox1.Image != null)
                {
                    pictureBox1.Image.Dispose();
                    pictureBox1.Image = null;
                }
                pictureBox1.Image = image;
            }
        }
        private void buttonRotate_Click(object sender, EventArgs e)
        {
            if (pictureBox1.Image != null){
                pictureBox1.Image.RotateFlip(RotateFlipType.Rotate90FlipNone);
                pictureBox1.Refresh();
            }
        }
        private void buttonClear_Click(object sender, EventArgs e)
        {
            if (pictureBox1.Image != null)
            {
                pictureBox1.Image.Dispose();
                pictureBox1.Image = null;
            }
        }
        private void bindingNavigatorDeleteItem_Click(object sender, EventArgs e)
        {
            if (MessageBox.Show("确实要删除当前记录吗?", "警告",
MessageBoxButtons.YesNo, MessageBoxIcon.Warning) == DialogResult.Yes)
            {
                xsxxBindingSource.RemoveAt(xsxxBindingSource.Position);
            }
        }
        private void toolStripButtonSave_Click(object sender, EventArgs e)
        {
            try
            {
                this.xsxxBindingSource.EndEdit();
                this.jtcyBindingSource.EndEdit();
```

```
                    this. tableAdapterManager. UpdateAll( xsDataSet) ;
                    MessageBox. Show( "保存成功!" ) ;
                }
                catch (Exception ex)
                {
                    MessageBox. Show( ex. Message, "出错啦" ) ;
                }
            }
        }
}
```

程序运行效果如图 8-32 所示。

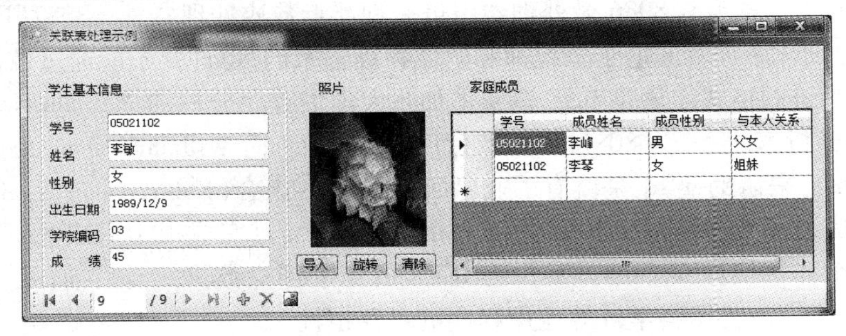

图 8-32　例 8-8 的运行效果

习　题

1. 针对本章的样例数据库(xs. mdf),编写一个应用程序,统计各年级的平均成绩并显示结果。

2. 针对本章的样例数据库(xs. mdf),编写一个应用程序,查询指定学号的学生姓名、性别、成绩和照片。

3. 在本章的样例数据库(xs. mdf)中创建一个存储过程,用于统计姓名中包含指定汉字的学生人数。编写一个 Windows 应用程序调用该存储过程。

4. 针对本章的样例数据库(xs. mdf),编写一个 Windows 应用程序。该程序以表格的形式显示学生基本信息,用户可以修改、添加、删除学生记录,并且能够查看和更新学生照片。

附录　浮点数的国际标准——IEEE 754 标准

一、IEEE 754 标准的由来

在 IEEE 754 标准之前,业界并没有一个统一的浮点数标准。相反,很多计算机制造商都设计自己的浮点数存储和运算规则。那时候计算机制造商主要考虑浮点数运算的速度和简易性,而不考虑数值的精确性。

1985 年,Intel 打算为其 8086 微处理器引进一种浮点数协处理器——8087FPU。公司领导层意识到,作为设计芯片者的电子工程师和固体物理学家们,也许并不能通过数值分析选择最合理的浮点数二进制格式。于是 Intel 请来了加州大学伯克利分校的 William Kahan 教授——最优秀的数值分析家之一,为 8087FPU 设计浮点数格式。而 William Kahan 又找来两个专家(Coonan 和 Stone)来协助他,于是就有了业界所说的 KCS 组合(Kahn, Coonan, and Stone)。

他们共同完成了 Intel 8087FPU 的浮点数格式设计,而且完成得十分出色。于是 IEEE 组织决定采用一个非常接近 KCS 的方案作为 IEEE 的标准浮点数格式。目前,几乎所有计算机都支持该标准,大大改善了科学计算应用程序的可移植性。

二、IEEE 754 标准的主要内容

1. 浮点数的存储格式

IEEE 754 标准从逻辑上用三元组$\{S,E,M\}$表示一个浮点数 N,其格式如附图 1 所示。

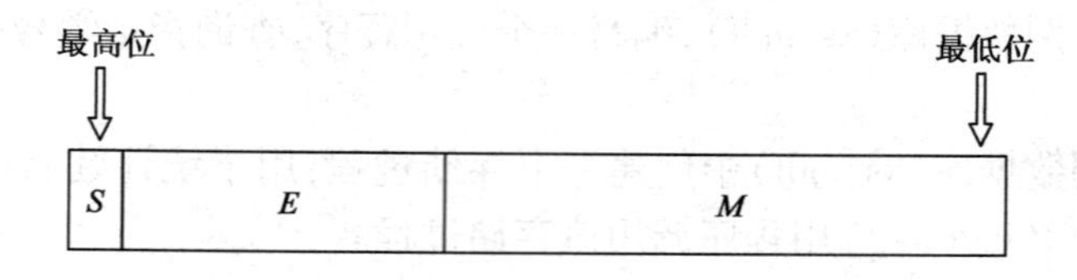

附图 1　浮点数的存储格式

N 的实际值 n 由下面式子确定:

$n = (-1)^s \times m \times 2^e$

其中:

(1)n、s、e、m 分别为 N、S、E、M 对应的实际数值,而 N、S、E、M 仅仅是一串二进制位。

(2)S(sign)表示 N 的符号位。对应值 s 满足:$n>0$ 时,$s=0$;$n<0$ 时,$s=1$。

(3)E(exponent)表示 N 的指数位,位于 S 和 M 之间的若干位。对应值 e 值可正可负。

(4)M(mantissa)表示 N 的尾数位,它位于 N 末尾。M 也叫有效数字位(sinificand)、系数位(coefficient),甚至被称作“小数”。

IEEE 754 标准规定了 3 种浮点数格式:单精度、双精度、扩展精度。前两者正好对应 C 语

言的 float、double 或者 FORTRAN 语言的 real、double 精度类型。限于篇幅，本书仅介绍单精度、双精度浮点格式。

单精度浮点数 N 共 32 位，其中 S 占 1 位，E 占 8 位，M 占 23 位，其格式如附图 2 所示。

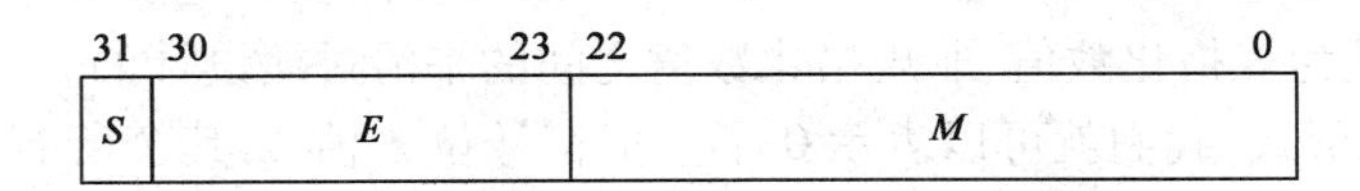

附图 2　单精度浮点数格式

双精度浮点数 N 共 64 位，其中 S 占 1 位，E 占 11 位，M 占 52 位，其格式如附图 3 所示。

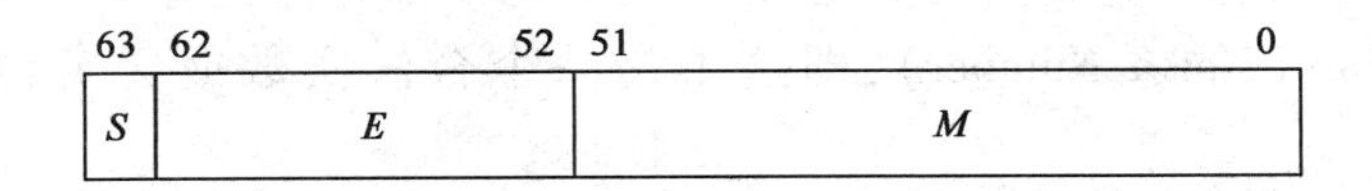

附图 3　双精度浮点数格式

值得注意的是，M 虽然是 23 位或者 52 位，但它们只是表示小数点之后的二进制位数。也就是说，假定 M 为“010110011...”，在二进制数值上其实是“.010110011...”。而事实上，IEEE 754 标准规定小数点左边还有一个隐含位，这个隐含位绝大多数情况下是 1。那什么情况下是 0 呢？答案是 N 对应的 n 的绝对值非常小的时候，比如绝对值为小于 2^(−126) 的 32 位单精度浮点数。

2. 浮点数所表示的数值

一个按 IEEE 754 标准存储的浮点数究竟表示什么数值呢？这取决于该浮点数属于规格化形式还是非规格化形式，计算这两种形式的浮点数的值所采取的方法具有较大差别。下面分别介绍计算规格化浮点数和非规格化浮点数所表示数值的方法。

(1)规格化形式：当 E 的二进制位不全为 0，也不全为 1 时，浮点数 N 称为规格化浮点数。此时指数 e 被解释为偏置(biased)形式的整数，e 值计算公式如下：

$e = |E| - bias$

$bias = 2^{k-1} - 1$

上面公式中，$|E|$ 表示 E 的二进制序列表示的整数值，例如 E 为“10000100”，则 $|E| = 132$。k 则表示 E 的位数，对单精度来说，$k = 8$，则偏置基准 bias = 127；对双精度来说，$k = 11$，则偏置基准 bias = 1023。对于单精度规格化浮点数来说，如果 E 为“10000100”，那么对应的 $e = 132 - 127 = 5$。

规格化浮点数的尾数 m 的计算公式如下：

$m = |1.M|$

IEEE 754 标准规定规格化浮点数尾数小数点左侧的隐含位为 1，也就是 $m = |1.M|$。如 M =“101”，则 $|1.M| = |1.101| = 1.625$，即 $m = 1.625$。

(2)非规格化形式：当 E 的二进制位全部为 0 时，浮点数 N 称为非规格化浮点数。非规格化浮点数用于表示绝对值接近 0 的小数。此时 e、m 的计算都非常简单，计算公式如下：

$e = 1 - bias$

$m = |0.M|$

注意,非规格化浮点数尾数小数点左侧的隐含位为0。浮点数的指数部分采取的是移码,如果按照移码的计算规则,e 应该是 $|E| - \text{bias} = -\text{bias}$。但实际上 e 等于 $(1 - \text{bias})$ 而不是 $(-\text{bias})$,这主要是为规格化数值、非规格化数值之间的平滑过渡设计的。

有了非规格化形式,我们就可以表示0了。把符号位 S 值1,其余所有位均置0后,我们得到了 -0.0;同理,把所有位均置0,则得到 +0.0。非规格化浮点数主要用于表示非常接近0的小数,而且这些小数均匀地接近0,称为"逐渐下溢(Gradually Underflow)"特性。

(3)特殊数值:当 E 的二进制位全为1时为特殊数值。此时,若 M 的二进制位全为0,则浮点数表示无穷大,若 S 为1则为负无穷大,若 S 为0则为正无穷大;若 M 的二进制位不全为0时,表示NaN(Not a Number),即这不是一个合法实数或无穷,或者该数未经初始化。

下面通过一个实例说明IEEE 754标准中浮点数的存储格式以及规格化浮点数和非规格化浮点数之间的关系。为简单起见,我们考虑一个8位浮点数,其中符号位 S 占1位,指数位 E 占4位,尾数位 M 占3位。按IEEE 754标准,该8位浮点数所能表示的数值如附表1所示。

8位浮点数及表示的值 附表1

描述	位表示(N)	$\|E\|$	e	$\|0.M\|$	m	n
0	0 0000 000	0	-6	0	0	+0
最小非规格化数	0 0000 001	0	-6	1/8	1/8	1/512
	0 0000 010	0	-6	2/8	2/8	2/512
	…	…	…	…	…	…
	0 0000 110	0	-6	6/8	6/8	6/512
最大非规格化数	0 0000 111	0	-6	7/8	7/8	7/512
最小规格化数	0 0001 000	1	-6	0/8	1 +0/8	8/512
	0 0001 001	1	-6	1/8	1 +1/8	9/512
	…	…	…	…	…	…
	0 0010 000	2	-5	0/8	1 +0/8	8/256
	0 0010 001	2	-5	1/8	1 +1/8	9/256
	…	…	…	…	…	…
	0 0110 110	6	-1	6/8	1 +6/8	14/16
	0 0110 111	6	-1	7/8	1 +7/8	15/16
1	0 0111 000	7	0	0/8	1 +0/8	1
	0 0111 001	7	1	1/8	1 +1/8	9/8
	…	…	…	…	…	…
	0 1110 110	14	7	6/8	1 +6/8	224
最大规格化数	0 1110 111	14	7	7/8	1 +7/8	240
	0 1111 000	–	–	–	–	∞

三、浮点数与十进制数之间的转换

了解了 IEEE 754 标准的主要内容，很容易实现浮点数和十进制之间的转换，下面举例说明。

【例 1】将单精度浮点数 0x00280000 转换成十进制数。

首先，将 0x00280000 转换成二进制：00000000001010000000000000000000。按 IEEE 754 标准，该浮点数由以下 3 部分组成：

符号位(1 位) 指数部分(8 位) 尾数部分(23 位)

0 00000000 01010000000000000000000

由上面的浮点数可以看出，符号位为 0。因指数部分为 0，所以是非规格化浮点数，因此尾数部分 M 的值 $m = 0.01010000000000000000000 = 0.3125$。该浮点数对应的十进制为：

$(-1)^0 * 2^{(-126)} * 0.3125 = 3.67341984631964846240230167881 95e-39$

【例 2】将双精度浮点数 0xC04E000000000000 转换成十进制数。

首先，将 0xC04E000000000000 转换成二进制：1100000001001110000000000000000000000000000000000000000000000000。按 IEEE 754 标准，该浮点数由以下 3 部分组成：

符号位 指数部分(11 位) 尾数部分(53 位)

1 10000000100 1110000000000000000000000000000000000000000000000000

由上面的浮点数可以看出，符号位为 1。指数 e 为 1028，因指数部分不为全 0 且不为全 1，因此是规格化浮点数，尾数部分 M 的值 $1 + m = 1.1110000000000000000000000000000000000000000000000000 = 1.875$，该浮点数的十进制为：

$(-1)\^1 * 2\^(1028 - 1023) * 1.875 = -60$

【例 3】将 33.1875 转换成单精度浮点数。

首先将 33.1875 转换成二进制：100001.0011，也就是 $1.000010011 \times 2\^5$，因此指数部分的阶码 $|E| = 5 + bias = 5 + 127 = 132$，对应的二进制为 10000100。由此得到 33.1875 的单精度浮点数格式如下：

符号位(1 位) 指数部分(8 位) 尾数部分(23 位)

0 10000100 00001001100000000000000